大小不一，胖瘦不均的猪群

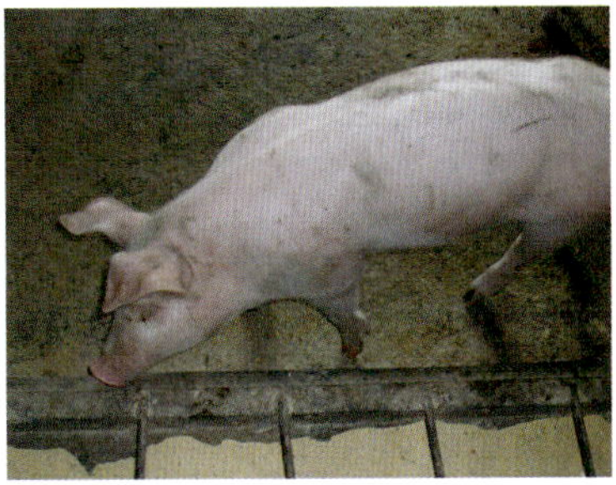

长脖子猪

体表溃疡、臀部发亮

健康的约克夏母猪

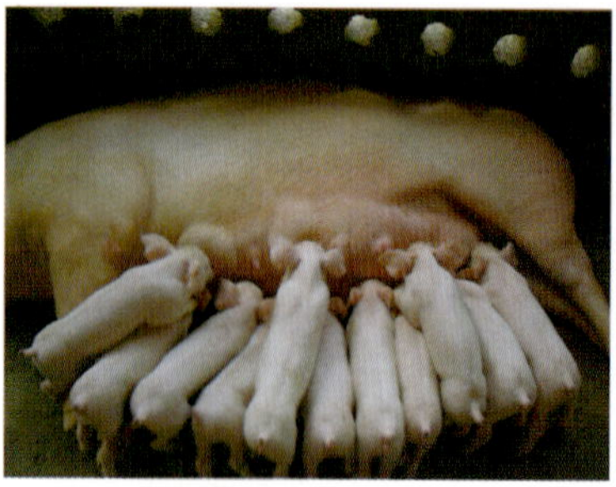

健康的母仔猪

对死猪的关怀

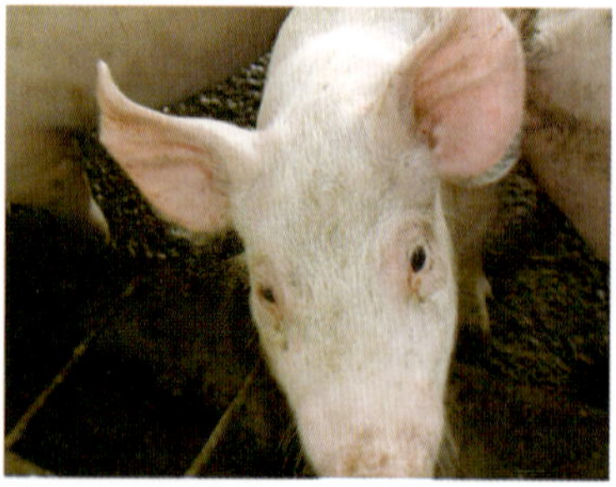

幼年期发育不良的幼稚猪

黄染

猪瘟，眼结膜充血

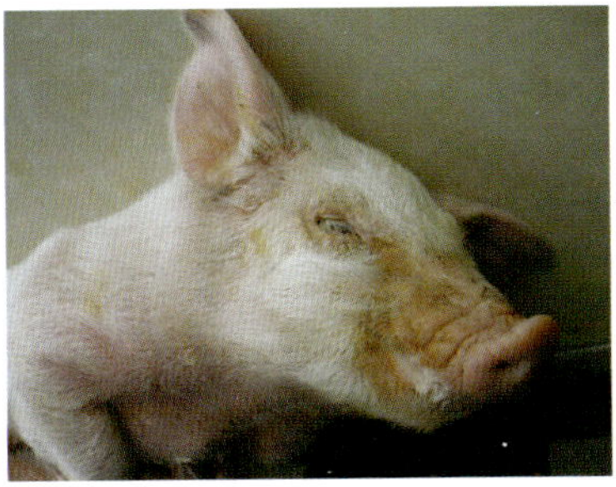

猪瘟，带毒母猪所生仔猪的蜕皮

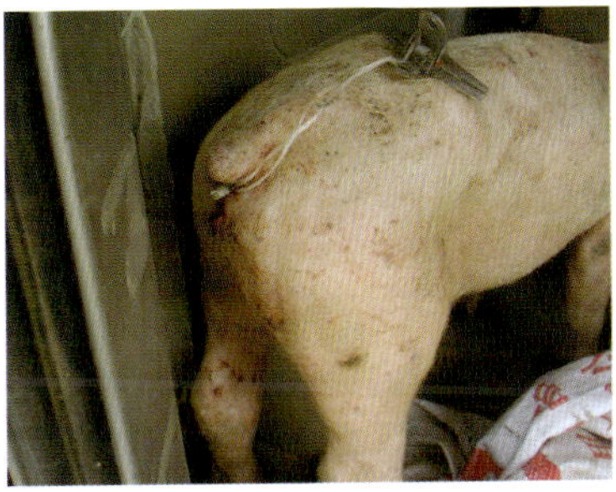

猪瘟，体躯潮红

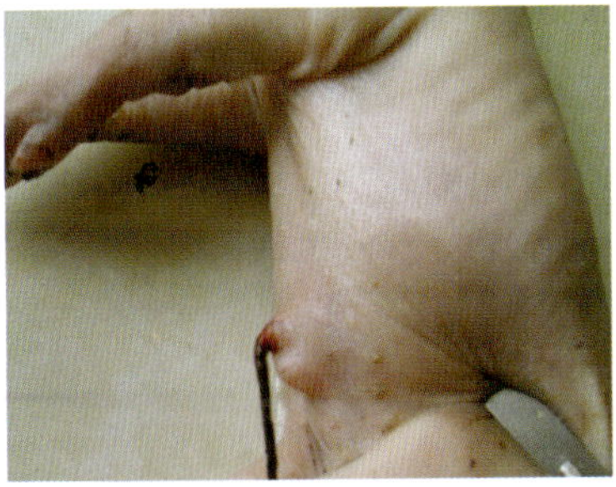

猪瘟，正产死胎尿鞘积尿和脐带淤血

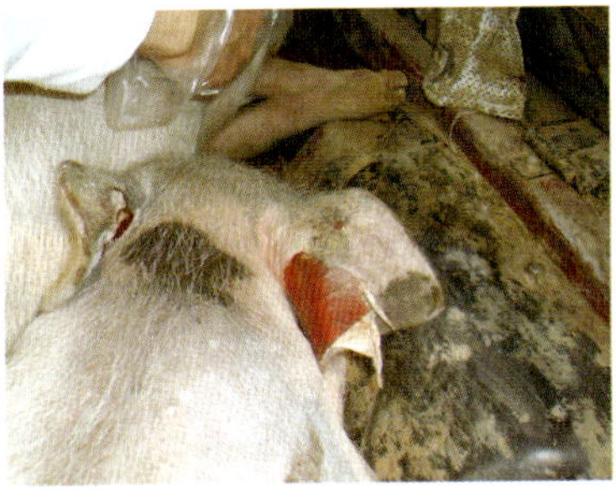

猪瘟，严重脱皮掉皮

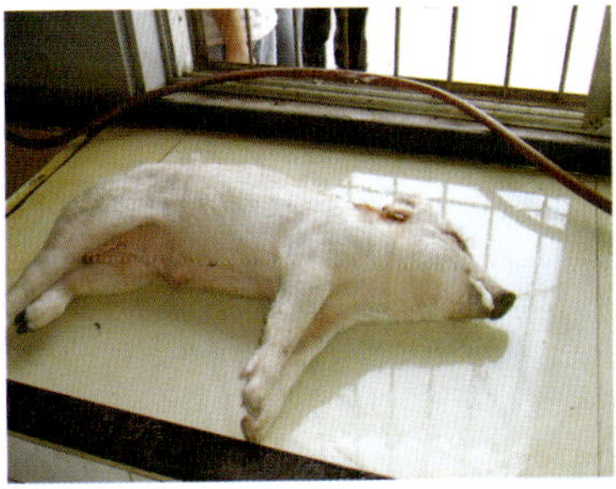

猪瘟，病死猪体表无明显异常，仅见耳尖轻微淤血或出血

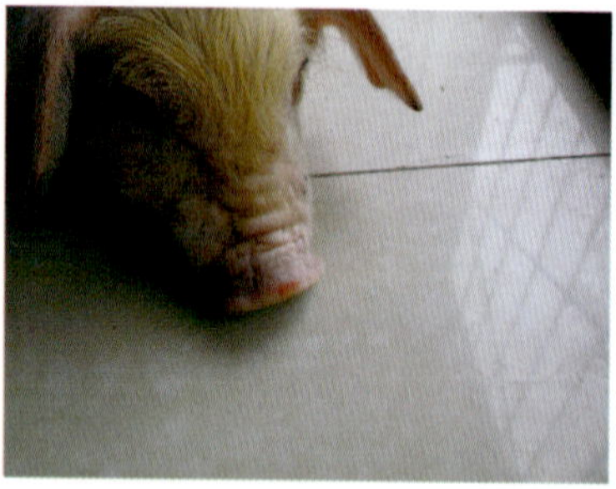

伪狂犬病，小猪吻突顶端鲜红

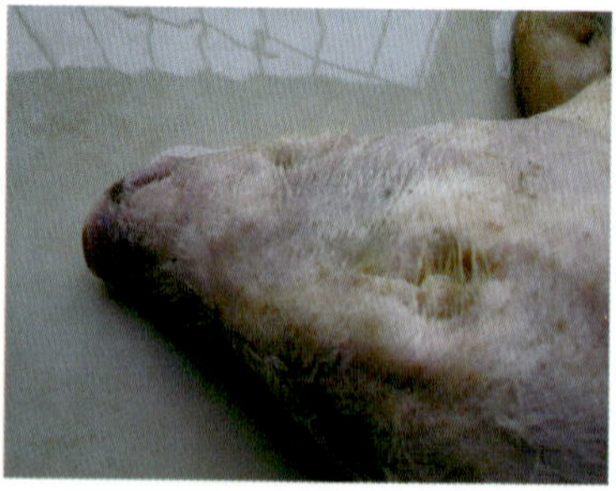

伪狂犬病，吻突溃烂和浅黄色角质化

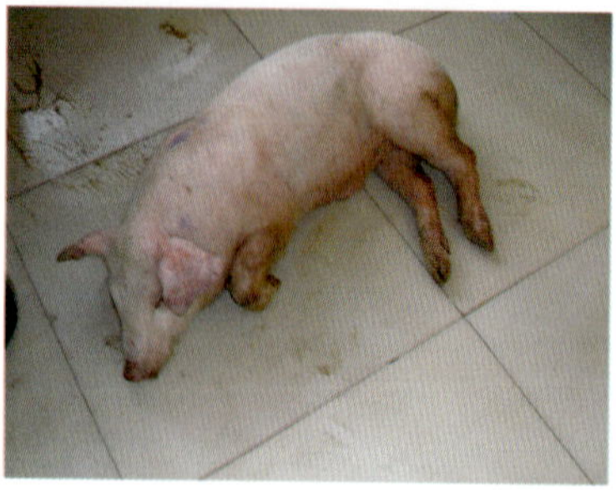

伪狂犬病，吻突和体表症状

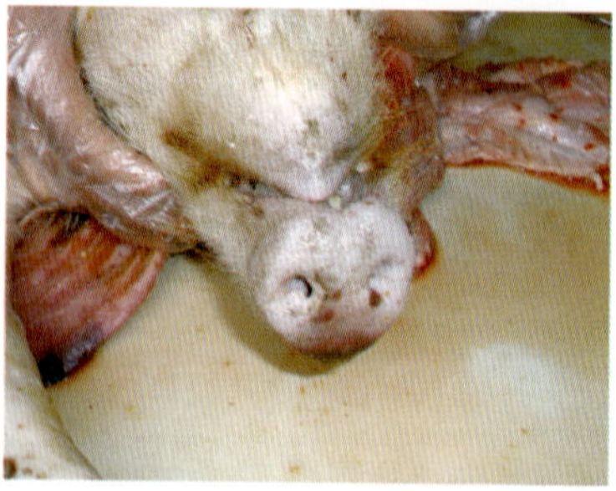

伪狂犬病，吻突顶端的黑紫色淤血

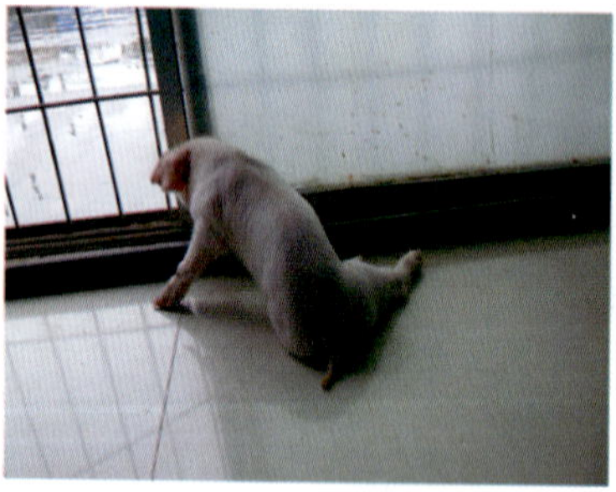

伪狂犬病，后躯麻痹

伪狂犬病，白苔和呼吸困难表明非严重实变

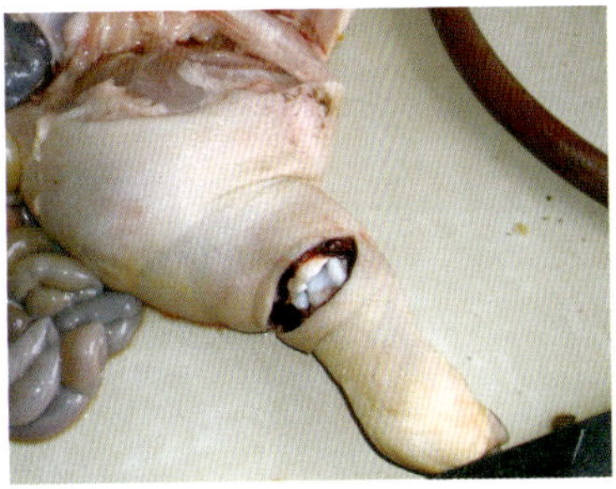

蓝耳病,关节囊清净,但是囊周组织出血

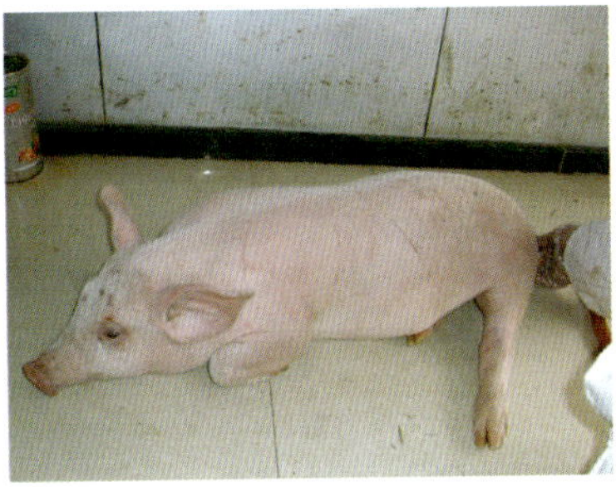

蓝耳病造成的红眼镜

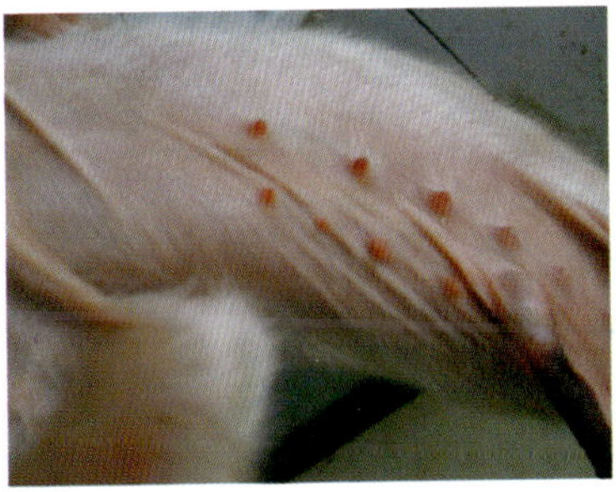

感染蓝耳病的仔猪乳头发红

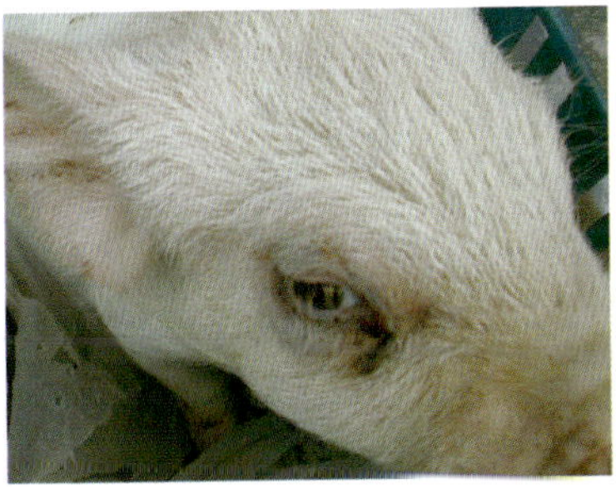

蓝耳病造成的紫眼镜

由蓝耳病造成的红眼镜向紫眼镜过渡

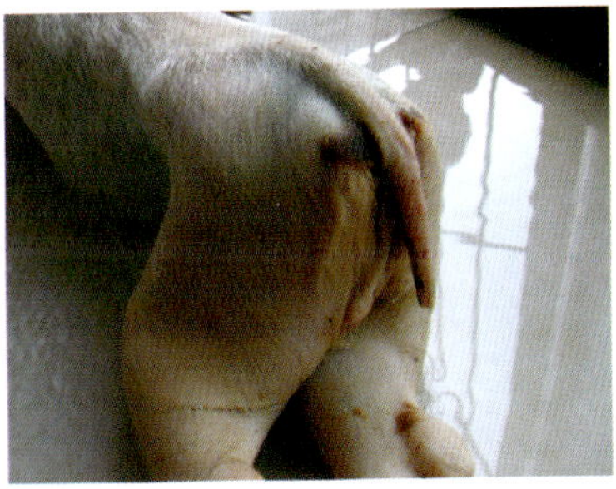

蓝耳病,臀部的一过性青紫瘢痕

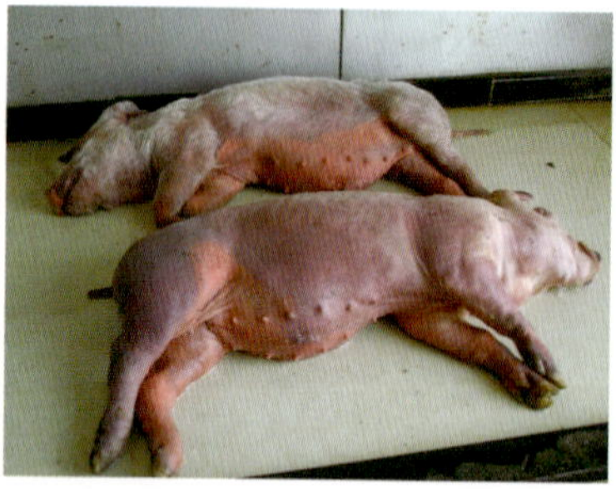

蓝耳病，体表大红到玫瑰红均有

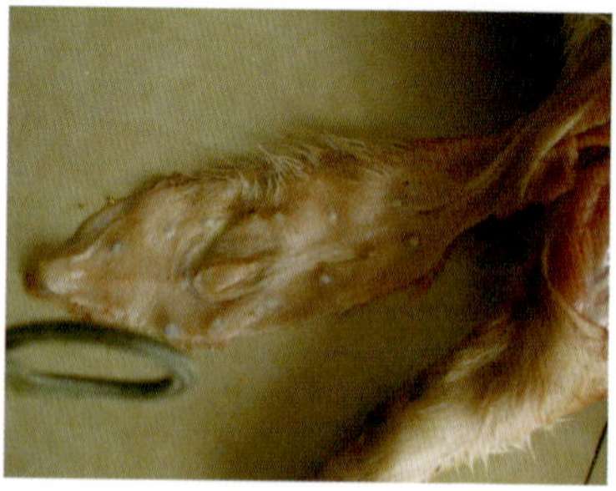

蓝耳病，乳头发黑

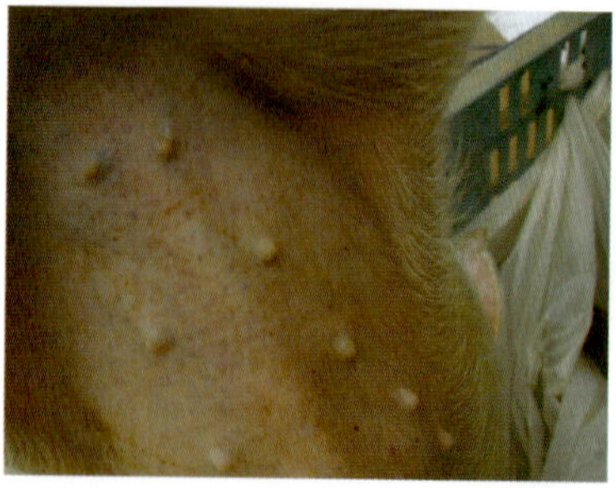

蓝耳病，最后一对乳头基部呈青紫色

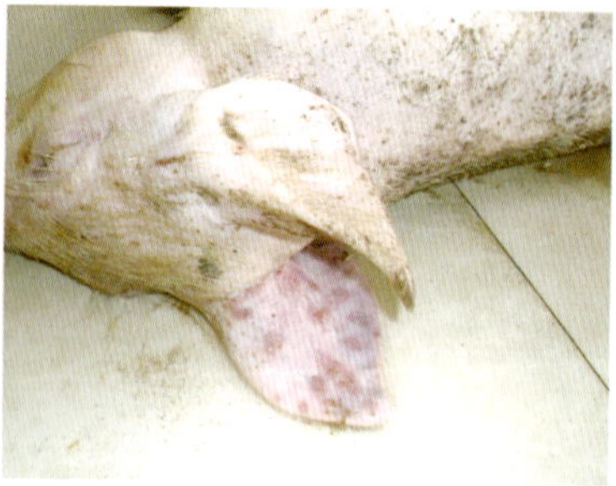

蓝耳病，耳面的淤血和蓝紫色斑

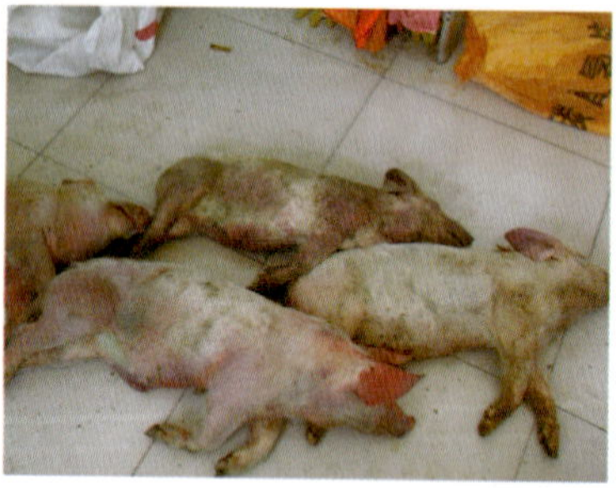

蓝耳病，病死猪见体表充血、淤血

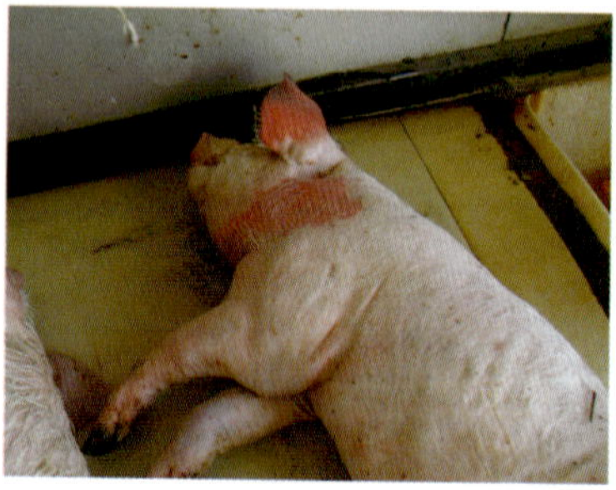

蓝耳病，先发于耳面、颈部以充血为主要特征的鲜红色斑块

猪支原体病，造成猪只咳嗽

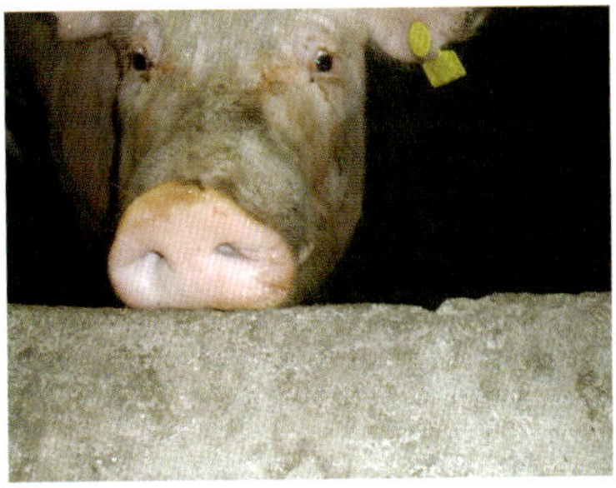

猪支原体病，鼻孔白苔

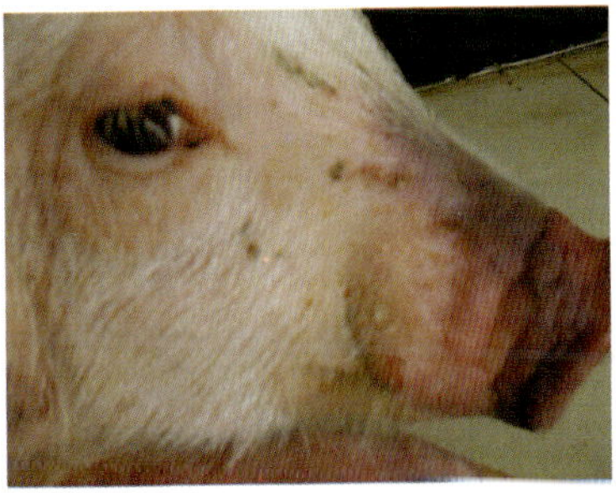

弓形体病，吻突暗红显示

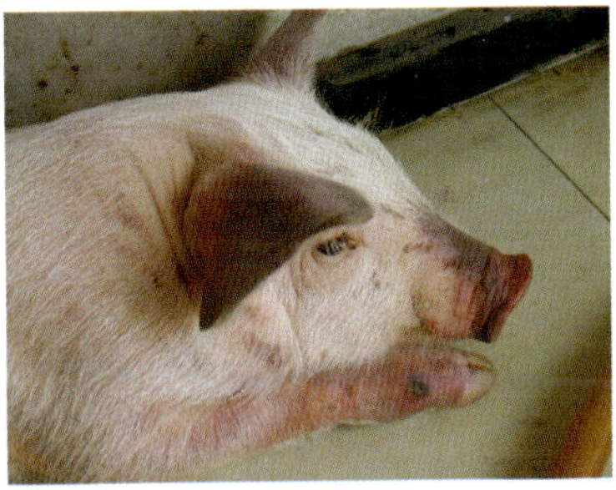

弓形体病，前躯暗红

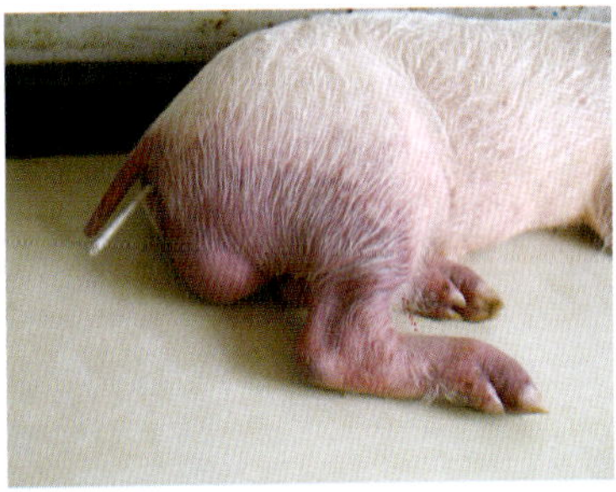

弓形体病，后躯暗红

典型的弓形体病例

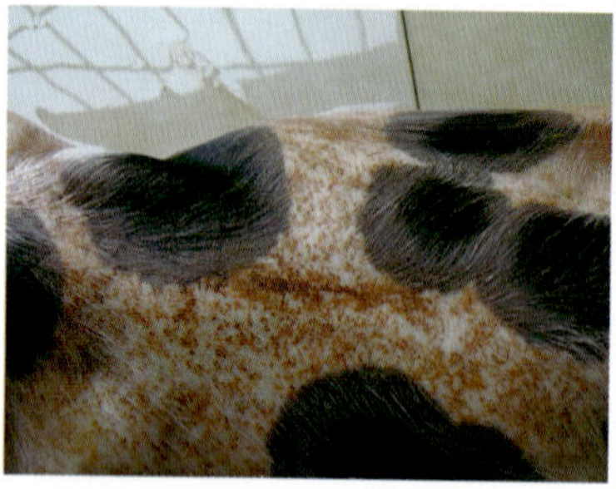

附红细胞体病，毛孔出血的干血痂

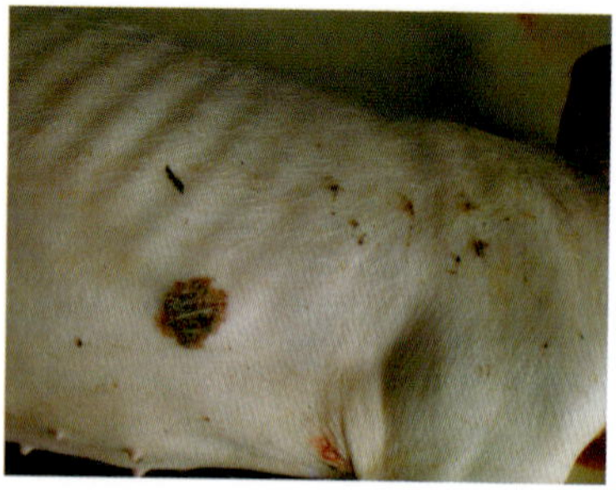

圆环病毒病，体侧疖痘和溃斑

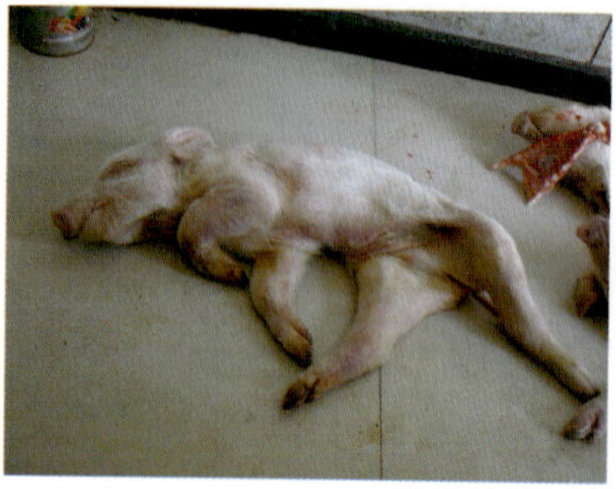

圆环病毒病，落地红小猪

附红细胞体病，早期病例的头面部和躯体比较

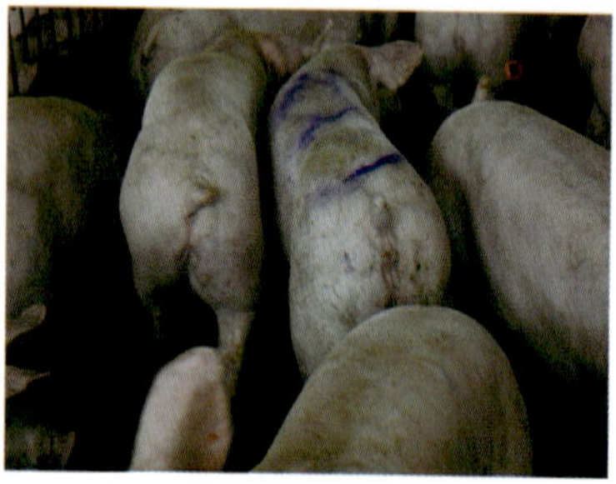

附红细胞体病，体表苍白

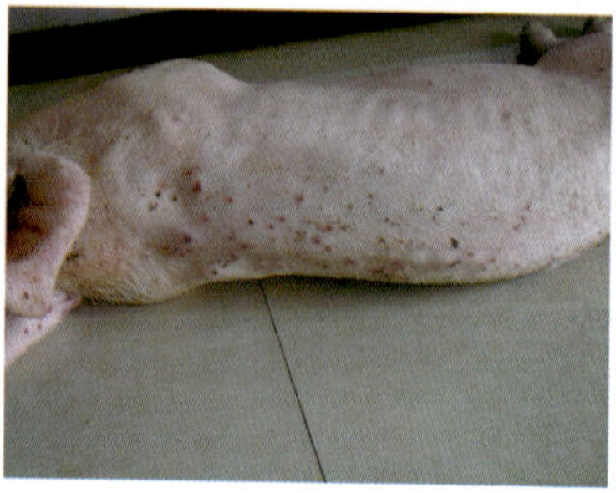

圆环病毒病，渐进性消瘦病例

群养猪疫病诊断及控制

（第2版）

张建新　主编

河南科学技术出版社

·郑州·

图书在版编目（CIP）数据

群养猪疫病诊断及控制／张建新主编．—2版．—郑州：河南科学技术出版社，2014.12
ISBN 978-7-5349-7283-6

Ⅰ．①群…　Ⅱ．①张…　Ⅲ．①猪病-诊断②养猪场-防疫
Ⅳ．S858.28

中国版本图书馆CIP数据核字（2014）第191989号

出版发行：河南科学技术出版社
地址：郑州市经五路66号　　邮编：450002
电话：（0371）65737028　65788613
网址：www.hnstp.cn
策划编辑：陈淑芹
责任编辑：陈淑芹
责任校对：李　华
封面设计：张　伟
版式设计：栾亚平
责任印制：张　巍
印　　刷：河南省罗兰印务有限公司
经　　销：全国新华书店
幅面尺寸：140mm×202mm　　印张：10.25　　字数：260千字　　彩页：8面
版　　次：2014年12月第2版　　2014年12月第6次印刷
定　　价：18.00元

《群养猪疫病诊断及控制》（第2版）
编写人员

主　编　张建新

副主编　曹杰伟　吴志明　王建科

编　者　（以姓氏笔画为序）

王　双　王　桢　王晓佩　王晓锋
王福顺　王彩敏　牛群英　任有才
孙有良　李　义　张跃进　孟　伟
赵玉新　赵秀英　赵建东　郭焕金
崔　沛　崔海军　靳　冬

致读者

自20世纪80年代以来，在国家免征所得税、低息贷款、建场使用土地仍然作为农业用地等政策、资金、技术多重扶持下，以专业户、规模养猪场、养鸡场为代表的规模养殖蓬勃发展，加快了河南省畜牧业从家庭副业向专门产业，从生产资料向生活资料，从小农生产向商品化生产的战略转移。畜牧业在农民脱贫致富、加速农村经济发展、农业产业结构调整中发挥了不可替代的作用，各级地方政府也看到了畜牧业在地方经济发展中的潜力，纷纷把畜牧业作为地方经济的支柱产业或新的经济增长点来抓。

但是我们看到，20世纪90年代中期以后，就地取材、因陋就简、仓促上马带来的弊端逐渐显露，突出的问题是良种猪的优良性能不能充分发挥，“不喂瘦肉精的猪不瘦”，疫病增多、“老病未消灭，新病又出现”，规模养猪原有的投资周期短、风险低、效益高的特征正在消失。

2000年以后，规模养猪更是面临“新病不断出现，多发混合感染，重大疫情发生频率明显上升”的威胁。剖析典型案例和回顾分析河南省规模养猪的历程表明，被动局面的出现既有规模养猪企业（或农户）经营管理的原因，也有国家关于引种、检疫、防疫监督措施不到位的因素，更加重要的原因是规模猪场定位不准、选址不当、布局不合理和饲养管理中疫病防治观念的落后，导致规模饲养猪群的疫病管理处在散养猪群的水平。例如，新病不断出现的根本原因是未坚持自繁自养，引种时种猪出场不检疫或检疫不严格，引种中不主动报检，引种后直接进场；病死率居高不下，除了特殊的病种原因之外，往往与饲养管理人员缺乏健康猪的行为学知识、基层门诊兽医和驻场兽医诊断不准确、确诊耗时太长、用药方法不当和用药剂量过大有关；传染病的频繁发生与引种、隔离措施落实不到位、消毒制度不科学、管理制度有缺陷等密切相关，等等。

作者总结20多年来基层工作经验，结合4年来在河南省疫苗中心门市部开展技术咨询、河南人民广播电台对农村广播现场解答和科技下乡进场服务中发现的规模养猪过程存在的问题，编著了本书。希望能给广大规模养猪企业和专业户、基层兽医、在校畜牧兽医专业的师生提供帮助。

由于编者水平有限，书中疏漏和不妥之处，敬请广大读者斧正，以臻完善，以便再版时补正。

编 者

2007年5月

第2版前言

马年上元，河南科学技术出版社的陈淑芹编辑与我商量《群养猪疫病诊断及控制》一书准备再版之事。消息传来，感慨颇多。最主要的还是“一个科技工作者，只要心里面装着老百姓，就会有事情可干，生活就会过得有意义，人生就有价值”。

就这本书来讲，我不过是讲了一些真话、实话，宣讲的也只是一些生产中需要的基本知识。这些知识，行内知道的人很多，之所以没有成书，只不过是其他人关注、过问的重点不在这里罢了。这本书能够重印5次，发行两万五千多册，说明老百姓需要这些知识，这些话讲到了老百姓的心坎上，我的心血没有白费，总算是给社会做出了一点实在的贡献。这本书能够再版，对于作者来讲，得到了社会的承认、百姓的认可，这是最高的奖赏，幸莫大焉！

幸福的基础是充足的社会物质财富，社会的发展和进步，靠全体社会成员的共同努力，靠的是大家都振奋起来，努力去创造社会财富，而不单单是去追逐利润。其实在生产实践中，不断发现问题、解决问题，用心搜寻素材，总结经验教训，编辑成册，是一件利于他人、功在社会、对事业的发展大有好处的事情，自己也可以在此过程中不断提高和发展，何乐而不为呢？这个社会诱惑太多，忙于生计、盲目追求，使得某些人忘记了做人的根本，对自己从事的工作应付了事，错失了机遇，浪费了青春。这段话讲出来，与读者尤其是年轻读者共勉。

尽管这几年新建了许多年出栏万头以上的规模猪场，但分析养猪行业的经营状况可以发现，有盈余、真正创造效益的依然是存栏 50~200 头繁殖母猪，或者存栏 500~2000 头的阶段育肥场。现阶段存在的问题仍然是有相当一些场户主，缺乏专业知识，不知道量力而行，盲目追求大规模，缺乏经营意识，盲目进入，至于在疫病防控方面，更是问题多多。所以，在本书修订的过程中，很想添加一些规模设定、饲养模式、进入时机、杂交组合的确定方面的内容，但由于时间紧迫，加之夫人身体有恙，心绪不安，未能如愿，好在王建科同志帮我完成了全书的审阅修改，删除了过时的内容，增加了最新的常用养猪技术。郑州市农林科学研究所的王福顺同志、福瑞达公司的张跃进同志为我提供了现代养猪业所用疫苗的有关资料，帮我选定了附加内容，写出来以表谢意。在第一版的基础上，本版通过附录形式增加了蓝耳病时代猪病特征和后蓝耳病时代运用中兽医理论和中兽药提高猪的非特异性免疫力的内容，以及揭秘猪场死狗—伪狂犬病新特征，猪场量化指标管理体系，常用疫苗及其特征等内容，希望契合新的时代特征，对大家有所帮助。

张建新

2014 年 4 月 25 日于郑州

目　录

第一章　规模猪场及农户养猪的疫病控制

近年来，猪场场长和养猪户普遍反映猪病越来越多，猪越来越难养。这种状况的出现，主要是农村改革进程中有关涉农部门改革的偏差和进程的缓慢，导致农村“大包干”后涉农服务行业的服务功能弱化、异化。在一些地方，在某些时间段内，对农民的服务功能显著弱化，动物防疫工作因为推向市场而从服务农民演化成创收手段，一些地方，动物疫病防治工作处于放任自流状态。最主要的原因是饲养者在养猪过程中疫病管理观念落后。有关农村服务行业的改革国家已经采取了一系列关键性的措施，相信会随着国家建设社会主义新农村步伐的加快、深化农村改革措施的全面实施，符合社会主义市场经济规律的涉农服务体制将会在改革发展的进程中诞生，进而推动涉农服务事业向着有利于农村经济发展的方向迈进。本章围绕如何树立猪病管理新观念展开讨论，希望能够对从事养猪事业的朋友有所帮助。

第一节　疫病控制的理念更新

进入社会主义市场经济时期，养猪不是为了保障市场供给，也不是为了攒粪肥田，而是为了创造经济价值。在这个过程中，猪作为一种商品，是资本运作的一种载体，养猪的过程实际上也是资本的运作过程。所以，经营者在决定猪场项目是上还是下，管理者在组织养猪生产过程中是扩大还是压缩规模，采取的一些技术措施是高科技含量还是一般水平，都不能人云亦云，而必须依照客观实际，在能够正常运转的前提下按照投入最小化、利益最大化的原则去思考、掂量、琢磨和决策。在对待疫病方面，同样是这样。这是作者提出疫病管理概念的根本原因。

一、猪病有限控制理论

所谓猪病有限控制理论，是指在一个猪场或者猪群中，猪病不一定全部消灭，允许存在一些猪病。只是根据其危害性大小，对其采取不同的控制投入，将其危害控制在一定范围之内。也就是不追求建立无任何猪病的猪场（或猪群），只建立无特定猪病的猪场（或猪群），追求的是经济损失最小的管理效果。

二、预防为主，综合控制

所谓预防为主、综合控制，是指在猪群具体疫病的控制过程中，未雨绸缪，关口前移，实行预防性措施为主的综合控制。预防为主在日常管理中的落实体现在：

1. 提前进行疫苗接种。

2. 实施保健计划。

3. 定期对猪群进行抗原检测，以预警预报疫情。

4. 免疫后对猪群定期进行抗体检测，以检查免疫效果和预测疫情。

5. 采取药物预防等综合控制措施。

此外，还包括猪场选址和内部布局、种猪的选择、配种组合的确定、饲料营养水平的控制、预防性免疫、隔离和消毒制度的执行、临床病例的处置、疫情检测和预警、病死猪尸体的无害化处理等，即设计、饲养、管理的全方位控制。当然，也包括正确处理疫病监测、免疫、治疗三者之间的关系。

三、利用猪的生物学特性，创造猪生长发育的最佳环境

实行预防为主、综合控制的前提是利用猪的生物学特性，对猪施以福利关怀，创造猪生长发育的最佳环境。目前，人们已经掌握并正在利用猪的生物学特性，包括一年多胎、一胎多仔、常年发情、集群性、畏热抗寒等，这些特性随着人们的利用，研究越来越细致，认识越来越深入，研究的热门话题是温度对猪的影响。

通过不同温度对猪的影响的研究，人们对猪的生物学特性有了新的认识：仔猪畏寒，大猪怕热。例如 1984 年苏联学者对刚出生仔猪进行低温（3～5℃）处理 12 小时，仔猪体温下降 1.5℃，停止低温处理后 1.5～2 小时才恢复正常，并导致60 日龄仔猪的活重减少 0.5 千克，达到100 千克的日龄增加了 14 天。1988 年胡云好报道了 5 日龄内平均气温<10℃、10～15℃、15～22℃、22～27℃、27～30℃、>30℃六种不同温度梯度环境下猪的死亡率研究结果，当对应梯度的最高气温依次为<15℃、15～21℃、21～27℃、27～33℃、33～36℃、>36℃时，死亡率依次为 19.4%、13.0%、12.7%、8.4%、16.8%和 8.6%，当最低气温<5℃、5～10℃、10～17℃、17～22℃、22～25℃、>25℃时，死亡率依次为 25.0%、12.8%、11.7%、7.5%、17.7%和 21.6%，表明 5 日龄内仔猪的最适宜温度为 22～27℃，在此温度区间以外的温度，均会导致死亡率的上升。进一步的研究确定了不同日龄仔猪生长发育所需的温度：1～3 日龄 30～32℃、4～7 日龄 28～30℃、8～30 日龄 25～28℃、31～45 日龄 22～25℃，10～15 千克

的仔猪20~22℃、50~100千克的育肥猪18~20℃、100千克以上的猪15~18℃。

猪在白天和夜晚的生理状况不同，对温度的要求也不同。当猪舍温度波动达到3~4℃时，断奶仔猪容易发生腹泻。所以对于保育猪，保证猪舍白昼和夜晚较小的温差，仍然是管理的核心。

猪对猪舍温度高低的反应还取决于猪舍的通风和湿度。青年猪对风速的反应比老年猪敏感，20千克单独饲养的仔猪，风速增加5厘米/秒，下限温度就需升高1℃；群养猪风速增加21厘米/秒时，下限温度就需升高1℃。

猪处于临界温度下限以下时，每下降1℃，日增重降低11~20克，耗料增加25~35克/千克；当处于临界温度上限以上时，每上升1℃，日增重降低30克，耗料增加60~70克/千克。

作者观察发现，初生仔猪在20~24℃条件下6小时以上感冒比例明显升高，48小时以上黄、白痢病例明显增多；12~14℃的环境中6小时可导致免疫功能紊乱而出现咳嗽，12小时可导致拉稀死亡，并且，哺乳期内猪舍温度过低导致咳嗽或拉稀的个体，痊愈后也影响正常免疫功能的建立。

通过对集群性的研究发现，适当的猪群规模对猪安全感的形成有积极意义，过大的群体在自然状态下，容易导致食物匮乏，在人工饲养状态下则由于位次效应和长期饥饿形成僵猪等。

以上研究成果表明，人们对猪的生物学特性的认识尚待深入，尚有开发利用的余地。在此，重点介绍目前规模养猪企业和专业户稍加努力就可以利用的几个特性。

【杂食性】猪是以植物性饲料为主的杂食性动物，作为一种杂食性动物，不仅需要通过运动收集、采食各种食物，还要通过运动与其他猪只交流，所以运动是猪生长发育所必需的基本条件，在设计猪舍时必须保证猪的运动需求，在日常管理中应当创造猪运动的条件。

【生物钟效应】猪同其他动物一样，具有生物钟效应。定时饲喂、定时开灯、定时清理猪舍和定时运动、打扫卫生、定期消毒等有规律的管理活动，有利于猪体生物钟的建立，是制定管理制度时必须考虑的重要因素。

【生物场效应】猪同其他动物一样具有生物场。因而要求饲养管理者必须考虑猪的生存空间需求。规模化饲养状态下，由于猪的生存空间过于狭小，常常导致猪舍空气质量下降和猪与猪之间的生物场的相互干扰，这是近年来规模化饲养状态下猪群体质普遍下降、抗逆性和抗病力整体降低的一个重要原因，应当引起经营管理者的重视。

【嗜甜特性】猪口腔的味蕾多数为嗜甜味蕾，对饲料甜味敏感。当日粮中有异味时可以用甜味素进行掩盖。同理，为了提高日粮的适口性，饲料加工厂常在饲料中添加甜味剂。

【气味敏感性】家畜中猪对气味的敏感程度仅次于狗，尤其是对尸胺（1，5—二氨基戊烷）最为敏感。当猪场所在环境异常气味较浓或添加药物异味较大时，可以考虑用能够释放尸胺气味的物质进行调节掩盖，也可以在转栏、组群过程中应用尸胺、酒精等有特殊气味的物质掩盖不同个体的气味，避免打斗。

【掘地本能】掘地是猪在长期的进化过程中形成的特性。在自然界，猪通过掘地获得块根类多汁饲料，同时也研磨了生长过快的犬齿，更是一种锻炼身体、增强体质的运动。规模饲养条件下，应当考虑在猪舍和运动场的局部区域对地面进行特殊处理，使猪通过掘地进行运动和磨牙，同时又不破坏地面。对于饲养期较长的品种和三元杂交模式生产商品猪的繁殖猪群，尤其应当引起重视。

【讲究卫生】猪是一种喜欢干燥和良好卫生环境的动物。猪舍地面应有一定坡度，有利于保持干燥、卫生的环境。仔猪转群进入新舍时，在预定排便区投放少量粪便，有诱导仔猪定点排便的功效，可作为一项管理措施应用。

四、掌握猪的行为学特性，提高日常饲养管理水平

要做到预防为主，管理和饲养人员还必须掌握猪的行为学特性，准确判断猪的行为是否正常，是否处于亚健康状态。生产中能被很好利用的猪行为学特性有如下几个方面。

【排异性】规模化饲养实践表明，猪群内存在排异性。当一个稳定猪群内突然闯入一个新的个体时，所有猪只会对新闯入的个体群起而攻之。这种现象对饲养管理人员有如下要求：一是在转群时尽量避免将单个个体与其他窝猪组群，避免猪群集中攻击一头猪现象的发生；二是并群时采取预先处理措施，避免相互打斗现象的发生。如选择在夜间并群，以免猪群在受惊状态下并群。再如在消毒后并群，即并群前对猪喷洒有异常气味的物质，掩盖新进入个体的异常气味等。

【位次效应】猪群内部有位次效应，在一个稳定的群体内，存在明显的位次。强壮的个体在哺乳、采食、饮水、睡眠、进入和走出猪舍、运动等活动中处于优先地位。要求饲养管理人员接生时固定乳头，避免强壮个体抢占前胸乳头，断奶时形成强弱不均匀的现象。合群时尽量使同一窝猪在一个圈舍中，避免打斗现象发生；必须由两窝以上组群时，后来的少数个体应当挑选强壮个体，并要采取喷洒掩盖剂、在饮水中添加催眠药物，以及适当降低日粮盐的含量、减少日粮中有刺激性作用的单料百分比、加强巡视等措施，以减少打斗现象的发生。

【集群效应】当猪群受到外来突发因子刺激时，有明显的集群效应。因而，生产区应有建筑隔离，避免野生动物、猫、狗等宠物对猪群的惊吓，产房和保育舍管理人员在饲养中尽可能轻拿轻放，避免突发噪声引起挤压。

【辨认仔猪性能】母性强的母猪能够通过气味辨别仔猪是否

是自己所生，及时驱赶非亲生仔猪，甚至咬伤、咬死非亲生仔猪。所以，母猪舍饲养管理人员在寄养仔猪时应当采取喷洒母猪尿液、有特异气味的掩盖剂，加强巡视等措施，避免咬死、咬伤事件的发生。

【固定乳头哺乳】 仔猪有固定乳头哺乳的天性。初生仔猪会以出生顺序自然选择母猪前胸部位乳头，并且固定在一个乳头哺食至断奶。如果不采取人工控制措施，弱小个体往往由于哺乳不足而生长缓慢、发病或死亡。所以，利用此特性在接生时实行人工固定乳头，有利于提高断奶仔猪育成率和断奶仔猪体重的均匀度。当每窝生产少于 12 头时，接生员实行人工固定乳头，有非常积极的作用。当每窝生产 12 头以上时，应该选择强壮个体寄养。

【色光反应功能】 行为学研究还表明，猪对不同色光反应有明显差异：红色光能够使猪群兴奋不安，绿色光和蓝色光则能降低猪的兴奋程度，使猪群趋于安静。猪场设计人员在设计猪舍灯光和墙壁颜色时应当考虑猪对色光的反应功能。管理人员对卡耳标、断尾个体应加强观察，严防因出血而引起相互追咬；对脱肛和受伤出血个体应及时剔除，避免猪群对其攻击。

专家提示： 转变观念，利用猪的生物学、行为学特性，不断改进饲养管理技术，建立更加科学的饲养管理制度，是规模饲养必须重视的问题。

第二节　免疫及免疫程序

免疫是规模饲养的一项基本工作，更是猪病防治的基础工作。且不论发生猪病后导致传染和猪群生长速度降低造成的损失，仅从治疗成本方面讲，病毒性疾病的预防免疫费用仅为发生后控制费用的1/10～1/15，细菌性疾病的预防免疫费用为发生后治疗费用的1/5～1/8，如果加上发生疫情造成的直接损失和浪费的饲料、人工，以及疫情后部分个体生长迟缓造成的间接损失，代价更高。所以，不懂免疫知识的规模饲养猪场场长肯定是一个失败的场长，不重视免疫的场长是一个不称职的场长。本节具体介绍了猪病免疫的原则，猪场免疫的方法，规模猪场和专业户、散养户常用免疫程序和注意事项，以及与免疫相关的猪场疫情检测和监控。

一、免疫的基本原则

我国生猪存栏居世界第一，但是个体产肉量与发达国家相比，差距很大，一个重要的原因是我国猪病控制的总体水平与世界先进国家存在差距。提高我国猪病控制的总体水平，需要全国所有的饲养场和养猪户从自己做起，认真做好本场（户）所养生猪的猪病控制工作。当然，重点是要做好猪病的预防免疫工作。虽然各场（户）所在的行政区域各异，饲养方式不同、管理水平存在很大差别，但是，猪病的发生有许多共性特征，预防免疫有一些基本原则是需要大家共同遵从的。

1. 制定免疫程序要考虑当地和本场（户）猪病流行实际、所购种猪或商品仔猪场的疫病流行情况，从本场（户）猪群的实际管理水平出发，制定切合本场（户）猪群实际的免疫程序。

2. 制定免疫程序时应坚持以下原则：

（1）当地没有、引种场也没有的猪病暂时不考虑。

（2）在免疫病种较多的情况下，优先考虑病毒性疾病的免疫。

（3）种猪和后备猪群尽可能使用灭活疫（菌）苗，活疫（菌）苗必须是基因缺失苗。使用非基因缺失的活疫苗时应考虑其安全性。

（4）导致仔猪死亡的疫病尽量安排在母猪怀孕后期免疫，通过哺食初乳让仔猪获得母源抗体，达到保护仔猪的目的。安排怀孕期母猪所用疫苗时，必须考虑疫苗的安全性。

（5）通过收集猪病流行信息，掌握疫情发生、发展态势；通过对本场猪群病原检测，了解重大动物疫病动态和趋势；通过免疫后抗体检测，了解重大动物疫病和对本场（户）猪群危害严重的疫病的免疫效果。

（6）重大动物疫病或对本场（户）猪群危害严重的疫病，应当利用再次免疫、记忆反应，在 18~21 天的间隔期进行连续两次免疫，以获得较高的免疫抗体水平。

（7）注意不同疫苗的免疫间隔。建议不同疫苗的免疫间隔期为：

1）同种疫苗正常免疫：按照产品说明书的间隔期执行。当本场发生过疫情或者周围 20 千米区域内正在流行该病时，应通过检测抗体水平确定免疫间隔期。

2）同种疫苗加强免疫：间隔 18~21 天。

3）不同种疫苗免疫：相互间隔 5~7 天。

（8）注意免疫抑制病的免疫，通过对免疫抑制疾病的有限免疫，确保其他疫苗免疫后正常产生抗体。

3. 按照疫苗包装或产品说明书规定的接种途径和方法、剂量接种，严禁随意改变接种途径和接种方法，严禁随意加大接种剂量。

4. 被免疫猪必须是健康猪。阉割猪不分性别，必须在2~3日后红肿消失、体温正常，无任何临床症状时免疫。转栏猪群应当在猪群熟悉环境后再进行免疫。生产母猪的免疫至少应超过产后7天，并尽可能在21天的泌乳高峰期后免疫。除了超前免疫，仔猪原则上在7日龄后免疫。

5. 选择免疫日时应当避开大风、降温、湿热、大雨或暴雨、降雪等恶劣天气。免疫病毒性疫苗的前1天、当天、后1天严禁使用抗病毒药品；免疫细菌性疫苗的前1天、当天、后1天严禁使用抗菌药品。

6. 尽量避免应激反应。可在免疫的前1天、当天、后1天，在饮水中添加5‰的电解多维。同时，还应注意让疫苗恢复到室温后再接种。

二、病原检测、抗体检测的注意事项

对猪群（尤其是种猪群）定期进行重大动物疫病和对本场（户）猪群危害严重的疫病病原进行定期检测，是掌握疫情动态的最科学、最有效的手段；对已经免疫猪群在预定的免疫保护期前1周或1个月（免疫期3个月的提前1周，免疫期6个月或1年的提前1个月），开展免疫病种的抗体检测，是了解猪体内抗体水平高低的重要手段，是调整免疫程序、求得最佳免疫效果、提高猪场疫病控制水平的捷径。种猪场和大型猪场应当定期开展重大动物疫病和对本场（户）猪群危害严重的疫病的病原检测，中、小型饲养场和专业户也要创造条件开展重大动物疫病和对本场（户）猪群危害严重的疫病病原检测。抗体检测可以视猪场猪群健康状况和管理水平灵活掌握。

建议种猪场开展抗原检测的病种：口蹄疫、蓝耳病、伪狂犬病、圆环病毒、乙脑、猪瘟和细小病毒（后备猪和开产前三胎母猪)。自繁自养规模场繁殖猪群开展抗原检测的病种：口蹄疫、蓝耳病、伪狂犬病、乙脑、猪瘟和细小病毒（后备猪和开产前三胎母猪)、圆环病毒、链球菌和大肠杆菌；商品猪群应对各批次育肥群抽检繁殖猪群抗原检测呈阳性的病种。商品猪场开展抗原检测的病种：蓝耳病、伪狂犬病、圆环病毒、猪瘟和流行性腹泻。各场可根据免疫病种、免疫期、发病季节自行确定抗体检测。但猪瘟抗体的定期检测一定要开展。

目前，国内管理水平较高的规模饲养场可以自己开展抗体水平检测，多数猪场的兽医室设备条件难以开展抗体检测，所以，抗体检测多数采样后到县（市、区）级以上动物疫病检测机构进行，抗原检测则需到市（自治州）级以上动物疫病检测机构进行。一般来讲，这些单位依照的是国家规定的检测方法，试剂是按照国家规定统一采购的，检验人员经过培训，取得了上岗资格，出据的检验结果是科学的、真实可信的。那么，采样动物是否具有代表性、所采集样本是否符合要求、采样方法是否科学、样品的保管和运送方法是否合理等，就成为检测结果是否准确的制约因素。因而，建议规模场和专业户主在采样、送样中注意以下事项。

1. 采集的病料应当未受到污染，过程应当短暂敏捷，器具应当清洁、无菌。采集血样应使用新购买的一次性针管、针头；采集器官病料时应在打开腹腔后立即进行，采样剪子和针头应在酒精灯快速烧灼，立即采样，采样后随时消毒。采集粪便、鼻涕和鼻腔分泌物、尿液、口水、眼泪和眼屎等样品的过程应当尽可能短，采样器具应当洁净无菌，包装样品的瓶子应当严格清洗消毒。

2. 对猪群定期进行重大动物疫病和对本场（户）猪群危害严重的疫病病原进行定期检测时，种公猪应全部采样，繁殖母猪和后备猪群低于 50 头时应按 20%～50% 抽样，50～100 头按

10%～20%抽样，100～200头按8%～10%抽样，200～500头按5%～8%抽样，500～1 000头按3%～5%抽样。商品猪群低于50头时应按10%～20%抽样，50～100头按8%～10%抽样，100～200头按5%～8%抽样，200～500头按3%～5%抽样，500～1 000头按1%～3%抽样，1 000头以上按1%抽样。

3. 对猪群定期进行重大疫病和对本场（户）猪群危害严重的疫病的免疫抗体进行检测时，对免疫过的猪群不分种类，以被免疫猪数量参照病原检测时商品猪群抽样比例抽样。

4. 对发病猪群抽样时，一是应当注意采样病猪所表现的症状是否有代表性，二是注意采集病料的种类。

（1）发生消化道疾病时除采集血样外，还应当采集粪便样和唾液、胃脏黏液、肠道黏液，胃脏片段、肠道片段和异常肝脏片段样本。

（2）发生泌尿系统疾病时除采集血样外，还应当采集尿样和肾脏及膀胱样品。

（3）发生呼吸系统疾病时除采集血样外，还应当采集鼻涕、气管黏液和气管、肺脏样品。

（4）发生发热、出血、瘀血等血液循环障碍时，除采集血样外，还应当采集心脏、脾脏、有病变的肝、胰脏、肾等实质性脏器及淋巴样品。

（5）发生以神经症状为主的疾病时除采集血样外，还应当采集大脑、脊髓样品。

5. 当计划进行抗体检测和血沉实验时，采集的血液样品不得添加抗凝剂。采集血样的注射器应是新购置经消毒处理的一次性注射器，注意固定注射器芯和密封。欲检测3个以下病种时采血3～5毫升，欲检测3个以上病种的应采血5～8毫升。实质性脏器样品用洁净玻璃瓶密封装。

6. 所采集样品在6小时以内送达检验单位。

7. 所采集样品运送时在2~8℃保存。春末和夏秋季高温季节可以使用干净毛巾包裹样品，在样品外放置冰块保持温度。不得将样品和冰块包裹在一起，以免样品结冰。

三、不同生产性能猪群的参考免疫方案

在免疫过程中，由于免疫应答，机体要做出一系列反应，这种反应对不同生产性能的猪群将产生不同的反应。同样，不同规模的猪场，由于管理水平和环境的差异，对免疫产生的应答强弱也有差异。因而，不同生产性能的猪群和不同规模猪场的免疫方案不应雷同，要在制定免疫方案时有所取舍，有所区别，在确保对重大动物疫病和对本场（户）猪群危害严重的疫病免疫的前提下，尽可能减轻免疫应答对猪群健康的压力。

1. 生产母猪参考免疫方案：生产母猪的免疫应结合不同生理阶段饲养管理的核心进行，尽量避免由于免疫应答导致的配不上种、流产、早产、停奶、产奶量陡然下降等事故的发生。建议的免疫方案如下。

（1）空怀期母猪参考免疫方案：

产后24~26日龄：肌内注射猪瘟细胞苗5头份。

产后29~31日龄：肌内注射伪狂犬病（冬、春季可改为口蹄疫）灭活苗1头份。

（2）怀孕母猪参考免疫方案：不论何种品种，何种管理水平或饲养规模的猪场，怀孕前期（配种后30日内）均应避免用药和免疫，以免导致早期流产和胚胎畸形。如欲加强免疫效果，应在怀孕30日龄后，使用怀孕期允许使用的疫苗免疫。保护仔猪的疫苗，多数应在怀孕70~95天（即通常所讲产前20~40天）接种，以保证初乳中有足够的母源抗体。

怀孕70天：肌内注射伪狂犬病灭活苗1头份。

怀孕77天：肌内注射大肠杆菌三价灭活苗1头份。

怀孕84天：肌内注射蓝耳病（繁殖呼吸综合征）灭活疫苗1头份。

怀孕90天（冬季）：肌内注射胃轮—胃流二联灭活苗1头份。

怀孕90天（夏季）：肌内注射链球菌灭活苗1头份。

打算增加更多疫苗品种或增加已经免疫疫苗的免疫次数时，可以在怀孕70天往前推移，直至怀孕36天，往后推移不允许超过怀孕期100天。

（3）哺乳期母猪参考免疫方案：哺乳期母猪免疫时一是应注意不得在初乳期（产后7天）免疫，避免由于免疫后抗原中和抗体而使初乳中母源抗体水平下降；二是应注意在泌乳高峰期以后免疫，避免由于接种疫苗后发生的免疫应答导致泌乳量下降。

在哺乳期的24～26天：同仔猪一起免疫猪瘟，肌内注射猪瘟细胞苗5头份。

在哺乳期的28～30天：视体重大小肌内注射伪狂犬病灭活苗1～1.5头份。

在哺乳期的34～35天：肌内注射猪丹毒—肺疫二联苗1头份。

（4）乙型脑炎在每年的4月上中旬，间隔18～21天免疫2次，肌内注射乙脑疫苗1头份/次。淮河以南地区应在3月中下旬完成乙脑疫苗的接种。

（5）对空怀母猪在每年的10月中旬和3月中旬分别免疫1次口蹄疫，肌内注射2毫升。

（6）细小病毒每年加强免疫1次，肌内注射1头份。3岁龄或3胎次以上母猪可以不免疫。

2. 哺乳仔猪免疫参考方案：

（1）超前免疫：超前免疫虽然能够提高仔猪对传染病的免疫力，但是操作过程中要求实施超前免疫后1～1.5小时内禁止仔猪哺乳，其副作用是不利于仔猪建立对环境的抗逆力，尤其是对仔猪建立热平衡和运动平衡不利。所以，使用超前免疫技术的猪场应当注意，当产房温度低于 24℃时，最好不要使用超前免疫技术。

当本场猪群伪狂犬病比较严重时，应在仔猪哺乳前，使用华中农业大学（科前）高浓度伪狂犬基因缺失三价苗免疫，方法是使用 4 毫升稀释液稀释 1 瓶 10 头份疫苗，然后每个鼻孔点 2 滴，2 小时内禁止仔猪哺乳。

当本场猪群猪瘟比较严重时，应在仔猪哺乳前，肌内注射猪瘟细胞苗 1 头份。1.5 小时内禁止仔猪哺乳。

（2）干扰素的使用：对于一些病毒性疾病严重的猪场，使用干扰素，尤其是添加有转移因子的复合制剂，对于提高仔猪成活率有明显作用。当本场猪群伪狂犬病、蓝耳病、口蹄疫和圆环病毒病比较严重时，未免疫母猪所生仔猪应在 7~9 日龄全群普遍注射干扰素 1~2 次（推荐用四川世红生物技术有限责任公司的干扰素），1 次/日，于 12~14 日龄后间隔 5~7 日依次接种猪蓝耳病、伪狂犬病疫苗，普通口蹄疫疫苗待仔猪满月后体重接近 25 千克时接种。

（3）正常免疫：

24~26 日龄：肌内注射猪瘟细胞疫苗 2 头份。

28~30 日龄：肌内注射伪狂犬病疫苗 1 头份。

34~35 日龄：肌内注射猪丹毒—肺疫二联苗 1 头份。

3. 商品猪参考免疫方案：

（1）本场（户）生产商品猪免疫方案：此种商品猪由于免疫档案清楚，应当按照预定免疫程序继续免疫。

40~42 日龄：肌内注射仔猪副伤寒 1 头份。

47~49 日龄：肌内注射猪用进口佐剂五号苗 3 毫升/头。

50~60 日龄：可以根据本场疫病情况安排。

60~65 日龄：肌内注射猪瘟细胞疫苗 3 头份。

90~92 日龄：肌内注射猪瘟细胞疫苗 4 头份。

97~99 日龄：肌内注射猪丹毒—肺疫二联苗 1 头份。

（2）小型饲养场、专业户集贸市场购买商品猪免疫方案：此种商品猪由于免疫本底不清，建议在购回的商品仔猪适应新的饲养环境和采食正常后开始免疫。疫区应在购回仔猪当天全群肌内注射干扰素。

购回第 3 日：肌内注射伪狂犬病基因缺失双价苗 1 头份。

购回第 7 日：肌内注射蓝耳病灭活疫苗 1 头份。

购回第 13 日：肌内注射猪瘟细胞疫苗 3 头份或组织苗 1 头份。

购回第 20 日：肌内注射猪丹毒—肺疫二联苗 1 头份。

购回第 27 日：肌内注射仔猪副伤寒 1 头份。

购回第 33 日：肌内注射猪瘟细胞疫苗 3 头份或组织苗 1 头份。

购回第 40 日：肌内注射猪用进口佐剂五号苗 5 毫升/头。

购回第 47 日：肌内注射链球菌苗 1 头份（本村和购买仔猪集市周围无此病的可以不接种疫苗）。

购回第 80 日：肌内注射猪丹毒—肺疫二联苗 1 头份。

购回第 87 日：肌内注射伪狂犬病灭活疫苗 1 头份。

购回第 90 日：肌内注射猪用进口佐剂五号苗 5 毫升/头（夏季可不接种疫苗）。

购回第 97 日：肌内注射链球菌苗 1 头份（本村和购买仔猪集市周围无此病的可以不接种疫苗）。

4. 种公猪参考免疫方案：种公猪应尽量避免在高热季节和配种旺季免疫。建议的免疫方案如下。

1 月上旬：肌内注射猪用进口佐剂五号苗 5 毫升/头。

3 月上旬：肌内注射猪瘟细胞疫苗 5 头份。

3 月中旬：肌内注射猪丹毒—肺疫二联苗 1 头份。

3 月下旬：肌内注射细小病毒疫苗 1 头份。

4 月上旬：肌内注射乙型脑炎疫苗 1 头份。

4 月中旬：肌内注射伪狂犬病灭活疫苗 1 头份。

9 月上旬：肌内注射猪瘟细胞疫苗 5 头份。

9 月中旬：肌内注射猪丹毒—肺疫二联苗 1 头份。

9 月下旬：肌内注射猪用进口佐剂五号苗 1 头份。

10 月上旬：肌内注射猪丹毒—肺疫二联苗 1 头份。

10 月中旬：肌内注射伪狂犬病灭活疫苗 1 头份。

5. 后备猪的免疫方案：后备猪不论后备公猪和后备母猪，均不宜使用活疫苗免疫。原则上在 3 月龄以前的后备猪免疫随商品猪群一同进行，3~7 月龄的免疫以保持多发病种的抗体稳定在较高水平为中心，7~10 月龄的免疫为配种做准备。

40~42 日龄：肌内注射仔猪副伤寒 1 头份。

47~49 日龄：肌内注射猪用进口佐剂五号苗 3 毫升/头。

54~56 日龄：肌内注射乙型脑炎疫苗 1 头份。

60~65 日龄：肌内注射猪瘟细胞疫苗 3 头份。

72~75 日龄：肌内注射细小病毒疫苗 1 头份。

90~92 日龄：肌内注射猪瘟细胞疫苗 4 头份。

97~99 日龄：肌内注射猪丹毒—肺疫二联苗 1 头份。

140~142 日龄：肌内注射蓝耳病灭活疫苗 2 毫升/头。

150~152 日龄：肌内注射猪用进口佐剂五号苗 5 毫升/头。

160~162 日龄：肌内注射蓝耳病灭活疫苗 2 毫升/头。

170~172 日龄：肌内注射猪伪狂犬病基因缺失苗 1 头份。

190~195 日龄：采血样检测猪瘟、伪狂犬病、细小病毒、乙型脑炎、蓝耳病、五号病抗体。对检测发现抗体水平 4 以下的病种的后备猪于 195~200 日龄间免疫。至 210 日龄左右全部结束免疫。

注意：本方案仅供参考，方案中猪瘟细胞苗指效价 150RID/头份，如果产品说明书标注了效价，应进行折算。

四、常见免疫失败原因及纠正、解决办法

伴随着21世纪的脚步，我国加入了WTO，中国畜牧业走向国际市场已经成为不争的事实，然而，由于政治、经济、宗教、环保、安全诸方面的原因，各国在取消贸易壁垒的同时增加和抬高了技术门槛，或者设立技术壁垒，2002年东欧各国对我国猪肉药物残留检测品种由7种上调到51种，日本劳动厚生省在2003年一年的时间内对我国鸡肉监检药物品种和检测药物残留标准进行了3次调整，2006年5月29日日本又在食品和农产品“肯定列表制度”中对我国鸡肉和猪肉产品提出了更加苛刻的要求，药物残留限量标准分别由36项和25项增加到382项和425项就是明显的例证。国内畜禽养殖企业针对这种变化，纷纷采取加强免疫接种、使用中草药、调整日粮中抗生素品种和剂量、降低日粮微量元素比重、净化畜群、早期停药等多项或综合措施，以保证产品顺利走向国际市场。但是，多种原因造成的动物免疫失败常常导致畜群疫病的流行，使得各种努力付诸东流。

（一）常见猪群免疫失败的原因

所谓免疫失败，严格地讲是指经过免疫接种的猪只，到了应该产生免疫力的时候而未产生免疫力的现象。但在生产中，饲养者尤其是散养农户，常把应激反应、过敏反应、免疫事故、诱发疫病等现象通称免疫失败，为了分析的方便，也为了减少基层处理免疫失败时的纠纷，现将应激、过敏、免疫失误、免疫事故以及免疫失败现象概述如下。

1. 免疫失败：是指给生猪在规定的部位，按所用疫（菌）苗说明要求的方式、剂量，严格按照操作规程接种（皮下注射、肌内注射、滴鼻、穴位注射等方式）了某一种质量合格（运输、储存、保管、分发各个环节均按规程操作）的疫（菌）苗之后，过了免疫应答期，生猪个体或群体仍未产生免疫能力（即血液中

未产生抗体或抗体水平较低）的现象。在生产实践中，还可以见到另一种情况，即接种了甲种疫苗以后，生猪个体或群体产生了对甲种疫病的免疫力，但却暴发了乙种疫病（俗称免甲发乙），虽然从理论上不算免疫失败，但最终效果仍然等同于免疫失败，农民和饲养场的管理人员也称免疫失败。作者将前者称为狭义的免疫失败，而将后者和诱发疫病的现象、应激反应、免疫事故统称为广义的免疫失败。

2. 应激反应：常见于疫苗注射过程中，其主要表现是在注射疫苗10~20分钟后，由于生猪个体间的差异、疫苗及其佐剂的不同、注射量的过大、疫苗温度过低、注射方式的失误而引起的临床反应，如心跳加快、体温升高、采食量下降、呕吐、呼吸困难、抽搐，甚至死亡。

3. 过敏反应：是由于动物机体内特异性免疫功能差异导致的对异体蛋白侵入后作出的迅速的过于强烈的应答。临床常见于注射疫苗后5~30分钟，症状以心动过速、呼吸困难、虚脱为主，如处理不及时，反射机能丧失后很快会导致死亡。

4. 免疫失误：是指在免疫过程中，由于防疫员未按免疫规程操作造成失误的现象。免疫失误既可以造成应激反应，也可以导致免疫事故、免疫失败。常见的失误有如下几种：一是未检查疫苗瓶，注射的疫苗品种不对，或注射了过期失效疫苗、破损疫苗、密封脱落的污染苗。如郑州郊区某猪场的防疫员不细心，把猪瘟疫苗接种到鸭体内，把鸭瘟疫苗接种到猪体内，怎么能产生猪瘟、鸭瘟抗体呢？二是免疫用器具消毒方式不当，尤其是注射器及针头的消毒方式不当。如懒得煮沸或高压消毒，用乙醇（酒精）浸泡后也不用蒸馏水冲洗直接使用。三是注射方式选择的失误，如把应该皮下注射的疫苗采用了皮内注射法，应该肌内注射的错误地使用了皮下注射法等。四是懒省事，不保定，打飞针。即对走动中的猪臀部边注射边推药，造成注射剂量不准或将疫

（菌）苗射于猪体表及畜舍地面。五是未严格执行操作规程，如抽吸疫苗时忘记摇晃疫苗瓶、抽吸后未排除针管中空气，肌内注射时进针后忘记回抽检查等。六是将废弃物随便乱扔，尤其是疫苗瓶、一次性注射器、废针头等随手乱扔。七是免疫对象选择的失误。如给配种期的公母猪、临产前 1 周的母猪接种五号病疫苗，给哺乳期仔猪接种丹毒—肺疫二联苗，给刚阉割小猪、患病猪、弱残猪等暂时不应该免疫的猪免疫，被注射疫苗后因免疫应答造成的流产、早产、死亡等。八是未实行一猪一针头。九是随意加大疫苗用量。如有的防疫员一次性给猪接种 10 头份、20 头份、30 头份、50 头份等。

5. 免疫事故：是指免疫过程中由于免疫失误造成的生猪应激、死亡和免疫失败。如过量注射引起的应激；不及时处理应激或处理不当造成的死亡；错误注射疫苗、注射部位和方式失误导致的死亡；打飞针和随手丢弃疫苗瓶造成的疫情发生；混用针头造成的疫情蔓延等。

6. 诱发疫情：又称激发疫情，不同于继发疫情。前者是指猪只已经处于隐性感染状态时，注射疫苗引起疫情的现象；后者则是猪只在感染某种疫病后，由于抵抗力的下降而导致第二、第三种疾病或疫病发生的现象。对处于隐性感染期的猪群，接种疫苗诱发疫情大多见于接种前未进行过免疫抗体检测的猪群；当进入动物疫病流行季节或流行期，除了当天检查抗体水平，很难保证接种疫苗不诱发（或激发）疫情，这是因为隐性感染概率升高的缘故。但是当猪群中已经有个别或小部分个体出现临床症状，由防疫员个人做主（不包括紧急免疫和应畜主要求进行的免疫）对猪群进行免疫而导致的该种疫情发生，则是免疫事故。

（二）不同种类免疫失败原因的分析

导致免疫失败的原因有疫苗质量、操作不当、个体及群体体质状况、环境及管理等。

1. 疫苗质量问题：疫苗失效和有效剂量不足常导致狭义的免疫失败，而疫苗纯度不够则很可能导致“免甲发乙”、过敏反应、应激反应；疫苗生产工艺的不同以及佐剂的改变常常导致过敏和应激反应的发生；包装破损疫苗大多由于受到污染而引起过敏反应、应激反应；包装破损虽不严重，但破损时间较长的疫苗免疫后，可能产生不了免疫力，也可能导致“免甲发乙”。因为，无论是生产过程中由于工艺的原因造成的疫苗纯度不够，还是因为包装破损导致的杂菌（病毒）污染，都可能由于抗原种类的差异（或改变）而引起过敏和应激；同时，由于杂菌（病毒）随接种进入猪体，当被免疫接种猪处于同污染杂菌（病毒）株型相同的隐性感染状态，则很容易出现该污染菌（病毒）的疫情，也即发生免疫接种后的“免甲发乙”。同理，若杂菌（病毒）同免疫菌表现一致，就可能导致“免甲发甲”。

2. 操作问题：操作不当的常见现象有如下几种。一是运送及保管方法不当。如野蛮装卸造成的包装破损，保管中温度控制不到位等。二是使用操作方式不当。如把需要肌内注射的疫苗错误地使用了皮下注射的方式等。三是操作方法不当，未按规程操作。如对不适宜免疫的生猪进行免疫接种，注射部位不当，抽吸疫苗前未摇晃疫苗瓶子，注射时未排气把疫苗连同气体一同注入畜体，不回抽注射器芯检查导致疫苗直接被注入血管，注射疫苗过程中不注意而将疫苗喷射于猪体或猪舍，随手乱抛疫苗瓶子、一次性注射器、废弃针头等。四是接种后不仔细观察，对过敏及应激反应处理不及时。产生这些现象的根本原因在于防疫人员责任心不强、文化水平低、知识老化、技术落后，只能通过加强管理、竞争上岗、培训等综合措施解决。

3. 生猪个体及群体方面：生猪个体及群体方面的因素主要表现在以下几个方面。一是不同品种及不同年龄生猪对疫苗的免疫应答强弱程度不同。二是猪的生理状态不同，形成的免疫应答强弱程度有差异。三是某些细菌（病毒）对特异性微生物的寄生性、伴生性导致的激发或继发疫情。四是蓝耳病、伪狂犬病、圆环病毒病和黄曲霉中毒导致的免疫抑制。临床最常见于猪瘟的免疫。五是免疫麻痹，即由于同一头猪前次免疫剂量高而本次剂量未达前次剂量，前次免疫的高剂量提高了免疫应答阈值所致的免疫失败。

（三）克服生猪免疫失败的措施及建议

总体上讲，克服免疫失败，应当采取综合措施。这些措施包括提高疫苗质量（重点是纯化疫苗）、规范操作规程、增强生猪个体及群体体质状况、改进饲养管理方式等。具体到生产实践中，笔者认为应当从如下几个方面着手。

1. 提高疫苗质量：疫苗质量的提高既有疫（菌）苗生产企业需要改进的工作，也有饲养者和兽医人员需要努力的方面。对于饲养者和兽医人员来讲，使用中应注意的是改进运输和储存质量，尽量减少野蛮装卸，避免包装破损。

2. 规范操作：从疫苗的出厂，到疫苗的销售供应，直至使用的企业和农户，都应该严格执行操作规程，从而保证疫苗不破损、不污染、不失效。从使用疫苗角度讲，要避免免疫失败应当做好的工作主要包括如下方面。

（1）购买和领取疫苗时，要认真记录疫苗名称、品牌、包装特征、产地、批号、有效期、用量用法及注意事项。

（2）运输途中要做到避免强烈振荡、不脱离保存温度，尽量避免阳光直接照射。进场后切忌在消毒室存放疫（菌）苗。

（3）使用前要检查疫苗是否有效，包装是否损坏，疫苗瓶子是否破裂、瓶口是否松动脱蜡，液态疫苗应检查颜色是否正常，是否分层、有絮状物；粉状苗应检查颜色是否改变；或是否发生霉变和溶解状况。

（4）选择正确的接种对象，包括年龄、性别、体质状况，是否染疫，是否怀孕。

（5）所用注射接种用具要严格消毒，并且要采用正确的消毒方法。切忌怕麻烦、图省事，将注射器及针头用凉水或酒精浸泡后不消毒冲洗，即直接使用。

（6）尽量做好保定，在规定部位（颈左侧中部）按照产品说明书要求的方法、方式接种，彻底杜绝“打飞针”。

（7）溶解时如果产品有配给的稀释液，一定要使用配给的稀释液；如果没有配给，应使用生理盐水或注射用水（有特殊要求的除外）稀释。切忌用凉开水稀释，因为有的地区水质太差，不仅影响疫苗活性，甚至发生疫苗不溶解现象。同时，要避免剧烈振动；溶解过程中还应尽量避免阳光、紫外光、X 光直接照射。

（8）抽吸疫苗前一是要注意回升温度（夏季净置 0.5 小时，冬季净置 2 小时），避免从冰箱中取出疫苗后不经回温直接注射。二是要摇匀，避免仅抽取上清液。

（9）注射前要对注射部位消毒。肌内注射时进针后一定要回抽针芯检查，避免将疫（菌）苗直接注射进血管和神经管、淋巴组织。

（10）接种疫苗的前 1 天、当天、后 1 天停止使用抗病毒药品；接种细菌苗的前 1 天、当天、后 1 天停止使用抗菌药品。

（11）注射疫（菌）苗后，要研抹针孔、擦干净接种部位溢出的疫菌苗，将擦疫（菌）苗的棉球连同废针头、一次性针管和疫（菌）苗瓶子一起焚烧或深埋。

（12）接种后 2 小时内免疫人员观察，2 小时后离开时安排畜主加强观察，及时处理过敏和应激反应。

3. 加强日常管理，提高生猪个体及群体抗病能力：除了引种时注意不从有传染病的场家引进种猪外，加强对本场疫病进行净化非常重要。在日常的生产管理和疫病防治中，应当坚持如下原则。

（1）正确认识、科学运用有关厂家及报刊杂志推荐的免疫程序。一定要从本场的疫情实际出发，结合当地疫病发生及流行规律，以及本场（户）猪群品种特征、生产方向、体质体况、周转计划，制定适合本场（户）实际、经济实用、行之有效的免疫程序，切忌简单照抄。

（2）坚持预防为主、综合防治。除接种疫苗免疫外，还应建立、并严格执行固定的消毒和隔离制度。

（3）接种疫苗时，尽可能坚持使用灭活疫苗和区别对待原则，即能用灭活疫苗的不用活疫苗；公母猪配种期、母猪配种后第一个发情期、临产20天以内，以及哺乳期的前21天尽可能避免接种；病弱猪推迟接种。

（4）必须接种的配种期公猪及妊娠母猪、哺乳母猪减半两次注射［即首次用疫（菌）苗说明书规定量的一半，间隔18~21天再接种一半］，幼小猪减量注射。

（5）疫病流行期猪群进行预防性接种时，应当通过抗体测定和血清鉴定对猪群进行标记分类。对于未接种过疫（菌）苗猪群，血清学阳性畜群禁止接种，可注射高免血清或自家血清予以治疗；已接种过疫（菌）苗猪群抗体水平低于免疫阈值的个体应立即接种，而抗体水平高于免疫阈值的个体应结合临床症状查找原因，也可拖后几天，也可于测定后接种。

（6）受到追赶捕捉、长距离驱赶的生猪，应在稍事休息，呼吸、脉搏恢复正常、消除恐怖后再行注射疫（菌）苗。

（7）接种疫（菌）苗后一周内，要加强观察，重点放在接种后1~2天。

（8）接种疫（菌）苗当天和前后一天给猪群饮水中添加大剂量维生素和葡萄糖（5克/千克），以减轻应激反应程度。

4. 宏观、微观控制相结合，为避免免疫失败创造条件。猪场（户）主除了尽量使用配合饲料，提供合理、丰富的营养条件，建立严格卫生、隔离及定期消毒制度外，还应注意做好以下几个方面的工作。

（1）定期更新血统，控制近交系数，避免近亲交配，为动物体质的提高创造基本条件。

（2）按照国家畜禽饲养场兽医卫生标准建设猪场和改造猪舍，为减少应激创造条件。

（3）实行绩薪挂钩、责权利结合的岗位责任制，调动兽医防治人员和饲养工人的积极性。

（4）使用动物血清治疗疫病时坚持做到“一猪一针头”，严防由于治疗引起疫病蔓延的事故发生。

（5）制定免疫程序时一定要考虑到接种的疫（菌）苗之间的合理的时间间隔，避免由于不同疫（菌）苗接种间距过小造成干扰而影响抗体水平的上升。

（6）在使用新的疫（菌）苗时，坚持做到先选择少量猪进行实验，观察 2 周后，得到安全、真实的结论后再对全群进行接种。

五、免疫抑制及其对策

近年来，由于免疫抑制的原因导致规模饲养猪群疫情频频发生，使得规模饲养风险明显加大。对于免疫抑制，学术界一直都很重视，但是导致猪免疫抑制的原因众说纷纭，多数人认可的原因是蓝耳病、伪狂犬病、圆环病毒病。美国学者认为霉变饲料中毒也可导致免疫抑制，最近中国兽药监察所的几位专家又提出胎儿期感染慢性猪瘟的个体多数表现免疫抑制。

临床免疫抑制的判断主要是通过对免疫猪群猪瘟抗体的测定来判断。免疫猪瘟细胞苗 20 日以上抗体水平低于 $\log_2 4$（1∶16）的个体，或者免疫猪瘟脾淋苗 7 日以上、猪瘟组织苗 10 日以上

抗体水平低于 $\log_2 6$（1∶64）的个体，均应怀疑免疫抑制。

解决免疫抑制的基本思路应该是净化猪群，同时应注意避免使用霉败变质的饲料。净化不仅投资大，而且需要时间也很长，考虑到净化的难度和成本，对规模场和专业户提出如下逐步净化的办法。

（一）彻底消毒

实行产房定期彻底消毒，坚持每 4～6 个月使用火焰消毒法消毒 1 次。

（二）控制饲料质量

对种猪群和后备猪群实行更加严格的霉变饲料检验标准，确保种猪群和后备猪群不饲喂霉变饲料。

（三）严格控制圆环病毒病

对种猪群、后备猪群实行每年 2 次的圆环病毒抗体检测，发现抗体呈阳性的坚决淘汰。

（四）实行全进全出

加强商品猪群的兽医卫生管理，保育舍和育肥舍均实行全进全出。每批次出栏后，安排 5～7 天的空置消毒期。空置消毒期实施每天喷雾和蒸熏消毒各 1 次的高强度消毒。

（五）净化猪群

在采取前述四条措施的同时，对不同猪群，应分别采取如下净化措施：

1. 对于未免疫蓝耳病、伪狂犬病的种母猪群：

（1）实行每胎 1 次的猪瘟抗体检测。

（2）对猪瘟抗体为 0 或低于 4 的母猪，进行蓝耳病、伪狂犬病抗体检测。

（3）对蓝耳病、伪狂犬病抗体检测阳性的母猪进行两病的抗原检测。

（4）淘汰蓝耳病、伪狂犬病抗原一项或两项呈阳性的母猪。

2. 对于已经免疫伪狂犬病的种母猪群：

（1）实行每胎1次的猪瘟、伪狂犬病抗体检测。

（2）对猪瘟抗体为0或低于4，且伪狂犬病抗体为0或低于4的个体，进行蓝耳病抗体检测。

（3）淘汰蓝耳病抗体检测呈阳性的母猪。

3. 对于后备猪群：

（1）配种前检测猪瘟抗体。

（2）对检测猪瘟抗体为0或低于4的个体进行蓝耳病、伪狂犬病抗体检测。

（3）凡是蓝耳病、伪狂犬病抗体检测中出现任何一项呈阳性的，均作为商品猪育肥。

4. 种公猪：

（1）每4~6个月检测1次猪瘟抗体。

（2）淘汰猪瘟抗体为0的个体，对猪瘟抗体低于4的进行蓝耳病、伪狂犬病抗体检测。

（3）淘汰蓝耳病、伪狂犬病抗体检测中任何一项抗体呈阳性的种公猪。

专家提示

1. 不可机械照抄照搬别人的免疫程序。
2. 定期对猪群进行抗体、抗原检测。
3. 正常免疫应努力做到“一猪一针头”，紧急免疫从种猪、健康猪开始，最后是发病猪圈舍的健康猪、病猪。
4. 商品猪价格低迷时加大“净化”步伐。

第三节　消毒制度及其执行

消毒和灭菌的区别在于消毒是用人为的方法消灭有害微生物，而灭菌则是杀灭所有细菌。消毒的方法很多，从本质上可以归纳为机械消毒法、物理消毒法、生物消毒法和化学药品消毒法四种。譬如每日清扫猪舍、冲洗猪圈，定期洗刷用具属于机械消毒；用紫外线灯照射，夏、秋高温季节晾晒养猪用具属于物理消毒；粪便的堆积处理属于生物消毒；向猪场喷撒生石灰粉或喷洒3%的氢氧化钠（烧碱）液，向饮水里面添加漂白粉或氯气，利用0.5%新洁尔灭，0.1%~0.3%的高锰酸钾液浸泡养猪器具，向猪舍、笼具喷洒菌毒灭、百毒杀、菌灭等，属于化学消毒。

目前和今后相当一个时期，我国农村仍将存在千家万户分散饲养和规模饲养并存的局面，疫源的根除在多数地区都只是一种理论上的提法和设想，建立定期消毒制度，采取综合消毒措施，进而实现与周围小环境的相对隔离，避免传染病的发生和传播，对于多数小型养猪场和规模饲养户来讲，实际上已经成为养猪成败的关键，甚至成为一些大型养猪企业是否能够生存的决定性因素。

一、消毒方面存在的问题及对策

目前，在消毒方面存在的问题主要有以下几个方面：一是不重视消毒。对于这些企业和农户，消毒是偶尔的事情，发生疫情时一天一消毒，疫情平稳时不消毒，或想起来了消一次毒，没有执行消毒制度。二是知道消毒重要，但是消毒工作不规范，暂时可能起到消毒作用，但不能实现与周围小环境的隔离、避免传染病发生和传播的目的。三是没有消毒的基本设施。四是消毒基本设施建设不合理。解决问题的对策也应当区别对待。

1. 对于不重视消毒工作的企业和农户，应提高其对消毒工作重要性的认识，然后才是建立和完善消毒设施，制定和执行消毒制度。

2. 对于没有建立和执行定期消毒制度的饲养场和农户，要迅速建立并认真执行定期消毒制度。

3. 对于缺乏消毒药品使用基本知识，在消毒中采用过高和过低浓度的饲养场和农户，关键是学习掌握消毒药品使用基本知识，使用消毒药品时要严格按照包装说明的配比要求配制。

4. 对于没有消毒基本设施和消毒基本设施建设不合理的小型猪场和养猪专业户，建立和完善消毒基本设施是根本办法。但是，在建立和完善消毒基本设施之前，可采用如下方法加强消毒。一是对猪舍和饲养区实行每周 1～2 次的定期消毒，二是在猪舍进出口安放消毒药垫、挂置用消毒药液浸泡过的毛巾，为饲养人员在每次饲喂或消毒时提供方便。

二、消毒制度及其执行

不论是规模猪场，还是小型专业户，加强消毒工作，建立健全消毒制度并认真贯彻执行，都是防控猪群疫病的重要措施。健全的消毒制度应当包含消毒方案、执行人和效果评价。

消毒方案必须包括对静态的场地、动态的人流、物流的消毒。应明确消毒地点（地段）和范围、对象、时间、周期、责任人和监督检查人、所用消毒方法和药品，以及消毒前后猪群反应状况、消毒效果、消毒记录等，以便于操作、执行、总结和提高。

（一）定期消毒的地点和范围

饲养场行政管理区、饲料加工区、场区内道路、饲养区（包括猪舍和运动场、兽医室、隔离舍和隔离场、储粪场、装车台、门口、病死猪无害化处理区）和正在使用中的储粪场，必须实行定期消毒。

（二）控制合理的消毒频率（或消毒密度）

影响消毒频率的因素有消毒药品的种类、消毒对象、消毒场所的具体条件和状态，以及操作方法的准确程度等，达不到频率要求时难以实现消毒目的，过于频繁的消毒不仅造成浪费，对猪只和饲养人员都有不良刺激，并有可能造成消毒药品对环境的污染。

1. 各饲养单元区的大门口和兽医室，有猪时的隔离舍和隔离场，应当实行每天至少消毒1次；车辆和装车台除了定期消毒以外，应当在每次使用前后各消毒1次；隔离舍和隔离场、病死猪无害化处理区使用过后应消毒1次；储粪场在使用之前和使用过后应彻底消毒1次；场区内道路、空置的隔离舍和隔离场、空置的病死猪无害化处理区，使用中的猪舍和运动场，储粪场每周应当消毒1~2次；饲养场行政管理区、饲料加工区应当每2周消毒1次。

2. 周围村庄或相邻猪场发生疫情时，饲养场行政管理区（包括职工生活区）、饲料加工区应当每周消毒1次；场区内道路、空置的隔离舍和隔离场、空置的病死猪无害化处理区、储粪场每周应当消毒2次以上；其他场所和部位按照原制度执行。

3. 本场发生疫情时，每天对生产区内所有场所消毒1次。行政管理区（包括职工生活区）、饲料加工区，应当每周消毒2次以上。

4. 投入生产期间，外来送料车辆经消毒池消毒后，只准进入饲料加工区的卸车点；运送猪只车辆经消毒池消毒后，只允许进入生猪装卸区。

5. 外来人员不得进入生产区。必需进入生产区人员，需经生产场长批准，并经消毒、更换工作衣帽和胶靴后，在有关人员的陪同下进入。

（三）不同部位、地段所用消毒药品和消毒方法

1. 猪舍的消毒：新启用猪舍消毒应当封闭猪舍门窗，先采用燃烧硫黄熏蒸6~8小时，再采用福尔马林加高锰酸钾熏蒸消毒4~6小时，之后再采用乙酸熏蒸消毒4~6小时，最后交替使用络合碘、季铵盐、戊二醛类液体消毒药液喷洒2~3次的方法消毒，整个消毒过程历时5~7天。正在使用中的猪舍应当采用喷洒消毒药液的方法消毒。

当一批猪出栏以后消毒时，应当按照新启用猪舍的消毒方法消毒。

旧猪舍消毒后再次进猪前，冬、春寒冷季节应当依次采用络合碘、过氧乙酸或季铵盐类消毒药液喷洒2次，夏、秋高温季节依次采用戊二醛、季铵盐或过氧乙酸类消毒药液喷洒2次。

带猪消毒时浓度要控制在1:(2 000~2 500)，对猪舍内走道、地面消毒时浓度要控制在1:(800~1 500)。

2. 运动场、隔离观察舍、无害化处理区、储粪场、生产区道路等露天场所，采用3%烧碱液或络合碘、季铵盐、戊二醛类液体消毒药液喷洒消毒。浓度控制在1:(800~1 200)。

3. 场区和各个饲养单元区的大门口应设置消毒池，池中应有6~8厘米深的有效消毒药液，以保证出入车辆轮胎消毒。浓度按照器械消毒掌握。

4. 运猪车辆消毒时，应当对车体用液态消毒药品喷洒消毒，对车厢实行带猪喷洒消毒。浓度按照带猪消毒掌握。

（四）不同季节、不同目的所用消毒药品和消毒方法的选择

1. 冬、春季气温低下，猪舍封闭较严，舍内空气流通不佳，空气尘埃的悬浮颗粒中附有细菌和病毒，是冬、春季猪群呼吸道疾病高发的主要原因。所以，冬、春季正在使用中的猪舍消毒时应实行每周1次的熏蒸消毒，或者利用过氧乙酸的挥发作用，在

走道地面喷洒高浓度的过氧乙酸（也可用广口器皿盛放原液让其自然蒸发），以杀灭空气中悬浮的病原微生物。

2. 夏、秋高温季节，病原微生物繁殖旺盛，加上各种传播媒介的频繁活动，通过蚊蝇传播的疾病频频发生，为了有效遏制疫病，也为了降温，对通风良好的猪舍可以加大消毒频率，选择3~6级风的天气，实行每周2~3次的喷洒消毒。为了控制消化道疫病，可选择戊二醛类、季铵盐类、过氧乙酸交替使用。

3. 早春和秋末雾天较多，使用生石灰消毒走道和储粪场、空置无害化处理场和隔离圈舍的企业和农户，应当加大消毒频率，至少应当在每个雾天过后立即补充消毒1次。因为生石灰（CaO）遇到雾气中的水珠后，很快发生化学反应变成熟石灰［$Ca(OH)_2$］，熟石灰再同空气中的CO_2反应，就变成了碳酸钙（$CaCO_3$），从而失去杀灭病原微生物的作用。

4. 不同的病原微生物对高温、酸、碱、光照等因子的敏感性不同，有的对酸敏感，有的对碱敏感等。养猪企业和农户应当按照消毒药品说明书标明的主要成分和功能，结合自己的消毒目的选择消毒药品。如口蹄疫病毒有耐低温能力，冬春季猪群容易发病，但是，这种病毒对碘、酸敏感，所以，冬春季对猪场消毒时应当考虑每周使用1次碘制剂。

（五）严格控制人员消毒

1. 进入生产区人员必须经过消毒。

2. 饲养区工作人员因故外出，再次进入生产区时必须经过消毒。

3. 外部人员不得进入生产区。必须进入时，须经生产场长批准，消毒后在有关人员陪同下进入。陪同人员应陪同其在限定区域活动。

4. 饲养区饲养人员无故不得在猪舍间走动。个人间的相互交流在猪舍外进行；必须进入其他猪舍时，应更换进入猪舍的工作衣、帽和胶靴。

三、严格按照使用说明配制和使用消毒药品

在实际生产中，严格掌握消毒药品的配制比例一直是养猪场（户）没有很好解决的问题。个别消毒药品生产企业为了便于使用，在包装瓶上标明了刻度，多数消毒药品仍然没有刻度。为了便于操作，介绍几种养猪场（户）能够做到的常用消毒药品的配制方法。

（一）液体消毒药品的配制

1. 利用专门的带有刻度的吸管配制消毒药液（在没有吸管的情况下，可以使用洁净注射器代替吸管）。配制前称量所用消毒器具的重量，充水至规定刻度后再次称量重量，然后以充水后重量减去未充水前重量，求出消毒器具充水净重，其千克（kg）数即为升（L）数（1 升＝1 000 毫升）。然后对照消毒药品包装瓶说明书的规定，用吸管吸取相对应的消毒药品原液的毫升数（1∶1 000 时每 1 千克水加原药 1 毫升，1∶2 000 时每 2 千克水加原药 1 毫升，1∶5 000 时每 5 千克水加原药 1 毫升，1∶500 时每 1 千克水加原药 2 毫升），注入消毒器具中摇匀后使用。

2. 许多农户在没有带有刻度吸管的情况下使用废弃注射器抽取消毒药品，这种做法虽然比估摸倾倒的方法容易掌握消毒药品的用量，但是直接使用废弃注射器抽取容易导致污染。正确的做法是不用废弃注射器直接抽取，而采用废弃注射器度量消毒药品包装瓶盖容积，然后用包装瓶盖量取消毒药品原液。度量的方法是首先用消毒药品的包装瓶盖舀满水，然后以废弃注射器抽吸包装瓶盖中水至最大刻度，一次抽不完时可以多次抽取，直至抽完，从而度量出每一种瓶盖容积的毫升数，然后按比例要求配制。

（二）固体消毒药品的配制

固体消毒药品配制时需要注意的是不能直接向喷雾器或喷壶中投放消毒药品。而是先用杯子或其他容器取少量水，将固体消毒药品投入，然后用干净竹筷或树枝缓缓搅动待其溶解，之后向喷雾器或喷壶中注入 1/3 高度的水，再加入溶解的消毒药液（对于一些价格较低或存放时间较长而溶解不良的消毒药品应当弃去杯子底部的杂质），然后再注水至喷雾器或喷壶规定高度。

需要注意的是，通常使用的烧碱（NaOH）在保存过程中极容易吸水潮解，饲养户在配制时应当注意。一般情况下，呈透明片状的烧碱，使用时可按 2.5%~3%的比例配制；当烧碱呈一端白色的片状时，应按 3%的比例配制；当片状烧碱上均匀分布白色条纹时，应当按 3.5%的比例配制；当烧碱吸水潮解呈白色干燥粉末状时，应当按 4%的比例配制；当烧碱呈白色糊状时，应通过实验室检验测算含水量后再使用。配制中切忌用手直接搅动烧碱液。

（三）熏蒸类消毒药品的使用

常用的熏蒸类消毒药品有硫黄、福尔马林加高锰酸钾、乙酸、过氧乙酸等。

1. 对于起脊房屋结构和内壁未粉刷抹面的猪舍，使用硫黄熏蒸消毒不但可以杀灭缝隙中的病原微生物，而且可以起到防鼠防蛇的作用。方法是将猪舍所有门窗和房檐封闭，在猪舍内，按照每 6~10 平方米摆放 1 个熏蒸器具（农户可以使用饭碗、瓦片、陶瓷器皿等替代），将所需硫黄（4~6 克/米^3）均匀分放，然后从里至外依次点燃，退出后封闭最后一扇门。

2. 使用福尔马林加高锰酸钾熏蒸时，同样要做好猪舍的封闭，摆放的容器不要求耐高温，但是要能够盛装液态的福尔马林。方法是按照每 8~10 平方米摆放 1 个熏蒸器具（农户可以使用饭碗、陶瓷器皿等替代），先在熏蒸器皿中等量注入福尔马林，然后自里向外依次加入高锰酸钾。消毒药品用量按照每 100 毫升福尔马林加 25 克高锰酸钾消毒 15 立方米猪舍空间计算。

例如：某栋猪舍长 20 米、宽 8 米、高 3 米 。

消毒时需摆放熏蒸器具数最多=20×8÷8=20（个）

或消毒时需摆放熏蒸器具数最少=20×8÷10=16（个）

消毒 1 次需福尔马林=20×8×3÷15×100=3 200（毫升）

消毒 1 次需高锰酸钾=20×8×3÷15×25=800（克）

若在猪舍内摆放 20 个熏蒸器具，则每个熏蒸器具需注入福尔马林=3 200÷20=160（毫升）。

从里向外每个熏蒸器具里面依次投放高锰酸钾=800÷20=40（克）。

3. 使用乙酸熏蒸消毒应采用陶瓷罐煮沸加热的方法，注意煮沸后应改用小火持续煮沸，持续时间掌握在 1~2 小时，可使用食用醋，也可使用消毒专用乙酸。用量可根据产品中乙酸含量的高低，按照 10~20 毫升/米^3 准备，浓度控制在饲养人员能够闻到煮沸的乙酸气味，但是又能够忍受的程度为宜。

4. 使用过氧乙酸消毒可以熏蒸，也可以喷洒。熏蒸消毒的方法比乙酸更简单，可以采用原液直接向猪舍走道地面喷洒，也可以采用低倍数稀释后向器具、工具、猪舍墙壁和地面喷洒。用量因产品负氧离子含量高低而异，养猪场（户）应严格参照产品说明书规定的浓度配制。需要强调的是此种产品喷洒后分解很快，主要靠释放的负氧离子杀灭病原微生物。所以，养猪场（户）使用过氧乙酸熏蒸猪舍时，应当提前关闭好门窗，不能在喷洒后才关闭门窗。另外，带猪喷洒时严禁向猪的头、面部喷洒。并且，不允许在有生产母猪和哺乳母猪的产房内使用该产品消毒。

5. 熏蒸消毒时间最低不得少于 4 小时，如能放在晚间进行效果最好。

四、消毒制度的执行及其评价

能否达到消毒目的的关键在于执行消毒制度是否到位。养猪场（户）在执行制度中应把握如下几个关键环节。

1. 专人负责消毒工作。消毒工作负责人应对消毒工作进行随机抽查，抽查结果与奖金挂钩，确保责任人认真落实各项消毒措施。

2. 抓好关键部位和关键环节的消毒。新购买种猪或商品仔猪进场前的消毒、周围村庄或邻居场发生疫情时期的消毒，负责人要亲自抓。对生产区大门口的消毒、猪舍内部消毒的抽查密度应当高于其他部位。

3. 定期组织全场大消毒。尤其是在疫病流行周期到来之前、季节交替之前和转群之前，应当组织全场大消毒。也可以结合定期的卫生大扫除开展全场大消毒。

4. 在全场所有车间建立消毒用药记录卡制度。登记消毒时间，消毒人员姓名，使用消毒药品名称、数量和配制比例，消毒地点和面积。

5. 持之以恒地坚持消毒，使之制度化、规范化，成为全场所有员工的自觉行动。

6. 组织技术人员开展消毒效果的评价。定期对关键部位的空气、地面、道路，以及器具采样分析、评价消毒效果。并根据分析评价结论查找影响消毒效果的原因，及时采取针对性措施。

专家提示

1. 消毒是否有效不仅决定于消毒药品的品种和次数，关键在于是否彻底消毒，是否定期消毒。
2. 必须开展消毒效果评价。
3. 在不同季节，针对不同疫病的消毒，所用消毒药品是不同的。

第四节　强化隔离意识

隔离与免疫、消毒、检测工作相比，隔离应当是一项控制猪群疫病最基础、容易落实、最少投资，但又是落实状况最不理想的一项措施。其根本原因在于人们对“预防为主”的猪病防治方针的片面理解，即只认为接种疫苗是预防措施。其次，养猪场（户）因自己猪场基础设施建设不理想、短期内又无法改变基础设施，认为在隔离方面难以有所作为也是一个重要原因。因而，本节围绕在目前猪场选址不理想、猪场内部布局欠科学的状态下，加强隔离工作所能够采取的措施开展讨论，强化隔离意识。

一、隔离在猪病防控中的作用

隔离有广义和狭义之分，广义的隔离包括国家和地区间的隔离，国内无规定疫病区的建立就属于广义隔离的范畴；狭义的隔离则是指饲养场、户间的隔离。作为猪场人员和养猪户，大家都树立隔离意识，加强隔离工作，疫病只能是点状散发，猪病流行的趋势肯定会得到有效的遏制。即使达不到遏制流行的目的，只要自己的猪群不发生疫情，也同样是值得庆幸的。

隔离在养猪场（户）控制猪群疫病中的重要性有两方面，

一是避免其他场（户）猪群疫病进入本场，二是避免本场发病猪群对健康猪群的影响，以及对周围场（户）猪群的影响。其核心是中断传播途径。

在广义隔离方面，国家建立的海关对进出口生猪及其产品的检疫检验，国内实行的动物检疫制度，包括产地检疫、运输途中检疫、市场检疫、屠宰场同步检疫，都是重要的组成部分，目的正是为了保护数目众多的单个养猪场（户）的根本利益。尽管在具体的检疫过程中存在许多养猪场（户）不满意的现象，但是作为养猪场（户），应当自觉遵守国家有关动物检疫方面的法规和条例。从事动物检疫检验的工作人员，多数是经过高等院校培养的专业技术工作者，并且国家为其配备了专门的仪器设备，拥有专门的培训场地和条件，尽管培训强度因工作性质和疫病的危害程度有差异，但是都具有专业水平，即使是感观观察，这些专业技术人员发现问题的概率要远远高于一般的养猪场户主。所以，经过正规检疫机构检疫后引进的猪只的安全性总体要高于未经检疫的猪只，建议各规模猪场和专业户在引种时应主动报检，一方面避免引种时引进疫病，另一方面减少经济损失。

狭义隔离方面，养猪场（户）选择合理的建场位置、在场区周围栽种树木、挖隔离沟、建围墙、设置隔离观察圈舍，以及实行严格的消毒制度，对人流、物流的严格控制和消毒，都是隔离的组成部分。在猪场选址、建筑物布局等方面无法施加影响时，应当在建立围墙、隔离圈舍、栽种植物隔离带，建立健全消毒制度等方面下功夫，尽最大努力弥补隔离措施的缺陷。

二、常用隔离措施及隔离制度的执行

由于我国养猪企业多数是依靠个人积累资金滚动发展形成的，多数猪场存在临近村庄或居民区、猪场之间距离过小、临近交通要道、选址不理想、没有隔离观察圈舍等先天性不足的问题。在猪场内部布局方面，行政管理区、员工住宿区和饲养区间没有建筑隔离，饲养区内猪舍间距离、摆布的位置，以及猪场内道路的走向随意性很大，考虑省工省料省场地的多，考虑兽医卫生标准的少。管理方面，新购进的种猪和育肥猪在进场前不经隔离观察、不消毒就直接进场，进场人员不消毒，亲戚邻居随意观看，饲养员随意在猪舍间走动串门等不符合兽医卫生要求的现象频繁发生。针对短期内很难改变基础设施的现状，建议各规模饲养场和农户采取如下力所能及的措施，尽可能避免疫病的传播和流行。

（一）完善隔离设施

1. 有一定资金投入能力的猪场，应当尽快重新选址，将建于村庄、居民区或人口稠密区、养猪密集区（包括政府出面建造的集中饲养小区）的猪场迁移出来。

2. 暂时没能力迁移的猪场，首先，应当在场门口建消毒室和消毒池，经常更换消毒室内紫外线灯管，保证正常的消毒功能；定期向消毒池补充消毒液，确保消毒池真正发挥作用。其次，应尽快建立饲养区的隔离，有条件的可以建设建筑隔离，也可以建立篱笆隔离或铁丝网隔离，实在没有条件的，也可以栽植植物隔离带进行隔离。并在饲养区隔离带出入口建设消毒池，做到每天向消毒池补充消毒药液。再次，应当立即实行人和猪的分离，迅速改变饲养员与猪同居一室的状况。

3. 按照要求（参照第四章）建立隔离观察圈舍，或在达到隔离距离要求的地点租用农民闲置猪舍，彻底消毒后作为隔离舍使用。

（二）实行严格的人员进出场区管理和门口消毒制度

1. 外来人员需办理登记手续，并经消毒、更换胶靴后，方可进入场区。

2. 外来人员和本场的非饲养人员严禁进入饲养区。

3. 饲养人员进入生产区前必须消毒。

4. 生产区门口、各猪舍门口的消毒池应常年保持有效的消毒药品。

（三）对进场猪只、发病猪只实行隔离观察和消毒后的进场制度

1. 有条件的猪场应当实行自繁自养。

2. 大型猪场应当设专门的隔离区，一方面保证引进猪只的隔离观察，一方面保证发病猪的隔离治疗。

3. 中、小型猪场应该有隔离舍，保证从外场外地购进的种猪，在隔离舍饲养观察 1~2 周后，确定无病的经消毒后进场。对怀疑是传染病的发病猪及时剔出，放在隔离舍观察治疗，痊愈后重新转入原圈舍时应先行带猪消毒，并对隔离舍彻底消毒。

4. 专门购买商品仔猪进行育肥的小型饲养场和专业户，应向猪场或母猪饲养专业户购买，避免到集镇或农贸市场购买。所购买商品仔猪进场前应实行淋浴消毒或带猪喷淋消毒后再卸车。

（四）认真落实各项隔离制度

建立隔离制度，不能只挂在墙上，而是要实实在在地落实。譬如，不允许饲养员在猪舍间互相串门，雨季在每场大雨以后要及时向消毒池添加消毒药品，或者清理后重新配制，及时更换消毒室的紫外线灯管，进入饲养区人员的消毒，饲养人员进入饲养区实行先消毒、后进场等，是一些经常性的工作，涉及人员又比较多。因而，必须形成制度，必须有人监督执行，行政管理人员的巡回监督只是一个方面，如果没有制度，发现后批评几句，久而久之，制度就会形同虚设。所以，隔离和消毒方面的制度一定要细，要具体，要有明确的奖励和处罚规定。一旦发生，认真按制度执行。

专家提示： 可以通过租、借亲戚邻居的旧猪舍作为隔离观察舍使用，千万不可因为场地狭窄而不采用隔离制度！

第五节　逐渐净化，建立无规定疫病猪场

由于我国生猪规模化饲养存在猪场选址不合理，场内结构、猪舍布局不科学等诸方面的问题，以及检疫工作手段落后和覆盖面小，加上饲养企业和农户消毒、隔离制度的缺陷，频繁的生猪流通导致了生猪疫病不断发生，不仅一些应当消灭的疫病没有消灭，而且新的疫病陆续出现，常常出现多种疫病共同发生的现象，发病率高、死亡率高已经成为养猪业持续稳定发展的重要制约因素，用药量大、用药成本普遍上升而治疗效果不佳，成为生猪饲养企业和农户非常头痛的问题。发生在我国猪群的主要传染病有猪瘟、猪丹毒、猪肺疫、仔猪副伤寒、伪狂犬病、蓝耳病、口蹄疫、水疱病、细小病毒病、日本乙脑、猪喘气病、圆环病毒病、仔猪红痢、黄痢、白痢、冠状病毒病、轮状病毒病、猪嗜血杆菌病、猪副嗜血杆菌病、猪链球菌病、附红细胞体病等20多种，50%以上为病毒性疾病，并且许多疫病对初生仔猪危害严重，常常导致仔猪大批死亡，必须通过对母猪接种疫苗使仔猪在哺乳过程中获得母源抗体来提高其育成率。但是，由于疫病种类繁多，全部免疫不仅增加了养猪成本和工作量，而且操作起来也困难重重。因而，对猪群开展疫病净化，成为当前提高仔猪成活率、断奶仔猪育成率和商品猪育成率的重要技术和捷径。

一、坚持自繁自养

自繁自养的好处在于减少了本场（户）猪群同外部猪群的接触机会，降低了接触传染的概率。

要做到自繁自养，母猪群必须有一定的规模（正常的公、母猪比例为1∶25），否则，会造成公猪的浪费。例如，一个25~30头母猪群的猪场，如果饲养1头公猪，当公猪出现问题时就必须使用外部公猪，如果饲养2头公猪则造成公猪的浪费。而对于一个繁殖母猪群100头左右的猪群，由于有4头公猪，当某一头公猪出现问题时，可以由其他公猪临时执行配种任务。这是规模饲养中强调规模的一个重要原因。

二、商品猪全进全出，对猪舍定期消毒

商品猪实行全进全出，对于多数猪场不是问题，问题在于经营者的小农经济思想，总认为某一批猪中的个别弱小个体还可以再长，卖掉太可惜，要么赶入另一群待出栏猪继续饲养，要么同下一批转来的育肥猪合圈育肥。只看见弱小个体的生长潜力，却忽略了弱小个体多数为患病个体，极易导致疫病一批批向下传播的危险性。建议只要达到85千克的出栏猪最低要求，坚决实行全进全出。对于非传染病原因导致生长缓慢的60~85千克个体，转入相近体重猪群继续育肥。对于体重低于60千克个体坚决淘汰。保证出栏猪舍全部空圈，彻底消毒。坚决杜绝将体重低于60千克个体同育肥舍转来猪同圈舍继续饲养。

三、实行小产房饲养模式

在多数大型猪场，为了节约建筑材料，实行了大产房的饲养管理模式。这种模式虽然能够节约建筑面积和采暖燃料，管理中也方便许多，但是不利于疫病的净化。如果猪场管理水平较高，

近期内疫病较少，可以继续实行大产房的管理模式。如果本场的猪群疫病较为复杂，就应果断实行小产房的饲养模式。具体每个产房面积的大小，应依照猪群大小和当地商品猪每车装猪数确定，推荐的小产房为10张产床。即每10头生产母猪同时进入，同时离开，每批次转入保育舍120头左右仔猪。

四、实行小保育舍饲养模式

实行小保育舍的饲养模式，同样是为了实现全进全出。同样道理，具体每个保育舍面积的大小，应依照猪群大小和当地商品猪每车装猪数确定，推荐的保育舍为双列单走道摆放10张保育床，每张保育床存24~26头保育猪。

并不是所有的传染性疾病都要通过净化来控制，应当采取净化的疫病有三类：一是国家规定不允许出现的疫病，如口蹄疫；二是能够通过配种、生产由上一代向下一代传播的垂直传播的疫病，如萎缩性鼻炎；三是导致仔猪早期死亡的疫病，如蓝耳病。

五、小心掉进净化误区

误区一　不管条件是否成熟，盲目引进人工授精技术

人工授精可以减少公猪饲养量，当然会节约成本。但是，人工授精的前提是采精、加工和输精技术过关，否则，空怀率上升、每胎产仔数下降是非常现实的问题。所以，在没有高水平人工授精技术人员的情况下，与其使用先进的人工授精技术，还不如使用公猪自然交配。

误区二　贪小便宜吃大亏

繁殖猪群公母猪比例不合适，为了增加收益，使用多余的种公猪对外配种，眼前可以增加收入。一旦外来母猪把疫病传入本场，净化过程不仅耗时长，而且投入很大，应该说是一项得不偿失的事情。如果想报答乡亲，可以将种公猪分散到农户，由其专

门开展改良杂交。

误区三　投机带来无穷后患

如果打算把养猪作为产业来开发，建议不要贪图眼前利益，不要收购仔猪育肥，也不要利用饭店下脚料养猪。

误区四　图省事常常使猪舍净化前功尽弃

转群猪必须经过药浴池药浴，或者经喷淋消毒后再进入经消毒净化的猪舍。经过彻底消毒净化的保育猪舍，冬春寒冷季节转群时应提升舍内温度至 24℃以上。使得转群猪经药浴池进入新猪舍后快速蒸发体表水分，避免因转舍引发感冒。当然，不经药浴就转舍，净化所做的工作有可能前功尽弃。

误区五　在产房内使用活疫苗

繁殖猪群不得使用活疫苗免疫（基因缺失疫苗除外）。但是，商品猪仔猪如果没有离开产房就使用活疫苗，同样会导致产房污染。对于净化过的猪舍，不应在舍内使用活疫苗。必须使用时，应固定在一定区域免疫，免疫后对场地和猪体的注射部位仔细消毒，确保不散毒。

专家提示： 净化疫病最费力，但也是最根本的措施，对已经染疫猪场，净化是疫病控制的捷径！

第六节　实施保健计划，提高“三率”

根据猪的生物学特性和生长发育规律，结合本场实际，采取积极主动的措施，综合运用消毒、隔离、免疫、预防性用药等项技术，合理组装，使之相互衔接，最大限度地抑制发病因素，充分发挥猪的生长发育潜能，是近年一些养猪企业“三率”（仔猪成活率、断奶仔猪育成率和商品猪育成率）大幅度提高的秘诀。

一、防治仔猪黄、白痢多发的猪群保健计划

仔猪黄、白痢是由大肠杆菌引起的疾病，临床黄痢见于2~5日龄仔猪，仔猪拉黄色黏性稀粪，其间混有消化不全的凝乳块，传染性极强，死亡率40%~70%。白痢见于5日龄以上哺乳仔猪，发病仔猪拉白色黏性稀粪；随着仔猪日龄的增长，也可见到拉黄白色黏性稀粪现象，多数仔猪的粪便带有泡沫，并有腥臭气味；有的粪便中带有消化不全的食糜和凝乳块。猪舍温度低于14℃的猪群多发，且死亡率高；当猪舍温度在18~22℃时，发病率明显降低；猪舍温度控制在24~26℃的猪群较少发生本病。对于管理水平低下的大型猪场，以及中小型猪场和专业户，仔猪黄、白痢依然是仔猪死亡率高的重要原因。推荐的保健计划包括以下几个方面。

1. 怀孕母猪于产前20~40天肌内注射大肠杆菌三价苗、四价苗各1次。

2. 按照每头仔猪3片酵母片、1片乳酶生或胃酶片的用量，碾碎混匀，在母猪生产前用30~34℃的10%糖盐水化开，调成糊状备用，待仔猪出生后用注射器推入初生仔猪口中，然后再让其哺乳。或收集母猪唾液20~30毫升，加5%葡萄糖生理盐水等量备用，仔猪出生后，按照每头仔猪5毫升，在哺乳前强制性灌服，待5~10分钟后再行哺乳。

3. 在仔猪5日龄和10日龄时各补1次葡萄糖铁和钴维素（又称维生素B_{12}）的复合制剂，按5毫升/（头·次）肌内注射。

4. 在仔猪7~9日龄间，按照0.01~0.02毫升/千克体重肌内注射含有转移因子的干扰素，1次/日，连续2天。

5. 于14日龄和21日龄早晨哺乳前，给哺乳仔猪口腔推注链霉素100万单位。

当然，在采取上述保健措施时还应做好产房温度控制、及时打扫卫生、定期消毒，以及给产前母猪和产后的泌乳母猪足够的营养等正常的饲养管理工作。

二、防治仔猪腹泻病多发的猪群保健计划

由于2004年以后病毒性腹泻的出现，仔猪腹泻逐渐在规模饲养猪场多发，低日龄仔猪发病率高，导致仔猪大批死亡，对养猪业构成了严重威胁。该病多发的诱因包括大风、降温、产房温度低等应激因素，母猪乳房炎症，饲料突然改变、霉变和生豆粕较多，添加药物，繁殖猪群受到病毒污染等。哺乳和断奶仔猪均可发病，发病猪以水样腹泻为主要临床特征，腹泻时粪便中不含黏性物质，不一定表现腹部疼痛症状。临床腹泻可分为一般性腹泻和病毒性腹泻。气温下降、寄生虫、中毒、饲料突变等应激因素导致的腹泻多伴以消化不良，在投给止泻药物和祛除应激因素后，病情可很快得到控制；而冠状病毒病和轮状病毒病、猪瘟、伪狂犬病引起的腹泻应用止泻药物无效。应激性腹泻临床以消化不良为主要特征，稀粪便中混有许多消化不完全的食糜，频频拉稀；非典型性猪瘟时的腹泻与便秘交替出现是典型症状，对于个体，腹泻1~2天后可见便秘现象，群体则多见腹泻与便秘在不同个体同时发生；传染性胃肠炎导致腹泻则以水样腹泻为主要特征，引起的腹泻多数呈现直肠括约肌失控，轮状病毒病引起的水样腹泻呈腹泻物顺猪的后腿向下流；冠状病毒病引起的腹泻则呈间断性水枪喷射状，病毒性腹泻多发于7~20日龄仔猪，拒食，嗜水，病程5~7天，死亡率40%~70%，病死仔猪尸体苍白，贫血特征明显，传染性强，常常一头仔猪发病2~3天后，同窝仔猪即全部感染，1周内同舍非同圈仔猪亦大量发病。

推荐的保健计划包括以下几个方面。

1. 怀孕母猪于产前20~40天，后海穴注射胃轮—胃流二联

苗2次。

2. 对初生仔猪按照每头3~5毫升填饲消化酶及微生态制剂，然后再让其哺乳。

3. 在仔猪5日龄和10日龄时各补1次葡萄糖铁和钴维素的复合制剂，按5毫升/（头·次）肌内注射。

4. 在仔猪7~9日龄间，按照0.01~0.02毫升/千克体重肌内注射含有转移因子的干扰素，1次/日，连续2天。

5. 于12、15、18、21、24日龄早晨，分别给仔猪投喂注射用双氢黄连素2~5毫升。

同样，在采取上述保健措施时还应做好产房温度控制、及时打扫卫生、定期消毒，以及给产前母猪和产后的泌乳母猪足够的营养等正常的饲养管理工作。

三、防治猪喘气病多发的猪群保健计划

猪喘气是由支原体引起的猪呼吸道传染病，多发于规模饲养转入保育舍猪群。临床以连续的干性咳嗽为主要症状，常常可听到数头猪同时咳嗽，或者咳嗽声此起彼伏，持续不断。一年四季均可发生，但冬春季节由于猪舍温度低，以及封闭导致的舍内空气质量下降，发病概率明显高于夏秋季。在一个猪群内，随发病时间的长短，感染发病率为20%~40%，很少死亡，但是持续时间长，频繁的咳嗽导致发病个体采食量下降，消瘦，抗病力和生长速度下降。推荐的保健计划包括以下几个方面。

1. 注射用庆大霉素滴鼻，初生仔猪每个鼻孔滴1~2滴。

2. 在仔猪5日龄和10日龄时，各补1次葡萄糖铁和钴维素的复合制剂，按5毫升/（头·次）肌内注射。

3. 在仔猪7~9日龄间，按照0.01~0.02毫升/千克体重肌内注射含有转移因子的干扰素，1次/日，连续2天。

4. 于12、18、24日龄，分别给仔猪注射庆大霉素1毫升。

5. 转入保育舍猪群在度过过渡期后，饲料中添加药品配方采用下列任一种：①按照800克氟苯尼考+400克强力霉素/吨。②500克磺胺类+100克TMP+400克强力霉素/吨。③600克泰妙菌素/吨，每月一次，每次连用3天，每日1次。第一次饲喂后发生拉稀时应适当减少用药量，发现产生耐药性时可使用三个组方中的另一种组方替换。

在采取上述保健措施时，还应做好产房和保育舍温度控制、及时打扫卫生，以及给产前母猪和产后的泌乳母猪足够的营养等正常的饲养管理工作，并把定期对产房和保育舍空气进行消毒处理，作为一项重要控制措施予以落实。

四、防治猪伪狂犬病多发的猪群保健计划

猪伪狂犬病是当前危害极其严重的疫病，其危害性不亚于猪瘟。并且由于种猪场大多存在此病，种公猪和母猪群之间相互传染，不但导致规模饲养猪群频频发生此病，农村小型饲养场公猪和对外配种，又导致散养母猪染疫，因而此病在局部地区呈蔓延趋势。

染疫的成年猪由于抵抗力强，一般为隐性感染，仅仅发生呕吐、腹泻等轻微症状。妊娠母猪表现为流产，产木乃伊胎或死胎，存活的仔猪则多数为弱仔，常伴发震颤发抖、抽搐、运动失调、呕吐等症状；新生及4周龄内仔猪常大批死亡，1月龄内仔猪以痉挛、运动失调、呕吐、拉稀为主要症状，体温升高至41℃以上，最终四肢麻痹、伏卧、体温下降后死亡；1月龄以上断奶仔猪症状轻微，个别断奶猪也呈现突然性的神经症状。但是，对于多数被蓝耳病、链球菌病、猪瘟、圆环病毒病、肺炎支原体污染的猪场，该病导致的死亡高峰有4个：一是受蓝耳病影响的7日龄内的初生仔猪大批死亡；二是猪瘟污染的10~15日龄间死亡高峰；三是受猪瘟影响的25~30日龄间断奶期死亡高

峰；四是保育舍内受圆环病毒、肺炎支原体、链球菌、附红细胞体污染，而在接近70日龄时出现的死亡高峰。推荐的保健计划包括以下几个方面。

1. 对初生仔猪在哺乳前使用伪狂犬病三基因缺失苗两个鼻孔各滴1滴，1.5小时后再让其哺乳。

2. 在仔猪5日龄和10日龄时各补1次葡萄糖铁，按5毫升/(头·次）肌内注射。

3. 在仔猪7~9日龄间，按照0.01~0.02毫升/千克体重肌内注射含有转移因子的干扰素，1次/日，连续2天。

4. 于12~14日龄给哺乳仔猪接种伪狂犬基因缺失三价苗1头份。口腔推注链霉素100万单位。

5. 于32~35日龄给仔猪再次接种伪狂犬三基因缺失苗1头份。

五、防治猪流行性腹泻和传染性胃肠炎多发的猪群保健计划

对于育肥猪和种猪，冠状病毒病引起的腹泻经过7天左右可以自愈，传染性胃肠炎只在并发其他疫病时才导致死亡。但是，繁殖母猪一旦感染冠状病毒病和流行性腹泻，所生仔猪极易感染发病，尤其是半月龄内的仔猪，感染后很容易脱水死亡，死亡率随日龄的下降急剧升高。一般情况下，7日龄以内仔猪感染后死亡率几乎100%，10日龄左右仔猪的死亡率在40%~70%，15日龄时仔猪的感染死亡率也在20%~50%，20日龄后仔猪感染发病时，若及时在饮水中添加补液盐，保证水和电解质的供给，死亡率较低，否则依然在10%~30%。避免仔猪群发生流行性腹泻和传染性胃肠炎的最佳办法是对母猪群，特别是预产期在秋末、冬季和早春的母猪群，在怀孕后期（产前20~40天）接种胃轮—胃流二联苗。推荐的保健计划包括以下几个方面：

1. 对于未经免疫的母猪所生仔猪：

（1）对初生仔猪在哺乳前向口腔灌服胃轮—胃流二联苗1头份，1.5小时后再让其哺乳。

（2）5日龄和10日龄时各补1次葡萄糖铁，按5毫升/（头·次）肌内注射。

（3）于14日龄给哺乳仔猪接种胃轮—胃流二联苗1头份。

2. 对于母猪已经免疫但所生仔猪依然发病的猪群，关键是净化猪舍，在净化以前，对仔猪可施行以下保健计划：

（1）在仔猪7~9日龄间，按照0.01~0.02毫升/千克体重肌内注射含有转移因子的干扰素，1次/日，连续2天。

（2）5日龄和10日龄时各补1次葡萄糖铁，按5毫升/（头·次）肌内注射。

（3）于12日龄给哺乳仔猪接种胃轮—胃流二联苗1头份。

第二章　临床猪病的诊断与处置

规模饲养猪场的兽医是预防兽医，其基本职能是预防猪群发病，一旦发病时迅速扑灭或控制疫病。但是，作为规模饲养猪场的兽医必须懂得猪病，最起码要了解烈性传染病和危害严重的猪病，掌握这些疫病的临床基本特征。否则，就不是一个称职的兽医。当然，作为饲料、兽药销售等服务行业的技术人员，以及技术咨询服务人员，或者执业兽医，临床猪病诊断、处理是基本技能，必须熟练掌握临床常见猪病的诊断要点，以提高临床诊断的准确性和采取处理措施的及时性。本章结合河南省规模饲养猪场和散养猪常见疫病的临床表现，讨论临床诊断及处置的要点，并介绍临床处理的一些个人看法，供同行参考。

第一节　诊断的基本方法

当前临床猪病诊断的突出问题是正规院校毕业生多数未从事过生猪的直接饲养管理，对猪的正常行为学知识掌握甚少；而活跃在农村养猪一线的基层兽医多数未经过系统的专业知识培训，缺乏生理、病理、药理基本知识，导致临床诊断水平下降，使得一些简单的常见猪病也需要经实验室检验才能确诊，既加大了农民的诊疗成本，也贻误了最佳治疗时机。本节重点介绍临床诊断有关技术要点。

一、对群体猪病的诊断

猪病是猪在生长发育过程中，外界环境因子（包括物理、化学、机械和生物因子等）作用于猪的群体或个体后，其应答反应超过了猪体所能够承载限度的表现。不管何种因子作用于猪体后，总是要留下作用痕迹。当然，痕迹有的在体表，有的在体内，还有的引起器官功能的改变，也有的只导致生产性能下降，等等；这些作用痕迹就是兽医在临床诊断时应极力捕捉的诊断信息。

对猪群疾病的诊断，实际上是从兽医人员到达猪群生活环境后的第一感受开始。这种感受既包括对猪生存环境的一般感觉，如温度、湿度、空气流通及其清洁度、噪声、异常气味（氨气浓度、粪便气味、饲料霉变气味），也包括对环境条件发生潜在影响的电磁辐射、周围厂矿企业排放“三废”等物理因素的特殊感觉，以及麻雀、老鼠、苍蝇、蚊子等影响猪生存环境质量的生物因素的感觉，还包括对猪群健康状况的感觉。注意此处讲的是“到达猪群生活环境的感受”，而不是“猪场和猪舍的感受”，即把猪场和猪舍作为一个整体去感受。因而要求临床兽医头脑中建立猪群的正常生存环境和健康猪群的模型，从而在进入猪场、猪舍后很快发现异常情况，作为进一步诊断的参考依据。

要做出准确的判断，对猪群及其生存环境的感知是第一步，接下来就是对猪群体的观察。对于猪群群体疫病诊断最基本、最常用的方法是“三看二听一询问”。

“三看”：一看猪群群体精神状况和体况体征。健康猪群应当反应敏捷，见到兽医人员及生人有躲避反应，起码在接近时有躲避反应；两眼光亮有神，眼眶周围洁净，目视接近人员；皮肤呈略带浅粉红的白色，被毛平整、顺畅、有光泽；高度和体重基本一致，膘情处于中上等，没有过于肥胖和瘦弱个体；姿势正常无损征，尾巴上翘、上卷或左右摇摆，吻突浅红色略显湿润。所以，当猪群中个体间高度和体重差异较大，被毛粗糙无光泽，皮肤颜色苍白、发暗，以及出现鲜红、玫瑰红、紫红、暗红，或有红点、暗点、红斑等色泽异常时，均为猪群处于非健康状态的标志。当然，那些见到兽医和饲养人员接近时反应迟钝，甚至无反应的个体，以及体表有异常颜色或明显损征，畸瘦畸肥，尾巴不动或夹尾巴个体为群体中的患病个体。二看排粪姿势和粪便的颜色、形态、色泽，以及排尿姿势和尿的颜色、尿量。三看皮肤，重点看眼眶周围、吻突、耳朵、四肢、腹下、肛门和尾巴，母猪的乳头和会阴部，公猪的尿道口等，看其颜色是否有异常，其次看体表是否有溃疡、结节、掉皮屑和干死现象。

“二听”：一听猪群的活动声音，包括猪个体之间相互交流的声音，采食饮水声和走动声。猪群之间交流的正常声音为短暂低沉、连续二到五次的“哼哼”声，尖锐短暂的叫声常常是受到攻击时的叫声，尖锐并拖得较长的声音往往是猪腿卡在笼具中的痛苦声；仔猪正常的叫声是短促低沉的“嗯嗯”声和前高后低连续2~3秒的断续的“唧唧”声，发出持续5秒以上的“唧唧”叫声，往往是对猪舍温度低和饥饿，或对周围生存环境不满的反应，响亮的尖叫声往往是打斗中受到攻击时的声音。二听猪群呼吸声和咳嗽声。正常猪群的呼吸声在猪舍内几乎听不到，当听到“夫夫”声、“吭吭”声，深长的“夫一”声，以及咳嗽声，均为非正常状态。

“一询问”：询问饲养人员该猪群近日采食和饮水情况、临床异常表现、免疫情况、既往病史，以及饲料配方。

一般情况下，一个有经验的兽医通过感觉和“三看二听一询问”会对猪群疫病做出初步判断，甚至会对一些常见病做出判断。

群体检查时必须注意的事项：一是进入猪场检查人员必须经过消毒；二是检查应在场方领导或管理负责人员、饲养员陪同下进行；三是全场巡视应按照种猪群、繁殖猪群、保育猪群、育肥猪群、发病猪群、隔离猪群顺序进行；四是在猪舍中走动观察时动作要轻微，避免猪群骚动；五是在舍外或猪舍出口处询问，舍内尽量减少询问；必须标记的异常个体应有饲养人员帮助完成；六是检查人员消毒后，在安静、对猪群无影响的场所讨论。

二、临床个体检查

个体检查是临床猪病诊断的重要组成部分。检查的项目主要是体温、脉搏、呼吸、粪便、尿液、皮肤和黏膜。

（一）体温测量与注意事项

猪的正常体温为 39.1℃（38.5~39.3℃），随年龄、性别、生理状况和测量时间的不同，以及运动与否，可能会有 0.5℃以内的体温差异。临床检查时应当注意四个方面的问题：一是群体的观察、监测性检查应随机抽样。二是对病猪检查应做到体温计单用，做到不使用未经消毒的温度计测试体温。三是插入前“甩零”（即通过手腕左右摆动，甩体温计 2~3 次，使其读数回到 37.5℃以下），插入时要润滑体温计，冬季应注意将体温计稍微温暖，避免冰凉的体温计插入过程中肠道努责外排。四是插入方法要正确，先斜向上方插入 3~5 厘米，再一边捻动一边向前平直插入至体温计 2/3 长度处，然后固定，待 3~5 分钟后再取出读数。临床检查，除了注意准确的测量体温外，还应排除误差。常见的体温误差有几种：一是追赶捕捉后测量时往往会有体温略高（0.2~0.3℃）的现象；二是未经校正的体温计读数差异；三是不同年龄、季节、测量时间和生理状态、运动状况的差异。成年猪、老母猪的体温有时会低于正常体温 0.5℃，怀孕母猪和幼龄猪体温较高，一般情况下为39.2~39.4℃；早晨体温略低，午后和晚上体温略高。病理状态下遇到急性发热性疾病时体温明显升高，常呈高热（高出正常体温2~3℃），感染早期局部轻微炎症时多数呈低热（高出正常体温0.5~1℃）或中热（高出正常体温1~2℃），极高热（高出正常体温3℃以上）病例较为少见，可作为某些特殊病症的鉴别诊断标志，如猪弓形体病。体温低是某些渐进的消耗型疾病、病愈恢复期的特征，如寄生虫病、血液循环障碍性疾病，体温过低（育肥猪低于38℃，经产母猪低于37.5℃）则是衰竭的表现，多数预后不良。

（二）脉搏、心率检查和注意事项

猪的脉搏检查以听心为主，触诊可以检查尾动脉。听诊检查时，听诊器置于猪胸部左侧的肩胛骨水平线与第5、第6肋骨交叉处，听不清楚时可向背侧（4~6肋骨间，距离胸骨中线1~2厘米）移动。正常脉搏每分钟60~80次，心音节奏为前强后弱、前长后短、前拖音后不拖音，其两次心音之间的间隔和每次的强度、拖音长度应均匀一致。触诊检查时左手上拉猪尾，右手食指、中指和无名指感觉脉动。检查时必须注意，捕捉和保定会导致心跳加快；育肥猪心率较慢，幼龄猪和怀孕母猪心率较快；春秋气温适宜时心率较慢，冬季寒冷时稍快，夏季高温时明显加快。急性发热性疾病的病理状态下心率明显加快，心率缓慢常见于衰竭病例。

（三）呼吸系统检查和注意事项

临床呼吸系统检查的顺序依次是鼻、吻突状况，咳嗽与否和呼吸状况。健康猪吻突呈浅红色湿润状态，鼻孔内潮湿。检查时观察鼻孔和鼻黏膜的颜色，流鼻涕与否，鼻涕的量、形态和颜色。当发现猪的鼻孔有清净的绿豆大的水珠、流少量清水样鼻液、大量清水样鼻涕、黏稠鼻涕、鲜红鼻涕、泡沫样鼻涕等症状时，均为病理状态。吻突检查主要看吻突的颜色、温度和湿润度，正常状态下的吻突呈微红色，并略显湿润，手触微温，无过热过凉感。病理状态下吻突干燥，以及呈现苍白色、暗红色、青紫色，手触有凉感或热感。

猪的正常呼吸为 10~20 次/分，检查时可取 3 次计数的平均值，每次 1 分钟。除了计数还应观察呼吸状态，正常呼吸时胸廓有起伏、鼻翼歙动、腹壁运动，吸气后立即呼出，然后有一短暂的间隔，之后开始再一次呼吸。呼吸时腹壁运动而胸廓起伏不明显的腹式呼吸，以及呼吸不均匀，低头、仰头、甩头呼吸，呼吸时带有“吭吭”“夫夫”声均为病理状态。

正常的猪群偶尔有短促轻微的咳嗽声，单个个体连续咳嗽，或者猪群内咳嗽声此起彼伏，均为异常情况，临床依据咳嗽声音的响亮程度、次数、频率、发生时间、蔓延情况，以及咳嗽时是否带沫、沫的颜色，是否弓背、拉稀粪，以及是否排尿、排尿的姿势等临床特征，可以判断疾病的种类和严重程度，因而在临床检查时应多花费点时间，细致观察，并注意与问诊结果结合起来判断。

猪鼻孔有水珠、流清水或清水样鼻涕，多数是流感、猪瘟的临床症状；当流白色、黄色黏稠鼻涕时，应怀疑萎缩性鼻炎或肺部炎症；当猪鼻孔流带有微红的水样鼻涕时，应考虑肺部急性炎症，如传染性胸膜肺炎、巴氏杆菌病、副猪嗜血杆菌病；当猪鼻孔流出泡沫时，多数为肺部严重炎症、功能受阻的表现。

（四）消化系统及粪便、呕吐物的检查及注意事项

猪消化系统检查时除了检查口腔、颈部、肛门等器官是否异常外，还要检查采食行为和采食表现。粪便、呕吐物检查主要看其形状、颜色、气味和是否有泡沫及异物。

1. 采食行为：饲喂干料时的正常行为是以下颌的均匀开合小口采食，饲喂半干料时猪采食的正常行为是大口吞食，饲喂稀料时猪会一边吹气，一边采食，间隔一定时间（5~20 秒）提起口鼻深吸气。采食时不积极向前，采食几口后即离开食槽或离开采食猪群，均为异常状态。

2. 粪便检查：正常猪的粪便呈软条状，落地呈塔状。粪便的颜色与日粮的组成有关，日粮搭配合理情况下的粪便呈浅褐色，无特殊臭味。当日粮中青绿饲料过多时呈绿褐色，发酸臭味；日粮中蛋白质含量过高时粪便呈黑褐色，不成形，且发出恶臭味；日粮中能量饲料比重过高时，粪便呈浅黄色，带有发酵酸臭味；日粮中纤维素性饲料比例过高时可见粪便混有纤维素性物质，并发酸臭味。饲料麸皮比例过高、突然改变、添加药物，以及淋雨、受凉等应激因素，常常导致消化不良性稀便。临床病理状态下可见稀便、算盘子样干便、水样便，以及颜色异常的红色（红褐色、深红色、浅红色）、黄色、白色、灰色粪便等，泡沫主要见于黄、白痢病例。猪粪便中常见的异物主要是蛔虫和消化不彻底的籽实类饲料，以及石子、化学纤维、金属类异物等。

3. 呕吐物检查：呕吐是遇到高热、胃痉挛、副交感神经疾患时的一种病理反应，近期临床多见于伪狂犬病和寄生虫病、中毒病病例。对呕吐物的检查主要是检查呕吐物的量、形态、内容物种类、气味和颜色，从而分析疫病种类。偶然的呕吐，并且呕吐物带有发酵物的酸味，多数为胃肠痉挛所致；有机磷农药中毒的呕吐物带有明显的蒜臭味；采食量下降或停止采食数天的猪只呕吐深绿色水样物，是胆管或十二指肠痉挛、阻塞的临床特征。

（五）尿液及尿道口的检查

临床对猪尿液的检查一是检查尿液的量，二是检查尿液颜色，三是检查尿液的性状（黏度、泡沫、异物）和颜色，四是检查排尿姿势。高热时常伴发尿液量过少或尿闭；尿液发黄、血尿常见于肾脏损伤、血细胞破损；尿酸盐过多时尿液混浊。需注意的是轻微血尿的尿液呈黄色，但在地面阴干后呈现红色，因而对排尿时有弓背、夹尾等痛苦表现且排黄色尿的猪，临床检查应观察所排尿阴干后状况；尿液性状检查的重点是检查尿液的黏性，蛋白尿时尿液黏稠，落地有泡沫，但是颜色不改变，检查时可用食指或中指蘸取少量尿液，与拇指相互捻搓，感觉黏稠度；酸碱度的检查可以使用精密 pH 试纸进行；另外需注意尿液中是否有凝血块、白色沉淀。当尿液酸碱度改变或发生蛋白尿时，猪只常表现排尿痛苦，公猪表现为间断性排尿，母猪则有弓背和后躯下垂的痛苦排尿姿势。另外，公猪尿道口积尿是猪瘟的一个特有症状，临床应当注意检查。母猪尿道口下部或全部呈鲜红色是黄曲霉中毒的一个标志，外阴部充血、肿大是母猪发情或临产的标志，临床检查时应当留心。

（六）皮肤和被毛检查

皮肤和被毛检查的项目很多，如被毛是否光滑、皮肤是否有弹性、皮肤温度是否有异常等。临床最常见、也最有诊断价值的是皮肤颜色改变，以及出血、瘀血和水肿，是否起斑、溃疡等。

被毛不整、黯淡无光泽常常是营养不良和病态的表现。被毛粗暗杂乱多见于长期的营养不良或大病初愈的个体。被毛总体顺畅、但呈条束状则多见于心血管系统疾患的早期。

猪发生附红细胞体病时常见皮肤颜色的改变，呈现皮肤先苍白（1~5 日病例眼眶周围皮肤苍白，1~2 周病例颜面苍白，2 周以上病例可见颜面、躯体全部苍白）、后黄染；其次是寄生虫病或其他原因导致的缺铁性贫血引起的皮肤苍白；典型的溶血型链球菌病则导致皮肤部分或全部呈樱桃红色；饲料中砷元素超标或长期添加含有砷元素的药物时，猪的皮肤呈现湿润状鲜亮色；猪会阴部或最后一对乳头半截或全部出现一过性（0.5~2 天）蓝紫色，或者双耳全部呈灰蓝色时，是感染繁殖呼吸综合征（蓝耳病）的特有症状。

临床诊断中，常见猪的皮肤点状出血，此时应注意出血的部位和顺序，因为典型猪瘟的毛孔出血常从颈部、背侧和臀部粗大毛孔开始，非典型猪瘟则从腹下和四肢内侧开始，之后在臀部和背部发生大面积的点状鲜红色出血，部分病猪形成特有的止血痂；而溶血型猪链球菌病则先从颈部、背侧开始出血，而后在肩部背侧和体侧出现点状玫瑰红或樱桃红出血，甚至发展为全身玫瑰或樱桃红色出血的“红皮猪”；当出血首先从耳朵边缘发生时，应考虑猪附红细胞体病，猪肺疫则多见耳根、耳窝皮肤片状鲜红斑块。

瘀血在猪丹毒病、弓形体、圆环病毒病的临床诊断中非常有价值。猪的臀部、体侧可见突起的菱形或不规则形状的暗红色瘀血斑（俗称“打火印”），多数为猪丹毒病例，感染弓形体可见病猪耳尖部、半耳、全耳、四肢下部暗红色瘀血；濒临死亡时或死亡后腹下、四肢下部瘀血。当两种瘀血症状同时出现，或者在猪体见绿豆至拇指大圆形暗红色瘀血斑，或痘样瘀血斑时，则应考虑是否为圆环病毒病混合感染。

皮下毛孔瘀血主要见于圆环病毒病病例，临床诊断见到猪的吻突颜色深暗，并且吻突、耳尖温度低，在强光下仔细观察四肢内侧和腹下皮肤时，可见皮下大面积蓝紫色针尖状瘀血点。

溃疡和出痘：当免疫时不小心接种疫苗的针头扎进淋巴结或淋巴管时，会出现耳朵或全身溃疡现象。当猪的臀部和体侧出现大面积鲜红色痘状病变时，首先怀疑淋巴型链球菌病。当蹄壳与皮肤交界处出现痘状病变时，首先怀疑口蹄疫和水疱病。前者痘状病变为基部红肿，顶部为透明水疱，溃烂后，常常由于溃疡液传染导致其他猪迅速发病；后者则顶部为白色，且无稽留热症状。新生仔猪尾巴干燥无毛或萎缩性干死，两只耳朵大面积或全部溃疡，成痂后表皮、甚至双耳脱落，以及7日龄内仔猪全身如同发生螨虫病样皮肤干死，常见于母猪怀孕后期感染猪瘟。

部分品种（如皮特兰，含有皮特兰血统的斯格）的后代和近交、回交的仔猪，饲喂含有芫荽、芹菜、甘蓝叶、楸树芽、鲜花或干花粉、海带、紫菜等过敏源性饲料的猪群，体内有肠道寄生虫的猪群，敏感性强，会发生消毒药物过敏，但是和病原微生物导致的皮肤充血有明显区别。一是其鲜红程度仅比砷过量、砷中毒时皮肤所表现颜色稍鲜艳。二是红斑主要发生在体侧、腹下等与地面接触处；当喷洒药物浓度过大时，有的个体在喷洒后，背侧、体侧等水雾直接接触部位发生大面积鲜红色过敏反应，但四肢内侧、后腹下不接触地面和水雾较少接触部位没有红斑。夏季猪场蚊子过多时，可发生猪背侧、体侧蚊子叮咬红斑，此时的红斑与消毒药物过敏红斑颜色虽然一样，但是连续性差，常呈不规则的点状或连片的红斑，四肢内侧、尾尖及尾摆动所触及处，红点和红斑较少。

猪的颈部腹侧皮肤水肿、眼眶下部肿胀是水肿病的典型症状；眼眶上部肿胀和流产的死胎头骨肿胀是乙脑的典型症状；颌下淋巴结肿大常导致脖子粗大，是猪瘟的重要症状；前胸和前肢水肿则是猪副嗜血杆菌病的一个症状；死胎后躯水肿是伪狂犬病的一个重要表现。

（七）黏膜检查

临床对猪的黏膜检查主要是检查眼结膜、口腔黏膜、鼻腔黏膜。黏膜苍白（眼结膜、口腔黏膜、鼻黏膜）是贫血的典型症状，而眼结膜潮红则是发热性疾病的重要表现。口、鼻黏膜出现疱疹样病变，是口蹄疫和水疱病的典型特征，临床诊断应当留心观察。流泪、眼屎是流感、猪瘟等发热性疾病的特征，临床检查应注意观察。

（八）流产胎儿、死胎及病死仔猪的检查

对流产胎儿要检查胎儿的发育程度和大小，是否为木乃伊胎；死胎重点检查体表颜色和死亡日龄，头骨、眼眶、体表和皮下是否异常；病死仔猪重点检查体表颜色，皮下是否水肿，腹股沟淋巴结是否异常，腹腔积食情况，天然孔是否异常等。

（九）淋巴检查

临床对淋巴结的检查主要是检查腹股沟淋巴结和颌下淋巴结，重点检查腹股沟淋巴结的颜色（红色、苍白、暗紫黑色）、是否肿大、是否坏死。

三、解剖检查的注意事项

临床诊断中的解剖主要是寻找内部脏器的典型病变，为准确判断提供依据。需注意的问题有如下几个方面。

（一）选择合适的解剖地点

有兽医诊断室的应在光线良好的兽医诊断室内进行，无兽医诊断室的应选择下风向、且距离饲养区 200 米以外的低洼背风处进行解剖。严禁在猪场内的兽医室外解剖病死猪。对观察和取样后的尸体应进行焚烧或深埋处理，并对场地、用具彻底消毒。

（二）选择典型病例

当猪群发生两种以上疾病时，为了保证解剖观察的准确性，要选择 3 头以上典型病例的病死猪或濒临死亡猪进行解剖。夏季置于阴凉处 4 小时、阳光直射处 2 小时，冬季 6 小时以上死亡病例解剖观察时，往往由于腐败变质影响观察结果的准确性，临床上应当注意。

（三）按照解剖顺序解剖

解剖时应尽量保证观察部位和组织器官的完整，以便于同行会诊观察。首先检查埋藏浅表的腹股沟淋巴结、颌下淋巴结是否肿胀坏死，颜色如何，以及肿胀坏死程度。然后进行内部脏器的解剖观察。内脏检查以腹腔脏器、胸腔脏器、喉管喉头和脑的顺序进行。对淋巴结、心脏、肾脏、脾脏、肝脏、肺脏等实质性器官的检查，应先行整体和表面检查，而后再进行横切面和纵切面的检查；胃肠检查应按照结肠、肠系膜、直肠，然后回肠、空肠、十二指肠、胰腺、胃的次序进行。

（四）严禁解剖炭疽病病例

临床除了炭疽病和一氧化碳中毒死亡猪尸体僵化不全外，猪发病死亡后6小时后尸体应当僵硬。所以，对天然孔出血和僵尸不全同时发生的疑似炭疽病死亡的猪不得解剖，并要立即向当地兽医行政管理部门报告，同时采取封锁场地，禁止病死猪及受污染的饲料、用具等流动措施。

（五）做好剖检记录

解剖检查时应有助手记录观察结果，有条件的可以对解剖过程拍照录像，以便于分析研讨。

四、简单的实验室检验注意事项

猪场和基层兽医由于受设备条件限制，所能够进行的检验项目有限。一般情况下，应当能进行血沉、血细胞分析，鼻涕、唾液、眼泪、粪便、尿样和脏器样本的切片镜检和简单分析。细菌培养应当到县级以上实验室或达到县级以上水平的实验室进行，病毒分离、抗体测定应当到市级以上实验室或达到市级以上水平的实验室进行，以保证检验结果的准确。简单检验中应注意的问题有如下几个方面。

1. 按照规定的检验技术规范操作：譬如试剂的选择和配制，载玻片的制作和清洗，染色过程中停留时间，沉淀、离心时间等，都应严格按照执行操作规程的有关规定。

2. 计数时对计数板中压边的细胞、颗粒，按照数上不数下、数左不数右的原则计数。

3. 细胞形态检查时同一血样至少涂抹3个以上玻片，每个玻片调换焦距检查2个以上视野。

4. 检验结果应书面记录，做到书写工整、规范，注意填写检验日期、检验人员姓名，并妥善保存检验记录。

5. 废弃的样本、载玻片、污水、废物和污物，应当进行集中无害化处理，严禁随意丢弃，随意排放。

五、疫情报告

不论是规模饲养场兽医，还是门诊兽医，发现猪瘟、口蹄疫等一类疫病，炭疽病和当地从未发生的猪病，或者呈流行态势的二、三类猪病时，应立即向当地县级以上畜牧兽医主管部门或动物疫病防治机构报告。

> **专家提示：** 定期汇总、分析、讨论临床记录、剖检记录、实验室检验结果，是提高诊断水平的最佳途径。

第二节　处置的基本思路

临床猪病处置应当坚持施治辨证和辨证施治原则。施治辨证是指动物疫病防治人员在为养猪场（户）提供临床动物疫病防治服务的过程中，要从对饲养者和畜牧业负责的角度出发，依照临床初步诊断结果和国家动物疫病防治法规，辨证分析个体与全群、局部与全局、眼前与长远的关系，决定处置原则和是否实施治疗的过程。辨证施治则是指在具体的病例处理过程中，根据不同病例的病程和年龄、性别、生产性能、生长发育阶段、季节、体质状况、经济价值等因素，运用发展、变化的观点，区分轻重缓急、区别对待的原则，实施临床治疗处理的过程。

一、施治辨证的“五个基本原则”

基层兽医和猪场动物疫病防治工作者在临床处理过程中，都必须坚持“五个基本原则”。

1. 重大动物疫病报告原则：即在临床诊断只要发现农业部公布的口蹄疫、猪水疱病、猪瘟、非洲猪瘟四种猪疫病中的一种或几种，或当地从来就没有发生过的疫病，以及炭疽病等烈性动物疫病时，应在 2 小时以内报告动物疫病防治监督机构，或报告当地县级以上兽医行政管理部门，不允许隐瞒疫情，也不允许谎报疫情。动物疫病防治监督机构或县级以上兽医行政管理部门应当立即采取措施，并按照国家有关规定上报。

2. 及时转诊原则：即基层兽医和猪场防疫人员在诊断、治疗过程中，遇到超过自己处理能力的严重病例和无法确诊的疑难病症时，应当从对养猪场（户）和自己负责的角度出发，及时转诊，为确诊和及时治疗争取时间，同时也避免因贻误治疗时机导致的兽医和养猪场（户）纠纷。

3. 放弃治疗原则：即对无治疗价值的病例放弃治疗。基层兽医不得对无治疗价值病猪施行治疗，对无治疗价值病猪施行治疗是一种饮鸩止渴的做法，虽然防治人员获得了一点蝇头小利，但丧失了医德，丧失了养猪户对兽医的信任，是一种得不偿失的错误做法。

4. 征求畜主意见原则：就是对治疗后果难以预料的病例实施具体的处理时，应当事先征求养猪户意见，贪图省事、临床兽医自己私自做主的做法往往会导致兽医和养猪户的纠纷。

5. 自我保护原则：即基层兽医在临床处理传染病，尤其是那些人畜共患病病例时，必须做好自我防护，避免防治人员和养猪人员感染。例如不执行规定私自解剖炭疽病病例，就可能导致兽医和在场人员感染炭疽病，暴发炭疽病疫情。

二、驻场兽医施治辨证“5+3”原则

对于驻场兽医，临床处理病例中除了上述五项原则外，还应

当坚持防重于治、先大群后个体及群防群控“三项原则”。

1. 驻场兽医不能仅仅满足于临床病例的治疗，不能被动地等待发生疫病后再去治疗，而应当将精力集中于全场猪群疫病的预防方面。应通过科学、实用、经济的卫生及消毒制度、隔离制度、粪便处理制度、患病及死亡动物的处置制度、观察和疫情监测制度、免疫程序的建立和执行等措施，来净化饲养环境、中断疫病传播途径、减少感染机会、提高全场猪的免疫力，尽最大努力避免（或减少）疫病的发生（或流行）。或者说把全场猪当作一头猪看待，扶正固本，驱风祛邪。

2. 在遇到具体病例时，应坚持先大群后个体的处理原则，养成一旦发现病猪就立即把病猪从大群中剔除，随即对病猪所在圈舍实施消毒、隔离等应急处置措施，确保大群猪的安全，而后对病猪进行隔离治疗的习惯。

3. 群防群控，即依靠全场所有工作人员，尤其是饲养人员，贯彻和执行各项有关动物疫病防治的制度及规程，有效调动全场工作人员的主动性和积极性，群策群力，做好疫病防治工作。

三、门诊兽医临床处理病例应坚持的“5+2”原则

对于门诊兽医，施治辨证的内容除了运用前述五项基本原则决定报告、转诊、收治、放弃治疗和自我保护外，还包括区别病例来源处置原则和运用基本规律系统分析原则。

【区别病例来源处置原则】区别病例来源处置原则是指根据病例来源不同，确定处置方案。对于来自于大群饲养的病例，不论是普通病还是传染病，在问诊中均要仔细了解群体的临床症状，确定处置方案时既要考虑典型病例处置，又要考虑避免群体流行的措施；对来自于散养户的传染病病例，要认真追溯病源，为大范围控制疫病和随后收治的病例处理创造条件。

【运用基本规律系统分析原则】运用基本规律系统分析原则

是指除根据发病季节、周期性、地域性、系统性，以及品种、类别、性别、年龄段等基本规律对临床病例进行分析的过程。在这个过程中，尤其要注意病例或采样的典型性和代表性，不具备典型性、代表性的病例或样本，往往会导致诊断结果的失真；采集的病料样本如果缺乏代表性、真实性，也同样会导致诊断结果的失真。

四、临床病例的辨证施治

临床病例的辨证施治是指在具体的群体或个体病例的处理过程中，根据病种、猪群规模、患病猪的不同年龄、性别和病程，以及生产性能、生长发育阶段、季节、体质状况、经济价值等因素，运用发展变化的观点，寻找主要矛盾，区分轻重缓急，采取区别对待，实施临床治疗处理的过程。

（一）临床辨证施治的一般原则

作为一个动物疫病防治工作者，无论是在高级管理部门从事动物疫病的控制，还是在基层从事具体的临床治疗，都应当坚持辨证施治、区别对待原则。因为，对于一个具体的病例，不论是群体发病，还是单个个体发病，其品种、性别、年龄、发病时间和地点虽然不会改变，但是其病因可能是一个，也可能是多个；其病程可能处在前驱期、明显期、转归期的不同阶段；即使病程时期确定，也有是否并发其他疾病的问题，不确定因素很多。所以，要确立动态处置观念，针对接诊病例的临床症状轻重、所处的病程阶段，结合性别、年龄段和体质体况的差异，运用辨证分析的方法，寻找并抓住主要矛盾，采用发展、变化的方法，区别处置。简单、机械地用一种药物或一个处方去应对，其效果往往不尽人意。

（二）驻场兽医临床辨证施治的要点

驻场兽医在临床处理具体病例时，坚持辨证施治、区别对待原则集中体现在单元辨证施治。对于场区选址理想、场内各个生产、生活、管理要素单元布局合理，建筑物结构和内部布局得当，卫生、消毒、隔离、用药、免疫、病死动物和粪便处理制度健全并能基本落实到位的规模饲养场，可以把一群猪作为一个病例单元对待。同理，也可将小型猪场或专业户的全场猪作为一个病例单元对待。

遇到临床病例时，首先，观察其病症是偶发、零星散发，还是出现多个病例；症状雷同与否；是否具有传染性。多个病例情况下，多个病例是同圈、同舍，还是相反；是逐渐发展过程，还是同时发生。从而排除或确定中毒病、营养病、传染病。其次，当发现某种传染性疾病的一个典型病例时，除了寻找其他同样特征个体外，还应寻找同一传染病的其他典型特征，确定或排除传染病，判断是单一性感染还是多重感染。再次，在更换饲料阶段或同品种饲料更换供应企业时，添加微量元素、维生素、药物时，应密切注视营养病。最后，要注意季节对临床猪病的影响。如雨季注意霉变饲料中毒病，冬季猪舍封闭严密时注意支原体肺炎，夏季蚊蝇活动猖獗季节注意乙脑、附红细胞体等蚊蝇传播的疾病。

确定处置方案时，因疾病的种类不同，应当把握的原则也不同。

1. 中毒病：一是查找病源，清除病源；二是对已经出现临床症状的动物实施催吐、洗胃，以及注射解毒药物、大剂量补液等治疗措施；三是污染场地的处理；四是加强对大群猪的观察。

2. 传染病：一是剔除患病猪进行隔离观察和治疗。二是实施全场紧急高频率的彻底消毒；对患病猪所在圈舍，尤其要彻底消毒。三是根据本场免疫档案、患病猪的临床症状、典型病例的解剖病变、流行病学特征、药物实验和实验室检验结果，尽快确诊。四是依据确诊结论采取紧急免疫或对症处理措施。五是加强对大群猪和隔离治疗的患病猪的观察。六是做好病死猪尸体的无害化处理工作。七是整个治疗期间和最后一个病例痊愈后的疫病潜伏期内，对本场坚持高频率的彻底消毒的同时，实行对外封锁，对内禁止饲养人员在不同责任区、车间、猪舍间走动，做到隔离饲养。

3. 营养病：一定要坚持对不同种类、不同生长发育阶段、不同生产性能猪群饲喂不同日粮，不同病程的猪区别对待。临床诊断的关键是兽医人员头脑中应储存大量微量元素和维生素营养不良疾病的特征和特异性病变。如食盐过量症状是猪群频繁发生打斗现象，严重的甚至咬断耳朵、尾巴；再如缺铁性贫血皮肤苍白，补铁过量猪群由于抑制了铜的吸收，可见发生肌肉震颤；等等。

临床处理疑似营养病的病例时，首先，应根据本场用料记录和日粮配方、患病猪的临床症状、典型病例的解剖病变、药物实验和实验室检验结果，尽快确定病因。其次，对临床症状严重病例，在更换日粮、祛除病因的同时，采取缓解症状的临床治疗措施。再次，尽快确定新日粮配方，使用新的日粮，并加强观察。最后，采用新日粮在 1~2 周内逐渐加大比重的逐步过渡法饲喂，避免因更换日粮导致应激。

对于明显的由于更换日粮导致的疾病，恢复原日粮是第一位的工作。

4. 环境病：规模饲养场环境病近年在冬春季表现得尤其突出，临床往往误认为传染病，药物预防、免疫接种、针对性治疗等措施处置时，效果均不理想。包括：高密度饲养导致的圈舍内空气污染、超剂量高频率消毒带来的消毒药物污染、粉尘污染、噪声污染、高压电磁污染、人工饲养带来对不同色光的过敏等，其临床症状因病因的不同差异很大。

当圈舍内空气污染、粉尘污染严重时，多表现为与环境因素紧密相连的上呼吸道疾病病例增加，群体生产性能急剧下降。如冬春季保育舍多发的猪喘气病。

当超剂量高频率消毒带来的消毒药物污染严重时，可见猪只发生过敏性皮炎，同时群体采食量下降，生长速度放慢。当用5%的烧碱液消毒后发生的皮肤发红。当消毒药品大量散落于饲料中，猪群采食后常导致胃肠机能紊乱。噪声污染、高压电磁污染、猪舍内部照明的光照过强、长时间使用红色光照射，以及墙壁涂刷红色颜料的，常导致猪群好动，狂躁不安，打斗频繁，饲料消耗上升，敏感性提高，以及抗逆性和抗应激能力下降等。

所以，临床处理时应当以查找并消除环境污染源为重点，尽最大努力在最短时间内去除造成不良影响的环境因子；无法去除环境因子时，应考虑更换饲养场址或猪种；在更换以前可采用在饮水中添加大剂量水溶性维生素（冬季可以考虑添加5%葡萄糖）缓解临床症状。

5. 其他病：根据临床疾病种类和患病动物的年龄、性别和病程，分别对症处理。

（三）新时期门诊兽医的临床猪病辨证施治要点

进入21世纪后，随着免疫学成果和生物工程产品在猪病防治领域的大范围应用和规模饲养的发展，门诊兽医临床猪病辨证施治也面临新的问题和考验，我国动物疫病防治工作者汲取医学辨证施治辉煌成果和中兽医理论，积极探索，积累了丰富的经验，在临床猪病治疗中取得了明显成效。综合新时期门诊兽医临床辨证施治经验和笔者自身体会，笔者认为，新时期门诊兽医临床猪病辨证施治应特别注意如下几个方面。

1. 临床诊断及治疗与动物免疫学相结合：目前，由于多种疫（菌）苗在猪的疫病防控中大面积使用，使得门诊兽医临床诊断中不论是对来自于规模猪场还是对散养户的病例，均要首先考虑传染病。其次在治疗中，必须考虑免疫情况。包括使用疫

（菌）苗的种类、厂家、时间、剂量、接种方式和次数，均需在问诊或查阅档案资料时了解清楚。再次，使用药物时要考虑所用药品与免疫接种的疫（菌）苗之间的关系，应尽可能避免拮抗作用的发生。

2. 规模猪场疫病对散养猪临床疾病的影响：当前，规模猪场对散养猪的影响表现在四个方面。首先，由于规模饲养猪的大量扩散，农户散养猪疫病与规模饲养猪病发生的时间同步性、病种雷同性明显提高。其次，规模饲养猪的扩散又带来散养猪与规模猪场品种的趋同，而一些人工培养的高生产性能猪对环境的适应性较差，对散养农户低水平的饲养管理条件的耐受力较低。再次，规模猪场发生疫病对散养猪的直接影响。最后，规模场向散养户扩散饲料、进行技术服务的影响。这些影响可能是同时作用于某一头散养猪，也可能是单独作用于散养猪，其作用后果严重与否，是否引起临床疾病，还要受其他因素的影响。但是，门诊兽医临床诊断和治疗时必须考虑这些影响。

3. 散养猪疫病对规模饲养猪的影响：散养猪病对规模饲养猪疫病防治的影响主要发生于那些猪场选址不当、布局不合理、管理较为粗放的小规模饲养场。其表现主要是由于隔离、消毒、基础设施建设水平低下和隔离、消毒制度执行的不到位，散养猪暴发传染病引起规模饲养猪群发病。这种情况发生的概率近年来随着规模饲养的发展日趋严重，基层门诊兽医在临床诊断和治疗时必须考虑。

4. 抗体检测对临床诊断和治疗的作用：不论是规模饲养猪，还是散养猪，大面积、高密度、多种类的免疫，是控制传染病的普遍做法。门诊兽医在临床诊断时，积极运用简易试剂盒开展抗体检测，以及利用规模饲养场正常抗体监测结果，能够明显提高诊断结果的准确率，应当创造条件积极运用。在治疗时应结合抗体检测和监测结果确定治疗方案，降低治疗成本，提高治愈率。

专家提示：规模猪场兽医的工作核心是预防疫病的发生，一旦发生疫情，处理时要先大群后个体。

第三节　用药中存在的问题及对策

在养猪生产中，为了加快生长速度、提高饲料报酬，以及控制疫病，在饲料中添加药物是规模饲养猪场和专业户较为普遍的做法，但是效果却有很大差别，重要的原因是用药中存在误区。常见的用药失误现象有以下几种。一是盲目用药，简单模仿其他饲养户，看到人家用药自己也用药，人家用啥药自己也用啥药，“庄稼活，没啥学，人家咋着咱咋着”。二是随意加大剂量用药。尤其是在一些传染病控制效果不佳时，更是随意加大剂量，甚至成倍增加。三是长时间持续用药。不注意用药时间要求，盲目持续用药。四是不顾成本高低，不管是否需要，追随、攀比使用特效药，甚至将国家明令禁止使用的人用药品作为常规添加剂使用。五是不注意配伍禁忌，不论药性，不管能否配伍，盲目添加药物。同样，在临床治疗中也存在用药量过大、盲目选用特效药，以及用药间隔期过长、不注意配伍禁忌等问题。本节围绕常见问题介绍用药基本知识。

一、用药的一般原则

养猪是商品生产的一种形式，作为商品生产，以利益最大化为企业经营管理的基本目标。为了实现利益最大化，在条件允许的情况下，在猪的饲料中添加一些药品，达到促进生长和预防控制疫病的目的无可厚非。但是，如果违背用药原则，不顾客观条件盲目用药，不仅不能实现利益最大化，甚至还会导致成本上升，降低企业收益。在猪场和专业户养猪生产中应当遵循的用药原则有如下几个方面。

（一）尽量少用和不用促生长药物

从目前养猪生产中使用品种的生产性能和杂交组合，以及市场供应的合格饲料的营养配制水平来看，正常情况下，长大二元商品猪100~120天、杜长大三元商品猪85~95天育肥期内增重70千克（20~90千克）没有问题，不需要添加任何促进生长的药物。如果在饲养期内增重达不到预期指标，应当通过调整杂交组合和饲料配方，来使日粮的营养最大限度地满足品种的生长发育需求，从而获得较高的生长速度、较高的瘦肉率和饲料报酬。如果品种纯度不够、或者饲喂日粮的营养不平衡，达不到品种生长发育的需求，即使添加药物，其在提高生长发育速度、瘦肉率及降低饲料消耗方面的作用也是短期的，有限的。并且，添加的药物往往在猪体内形成残留，严重的甚至导致猪只生长发育不良，在增加成本的同时，还会由于药物残留而影响猪肉产品的安全性，降低出栏猪的市场竞争力。

（二）选择合适的给药途径和时机

按照药品规定的给药途径给药。在设计给药方式时考虑了药品的理化特性、生化特性及吸收率、价值等因素。随意改变给药途径，轻则造成药效降低，重则导致用药事故。所以，要严格遵循产品说明书规定的用药途径用药。注明通过饮水给药的药品，多数易于溶解、挥发，具有氧化作用，不许添加在饲料中饲喂；要求肌内注射药物，有的是具有腐蚀性，有的是不宜过快吸收，不许皮下、静脉、腹腔注射；要求静脉注射药物，只能通过静脉注射给药。

（三）选择最佳给药途径、给药方式

饮水给药经济、方便，用量容易掌握。但是应注意在给药前2~3小时内控制饮水，给药时的水量应控制在正常情况下的1/3~1/2，以便在半小时内饮用完毕，在饮用的过程中应注意控制强壮个体少饮，让弱小个体也饮用到药液。

在饲料中添加药物的给药方式的优点是方便，所有个体都能均匀用药，缺点是小批量添加工作量增大，利用机械大批量搅拌添加的，因每批次加工的量大，数天后才能用完，加工和存放过程中药效可能降低。同时，一些药品由于特殊的气味，在饲料中添加时会导致饲料的适口性降低。

注射给药虽然具有给药量准确、药品作用效果好等优点，但是捕捉和保定不仅增加工作量，而且容易惊群，使猪只产生对饲养人员的恐惧，给管理带来不良影响。

显然，各种给药途径和方式各有利弊，在生产实际中应按下述四条原则考虑，选择确定具体的给药方式和途径。

1. 对饮水、饲料中添加、注射几种给药途径都可以的药物，首先选择饮水添加的给药方式，其次是在饲料中添加，再次才是注射。

2. 当皮下注射、肌内注射、静脉注射、腹腔注射都可以的情况下，病情严重或群体疫病处于明显期、病例不断增多的上升趋势时，静脉注射和腹腔注射是首选方式，其次是皮下注射，再次是肌内注射。

3. 当病情得到有效控制或者预防性用药时，首选肌内注射，其次是皮下注射，再次是腹腔注射，最后才是静脉注射。

4. 坚持母猪怀孕期、公猪配种期、仔猪哺食初乳期、商品猪出栏前15~20天不用药。

（四）严格按药品使用说明书规定的用量给药

规模饲养猪群在用药中要严格遵照药品使用说明书规定的用

量给药，用药后要填写《用药记录卡》，并注意禁忌事项。随意加大和减小用药量的后果是疗效下降、产生耐药性和药物中毒，应引起足够的重视。填写《用药记录卡》既是国家对动物疫病控制的要求，也是养猪场、养猪户积累经验，提高猪病防治水平的基础工作，必须认真执行。用药禁忌事项是药品生产企业根据药品特性结合多次试验而提出的，使用者如不遵守，很可能会造成医疗事故，并且，药品生产企业和经营者不承担责任。所以，在使用时一定要注意并按照禁忌事项的要求使用。

（五）严禁使用过期、失效、假冒伪劣兽药

使用过期、失效、假冒伪劣兽药不仅达不到预期效果，而且还会产生副作用。生产中常犯的错误有以下几种：一是认为过期药物扔掉可惜，加大剂量给猪使用；二是购买人用的过期药品，并加大剂量使用；三是明知是假冒伪劣药品，贪图便宜购买使用。实事求是地讲，有些药品超过保存期后，有效成分因为保存期内的降解达不到规定的剂量，有些药品则在保存过程中随着氧化还原反应的进行毒性上升，理论上这些过期药品可以测定药效重新使用，既不浪费资源，又不污染环境。但是在实际操作中，由于测定需要专门的仪器设备，只能由专门的回收机构分类后进行，成本较高，难度较大，因而对广泛分散的少量过期药品只能当作废品处理。养猪场（户）通过加大剂量来弥补药效的做法，一是剂量难以掌握，使用效果不理想，有的还产生耐药性。二是那些在保存期毒性增强的药品，加大剂量使用常常导致中毒。至于假冒伪劣药品的使用，除了导致使用效果不理想、产生耐药性、药物中毒等弊端外，客观上又为假冒伪劣药品提供了市场，使得假冒伪劣药品越来越多，步入恶性循环怪圈。所以要坚决做到不使用过期、失效、假冒伪劣兽药。

（六）不使用激素类和其他国家明令禁止使用的药物

在猪的日粮和饮水中添加激素类或其他国家明令禁止使用的

药物，对养猪业自身的危害主要表现在对激素类药物和国家明令禁止药物的依赖，提高养猪成本，同时也遏制了技术创新，并且有些国家明令禁止使用药品已经终止生产，产生依赖的养猪企业可能会因为购买不到而影响生产，严重的导致生产中断。更重要的原因是对消费生猪产品的人类自身带来危害。

二、促进生长用药的原则及注意事项

为了促进猪的生长发育，可以在饲料中添加微量元素和维生素类添加剂，也可以添加氨基酸、微生态制剂和中草药。但是，这些添加剂的使用，都应当在专业畜牧兽医技术人员指导下使用，盲目的添加难以达到理想效果。使用市场供应的成品添加剂时，购买时应尽可能选择正规企业的品牌产品，使用中应当注意：

(一) 微量元素添加剂

严格按照产品说明书介绍的配比方式、方法和比例使用，严禁加大用量。此类添加剂的有效成分为金属元素，具有还原能力，维生素类添加剂多数有氧化作用，二者如不加处理直接混合，常常由于相互间的氧化还原反应而影响吸收，降低生物效价。因而建议在添加未经包衣处理的微量元素的饲料中，不添加维生素类添加剂。改在饲喂时现喂现添，或者将维生素类添加于饮水中，从而避免二者之间的直接接触，降低相互间的拮抗作用。

(二) 维生素类添加剂和氨基酸添加剂

此类添加剂往往由于成本高，市场供应成品中一般都添加有载体，其有效成分与标定成分之间多数有差距，建议按照说明书标定使用量的150%~200%比例使用。但是，应注意钙磷比例的变化对猪生长发育的影响。

（三）中草药添加剂

此类添加剂应严格注意保质期。禁止使用超过有效保存期的中草药添加剂。接近有效保存期的中草药添加剂，尤其是经过梅雨季节的纸袋、塑料编织袋包装的中草药添加剂，使用前一定要检查颜色是否正常，是否结块成团，是否有霉变、虫蚀现象。若发现上述情况，应停止使用。

（四）微生态制剂

使用微生态制剂时，应实行现配现用，并且注意在使用前1天、当天、后1天停止使用抗菌药物和抗病毒药物，控制饮水和饲料的酸碱度。调制、稀释微生态制剂时，应使用凉开水调制。若用自来水调制，应将自来水放置4小时以上，避开自来水中氯的杀灭作用，为保证微生态制剂的活性创造条件。

三、预防用药原则及注意事项

在生产实践中，对于一些仅仅影响猪的生长发育、而不至于导致猪死亡的温和性疫病，多采用药物预防的办法予以控制。预防用药一般采用在饲料或饮水中添加药物的办法给药。用药时除了遵循用药的一般原则之外，还应当注意以下事项。

（一）抗菌药

一是不要期望一次用药就控制所有的温和性疫病，要选择影响本猪群主要的温和性疫病分阶段给药。二是药物的选择应结合本场猪群规模和既往用药情况而定，大型猪场发生疫病后，感染个体多，控制时的劳动力投入多和资金投入高，可以考虑使用高效药物，尽量实现早期扑灭、短期内扑灭；专业户和散养户劳动力不计成本，可以考虑使用普通药物以降低预防成本。三是注意用药量。通常首日首次加倍使用，以后按规定的间隔使用正常量。四是注意用药间隔。一般情况下，5~7天为一个用药周期。即使需要持续用药的，也需要3~5天的间歇，以利于猪体调节生理状态。五是交替使用同样功能但结构不同的药物，以避免产生耐药性。六是注意停药期。怀孕期母猪和配种期公猪应在专业技术人员指导下使用预防药品，哺食初乳期的仔猪尽可能不用药，商品猪出栏前 20 日内停止预防用药，最迟不能低于 15 日。七是注意药物配伍禁忌，通过适当搭配克服药物的副作用。如使用磺胺类药物时配合使用小苏打或大黄苏打，以降低磺胺类药物对胃肠道的刺激。八是尽量利用协同作用，提高药物预防效果。如在使用磺胺类药物时配合使用磺胺增效剂，在补铁时配合补铜，补维生素 E 时结合补充硒，都是利用药物间的协同作用来提高用药效果的。

（二）抗病毒药

病毒性疫病不允许使用药物预防治疗，在生产实际中，有的猪场在发生病毒性疫病后，采用捕杀濒死猪、紧急免疫、隔离治疗、加强消毒等措施后，为了防止大群出现问题，采用了在饲料中添加抗病毒药品预防疫情扩散的措施，效果如何、能否作为一种有效控制技术加以推广有待商榷。笔者建议这些猪场最好选用中草药来提高猪的机体免疫力，并采用 2～3 天的短期使用、加倍量用药、固定间隔期用药的脉冲式给药方式。

（三）驱虫药

临床使用驱虫药应严格执行所使用药品的说明书规定的用量、给药方式和间隔，不允许超量用药，不允许缩短用药间隔，不得改变给药方式，不得在出栏前 15 日内用药。

四、临床治疗用药原则及注意事项

临床治疗用药中普遍存在的问题：一是希望“一针治好病”，治疗中图省事，每天只打一针，导致猪体血液中有效药物浓度维持时间不够，不仅治疗效果不佳，甚至产生耐药性。二是对病因判断不准，加之治疗用药中存在的急躁情绪，试验用药时一针下去未见明显好转就换药，各种药物都用遍，病治好了不知道是什么病，什么药物发挥了作用；死亡了也不知道是疾病的原因，还是药物中毒。三是盲目用药，不注意药物之间的相互作用，不管有用与否，是特效药都用，结果导致有时因拮抗作用影响治疗，有时又因协同作用发生中毒。临床治疗用药的原则和注意事项有如下几个方面。

（一）正确处理对症治疗与祛除病因的关系

对于群体发病，首先要确定是营养病、中毒病、寄生虫病，还是病原微生物引起的传染病。

1. 对于病原微生物引起的传染病，不论是细菌性疾病，还是病毒性疾病，挑出患病动物，做到病猪与猪群的隔离，迅速落实消毒措施是第一项措施。第二项控制措施是针对性的彻底消毒，杀灭环境中的病原微生物。第三项是对假定健康猪采取预防措施。第四项措施才是对于患病猪的治疗。当然，如果人手充足，双管齐下更好。也就是说，群体中由病原微生物引起的疫病控制首先是祛除病因，避免疫情蔓延。

2. 对于中毒病，应区分症状的轻重，对有治疗价值的重症病猪首先进行洗胃排毒或冲洗伤口排毒，然后注射有针对性的解毒药品，之后可视情况补液强心；中毒症状稍轻的可直接注射特效解毒药品；对于同一圈舍内怀疑中毒但是又无临床症状的猪只，可以通过在饮水中添加大剂量电解多维加速代谢，也可以小剂量注射解毒药品。

3. 对于群体营养性疾病，一经确定就应立即采取针对性措施。严重的营养缺失症个体，应采用注射的方法直接补充所缺失的营养；群体则要通过调整日粮配方来逐渐补充营养，缓解病情。

4. 对于寄生虫病，除了个别因寄生虫导致的严重消瘦个体需补充营养之外，群体应使用驱虫药品直接驱虫。

概括起来，对于患病个体，要根据临床病例的病情考虑先行对症治疗，然后再祛除病因，或者直接祛除病因，或者对症治疗和祛除病因同时进行。一般情况下，高热、出血和呼吸困难、衰竭症状明显时，应先行对症治疗，缓解临床症状。瘀血、神经症状明显病例和寄生虫导致的疾病，以及中毒性疾病，应直接祛除病因。保育期、育肥期商品猪和种公猪、后备猪、空怀母猪发生的单一病因导致的疾病，可采取对症治疗和祛除病因同时进行的手段处置。

对于体质强壮个体，在发病初期，应当直接祛除病因，一般临床用药都采用正常量首次加倍，连续用药2~3天。对于弱小猪和怀孕猪，祛除病因时不能采用首次加倍，而要采用正常量连续用药2天，然后使用减半量继续治疗2~3天，当然，怀孕母猪用药时应考虑药物品种和剂量对胎儿的影响。

（二）根据病程的不同时期采取不同的处置方法

不论是群体还是个体，疾病都是在不断发展的动态变化过程。要么向好的方面发展，痊愈、恢复健康，要么向坏的方面发展，病情恶化、死亡，或疫情扩大蔓延。不可能一成不变，兽医只是在疾病的变化过程中，施加有限的人为影响，促使疾病向好的方面发展。因而在治疗过程中，必须根据病程发展的不同时期，临床病猪的发展阶段和变化情况，以及病猪或猪群的表现，不断调整处方，以不同的药物组合、不同的给药方式解决不同时期的主要问题。尤其是对于病程较长的个体和大群发病的猪群，临床治疗中一定要注意根据病程的不同时期采取不同的处置方法。

（三）掌握常用药品的性能、用量和配伍禁忌

熟练掌握常用药品的性能、用量和配伍禁忌，根据病程的不同时期采取不同的处置方法。条件允许的情况下，尽量利用药品之间的协同作用来提高治疗效果。必须使用相互间有拮抗作用的药品时，应通过设定合理的给药间隔、给药途径，避免拮抗作用

的发生，或者使用辅助药品降低拮抗作用。

（四）根据治疗效果调整用药方案、用药量和维持时间

治疗中要定时观察治疗效果，一般情况下每日要巡视一次，严重病例和处于发病明显期猪群每4小时巡查一次。要细致观察病猪或病猪群的精神状态，采食和饮水情况，排便排尿次数和量、质地，以及体温变化、主要症状的改变情况，适当调整用药方案和用药量、用药间隔等，以提高疗效。同时，要注意所用药品的副作用。

（五）合理设定用药间隔

临床群体发病处于从潜伏期向明显期发展的上升期时，对患病个体隔离治疗时，不仅用药量要大，而且间隔时间要短，每日用药3~4次，中毒性病的救治要每1~2小时用药一次。对于从明显期向转归期发展的病例，明显好转的要继续按照2~3次/日用药的方法巩固治疗效果，以求彻底治愈。最忌讳的就是见到猪开始活动、饮水、采食就停止用药，导致病情反复。对于从明显期向转归期发展但是濒于死亡的病例，应停止用药。

（六）不同给药途径的巧妙组合

临床应通过不同给药途径的巧妙组合，维持猪体药物的有效浓度，常采用的方法是静脉注射1次/日。肌内注射2~3次/日。口服药品的主攻药安排在晚上1次/日，从而避免晚间捕捉保定；辅助药品安排2次/日，在每天早、晚通过饮水投药。

五、自备药品的选择和使用

多数猪场和专业户都有自备药品，但是在临床疫病发生时，使用自备药品又达不到预期治疗效果。除了对病因判断不准、选择药物不对路之外，所备药品质量低下是一个重要原因。猪场和专业户选择、购买自备药品和保管药品时，应注意以下几个方面的问题。

（一）自备药品的选择

自备药品种类和品种选择的原则是：常用，经济，方便。购买药品时应选择历史较长、信誉较好的大型企业产品，以保证购买药品的质量。技巧是选择有经验兽医在本场治疗猪病时使用（或建议购买）的厂家生产的药品。

（二）自备药品的保管

自备药品的保管一是应注意选择通风、避光、阴凉处存放。水针剂要防止挤压，片剂和粉剂应当注意防潮湿、防虫蚀。二是注意将针剂、粉剂、消毒剂三种药品分类存放。同一类药品应注意按照药品性质、功能分开码放；有毒有害药品要单独存放，并且加锁。三是对标签缺损或模糊不清的要重新用水笔或铅笔标明。四是定期检查、清理过期失效药品。一般每月的月底应核对库存备用药品的数量；每季度末应检查一遍各种库存备用药品的有效期；每年末对过期药品清理一次，并结合清理情况及时补充。五是猪场要建立备用药品出入库账簿和有毒有害药品限量发放、使用登记制度，专业户应有记录。

（三）推荐的猪场和专业户自备药品

1. 推荐的猪场自备药品有四类：消毒药品、饲料添加剂、治疗药品、疫苗和生物制品。

（1）消毒药品：对口蹄疫、水疱病多发场（户），自备消毒药首选碘制剂，如络合碘（可以带猪使用）、过氧乙酸（封闭猪舍使用效果最佳）；其次是百毒杀、菌毒灭等季铵盐和氯制剂；再次是烧碱。生石灰和草木灰有消毒作用，但是容易受天气影响，虽然经济，但是效果较差。对于猪喘气病多发的场户，首选过氧乙酸（封闭猪舍使用效果最佳），其次是氯制剂；猪舍外场地可使用烧碱或生石灰、草木灰；对于黄、白痢和流行性腹泻多发场（户），首选戊二醛类，其次是季铵盐类，再次是氯制剂。

（2）饲料添加剂：赖氨酸、蛋氨酸、微量元素添加剂、维生素添加剂。

（3）治疗药品：华北制药厂的青霉素、链霉素，齐鲁制药厂的庆大霉素针剂和磺胺类、多西环素粉剂，开封制药厂的强力霉素粉、针剂和土霉素粉等。

（4）疫苗和生物制品：中牧实业股份有限公司的猪瘟细胞疫苗，华中农业大学的伪狂犬双基因和三基因缺失苗，哈尔滨兽医研究所的蓝耳灭活苗，兰州生物制品厂的进口佐剂口蹄疫，以及抑康肽和百加。

2. 推荐的专业户自备药品有两类：消毒药品、生物制品和疫苗。

（1）消毒药品：过氧乙酸、百毒杀、菌毒灭等。

（2）生物制品：华中农业大学的伪狂犬双基因和三基因缺失苗、哈尔滨兽医研究所的蓝耳灭活苗，中牧实业股份有限公司的猪瘟细胞苗及丹毒—肺疫二联苗等。

表1　常见处方拉丁字母含义

拉丁字母	含义
R	请，请给
N. No	数量数目
Co	复方
aa	各
ad	加至
aq dest	蒸馏水
aq com	温开水
mf	混合形成
d dos	剂量
q. s	适量

表2　处方末尾所用拉丁字母含义

拉丁字母	含义
D. S	给，投于，用法，指示
M. D. S	混合给予指示
D. t. d. N	授予剂量若干份
p. o	口服
p. a. a	用于患处
S. O. S	必要时用

表3　拉丁字母表示的给药方法

拉丁字母	含义
i. h	皮下注射
i. d	皮内注射
i. m	肌内注射
i. v	静脉注射
B. i. d	2次/日
T. i. d	3次/日
Q. i. d	4次/日
o. d	每天，1次/日
o. d. t	每隔2天1次
o. d. q	每隔3天1次

表4　不同给药途径与用药剂量的关系

给药途径	剂量比例
内服	100%
皮下注射	30%~50%
肌内注射	30%~50%
静脉注射	25%~30%
腹腔注射	25%~50%

表5　常用西药配伍禁忌

药品名称	主要配伍禁忌药品
磺胺类	磺胺类药物的钠盐注射液不能与盐酸麻黄素、维生素C、维生素B_1、维生素K_3、盐酸氯丙嗪、盐酸普鲁卡因、氯化钙、等渗氯化钠注射液、葡萄糖酸钙、氯化铵等混合注射
青霉素G	维生素C、维生素B_1、维生素K_3、2%以上盐酸普鲁卡因、盐酸氯丙嗪、盐酸土霉素
硫酸链霉素	维生素C、维生素B_1、维生素K_3
盐酸土霉素	肾上腺素、硫酸阿托品、盐酸普鲁卡因、维生素C
石炭酸	高锰酸钾、过氧化氢、碘酊、升汞、硝酸银
来苏儿	高锰酸钾、过氧化氢、碘酊、升汞、硝酸银、石灰水
鱼石脂	硼酸、石炭酸、氢氧化钠、生石灰、石灰乳、肥皂、硝酸银、升汞、高锰酸钾、过氧化氢、碘酊
乌洛托品	碳酸氢钠、水合氯醛、碘化钾、稀盐酸、溴化铵、氯化铵（使用30分钟前投）
稀盐酸	碳酸氢钠、氧化镁
碘酊	氨溶液
维生素B_1	碳酸氢钠、维生素C、苯巴比妥钠、仙鹤草素、青霉素、磺胺嘧啶钠
维生素C	维生素B_1、维生素B_{12}、土霉素、氨茶碱
维生素K_3	青霉素、链霉素、维生素B_{12}、盐酸普鲁卡因、乌洛托品、氨茶碱、氯丙嗪
樟脑	遇酒精和盐酸类沉淀，但不影响药效
洋地黄	阿托品、颠茄浸膏、氯化钙、乳酸钙、葡萄糖酸钙、麻黄素
氨基比林	甘汞、乌洛托品
水杨酸钠	氨基比林、碳酸氢钠、复方氯丙嗪、奎宁
水合氯醛	碳酸氢钠、溴化钠

续表

药品名称	主要配伍禁忌药品
碳酸氢钠	盐酸、氯化钙、酒石酸锑钾、葡萄糖酸钙、氯丙嗪、复方氯化钠、硫酸镁
升汞	碘酊、石灰水、氨水、鞣酸、硝酸银、福尔马林
氯化钙	青霉素、水杨酸钠、碳酸氢钠、硫酸钠、洋地黄
醋酸钾	盐酸、水合氯醛
次硝酸铋	溴化钠、溴化钾、溴化钙、碘化钾、碳酸氢钠
麦角	碳酸氢钠、碘化钾、硫酸铜
高锰酸钾	和多数药品都有配伍禁忌，应单独配制、包装、使用

专家提示：免疫情况、猪的来源和已经用药情况，是新时期兽医处置病例时不可忽视的因素。

第三章　临床常见猪病的预防与控制

由于季节不同、规模饲养场和散养户饲养条件不同，猪群疫病也表现出很大差异。本章根据临床常见猪病的危害严重性依次介绍诊断及防治的一些体会。

第一节　猪瘟及临床发热疫病的控制

发热是动物体的一种非特异性免疫反应，凡是能够引起猪的心率提高、血液循环加快的疾病，都会引起发热，也是多种疫病的临床共同特征和最先出现的明显特征之一。如免疫应答、流感、猪瘟、猪丹毒、猪肺疫、猪弓形体病、溶血型链球菌病、传染性胸膜肺炎等。临床诊断中如能够利用发热和各种疫病的特征早期诊断，对于采取正确的预防控制措施、避免疫情蔓延、提高治愈率有积极意义。

猪的正常体温平均为 39.1℃，由于性别、年龄、生理状态的差异，和测量时间、测量时运动与否，允许有上下 0.5℃的差异。因而，也有许多资料介绍猪的体温在 38.5～39.3℃。临床将体温高出正常体温 0.5℃称为微热、0.5～1℃称为低热、1～2℃

称为中热、2~3℃称为高热、3℃以上称为极高热。微热为允许的差异，诊断参考价值较低，常见于妊娠母猪、仔猪、剧烈运动后的猪，以及猪舍温度过高或过低猪群。毒力较弱或一次性侵入肌体病原较少和寄生虫类疫病状态下，临床多数表现为微热和低热。以内毒素危害为主的疫病呈现由微热、低热、中热、高热的逐渐升温和升温后稽留不退等特征；而病原毒力强或一次性侵入肌体病原较多时，以及以多器官出血为主要特征的疾病多数表现为来势迅猛的中、高热；如果一次性侵入肌体的病原较多、毒力又强，并且以多器官出血为特征时，则表现为高热或极高热。免疫应答、应激反应等临时性或一次性因素导致的发热多表现为暂时性或一过性。病原微生物处于持续繁殖状态则出现持续高温不下，表现为稽留热，有时为高热稽留；由于某些疾病或用药的原因，还会出现弛张热、间歇热、回归热。发热常常伴随的症状有精神不振，寒冷战抖，口渴，频频饮水，嗜睡或卧地不起，眼结膜潮红、流泪、有眼屎，呼吸加快，体表或体内出血，采食减少或食欲废绝，粪便干结，尿量减少等，并随病程的进展症状加重。临床处理的原则是根据疫病的危害性、预期转归后果和病例的体质强弱、症状的严重程度，采取针对性措施。如紧急免疫、抢救性治疗、针对性治疗等。

一、典型和非典型猪瘟

猪瘟病毒（HCV）导致的猪瘟（HC）依然是我国养猪业发展的头号疫病。在规模饲养猪场、专业户和由众多存栏3~5头、8~10头猪的小型饲养户组成的专业村和生猪密集饲养区，猪瘟的免疫已经成为饲养者的自觉行为，免疫密度早已经超过100%。许多场（户）的商品猪采用的是断奶前后免疫和60~70日龄免疫的两次免疫程序；一些规模饲养场甚至采用0日龄超免、70日龄二免、120日龄三免的三次免疫程序。但是仍然会发生猪瘟。由于抗体的存在，临床毛孔出血、急性死亡病例减少，只是表现高热稽留，拒食，频频饮水，眼结膜潮红、流泪，公猪尿道口积尿，便秘和拉稀交替出现，病程长或便秘严重的粪便带有先期白色、后期红色的黏液。农民群众和基层兽医称之为温和型猪瘟。也有的病猪体躯无任何症状，只是表现食欲下降，之后渐进性停食，测量体温时表现为微热或低热，监测病原诊断仍然是猪瘟；在边远地区和零散分布的养猪户中，因猪瘟免疫密度低，或者采用猪瘟—猪丹毒—猪肺疫三联苗仅免疫一次的猪群，仍然发生典型猪瘟。

（一）临床症状

不论是典型猪瘟，还是非典型猪瘟，发病不分季节，不同性别、不同年龄段均可发病，是共同特征。

典型猪瘟最明显的特征是41~42℃高热稽留，懒动嗜卧，食欲废绝，嗜水，结膜潮红、流泪，猪的耳根部、腋下、大腿内侧和小腹皮肤发红，触诊烫手；背部、臀部毛孔渗出鲜红色血液；公猪尿道口积尿；同一个体便秘和拉稀交替出现，群体中则同时表现于不同个体；传染快，病程短，发病死亡率高，2~3天内同圈猪多数感染，3~5天内同群猪相继感染。处理措施及时得当的死亡率为30%~50%，处理措施不当或不及时的死亡率达50%，甚至全部死亡。剖检可见大肠纽扣样溃疡，肾脏呈大理石样病变，俗称“麻雀蛋肾”或“花斑肾”，脾脏肿大、有黑紫色梗死灶，喉头黏膜出血或充血。

非典型猪瘟常见的特征：39.5~40.5℃稽留热，懒动嗜卧，食欲渐进性废绝，嗜水，有时见结膜潮红、流泪；有的个体皮肤颜色正常，有的个体皮肤呈轻微的鲜红，但不见毛孔出血症状；同一个体便秘和拉稀交替出现，群体中则表现于不同个体；可水平传播但传染速度慢；病程长，青年猪和育肥猪感染非典型猪瘟病程可达1~2个月，体温时高时低但不超过40℃，食欲时好时坏，粪便时干时稀，病程 7 天以上者可见体侧、背部出现痘样坏死，腹下皮肤出现瘀血斑和坏死块，公猪尿道口积尿；常继发其他疫病后死亡。作者通过观察繁殖猪群，认为中国兽医药品监察所丘惠深、宁宜宝等关于猪瘟的持续感染根源在于母猪感染的观点符合实际，值得借鉴。母猪怀孕初期感染（怀孕 7~10 天）时常发生流产，养猪户往往认为未怀胎，重复配种，重复流产；母猪怀孕早期（15~45 天）感染，可导致胎儿早期死亡，形成体型相对均匀的木乃伊胎；怀孕中期（55~75 天）感染，所生仔猪可见浑身水肿，10~15 日龄以前可见尾巴干死，2~3 周龄时出现背部或全身皮肤结痂干死、皮屑增多如生癞样，耳朵局部或全部萎缩、耳部表皮成片脱落等症状；怀孕 90 天后感染，则可导致死胎或弱胎，所生死胎发育正常，弱胎多在 3 日龄内死亡，其他无明显临床症状的仔猪在 30 日龄内陆续发病死亡；怀孕 100 天以后感染，母猪可见早产 1~2 天或产期推迟 3~5 天现象，并在产前或产后出现中热稽留和拒食嗜水现象，所产仔猪在哺乳期内表现正常，但在断奶和转入保育舍时发病死亡。断奶时发病以厌食、发热（41℃）、顽固性腹泻为特征，腹泻粪便初期呈消化不良表现，2 天后粪便由黑褐色转为黄色，有恶臭，3~5 天后表现肛门失禁，粪便顺后腿向下流。非典型猪瘟病例解剖时多器官出血症状不明显，淋巴结轻微出血和水肿，大肠纽扣样溃疡变为大肠或肠系膜淋巴结不同程度弥漫性充血、出血，部分病例可在回盲口见纽扣样溃疡或坏死；脾脏轻微肿胀，边缘有米粒状突起，又称锯齿状突起，喉头黏膜充血仍然存在；肾脏肿大，沟回明显，呈胚胎状，俗称胚胎肾。母猪怀孕期感染导致胎儿带毒的病猪解剖可见胸腺萎缩和淋巴结肿大。

（二）发病原因

典型猪瘟的发生是由于引进、调运种猪，不小心购回了染疫病猪及其产品，或野毒感染了未免疫猪群，或者感染了采用三联苗一次免疫等原因导致的抗体水平低下的猪群。非典型猪瘟的发生则是由多种原因所致，一是免疫操作不规范，接种剂量畸高(25头份、30头份、50头份等)，打飞针，使用假冒伪劣、过期或包装破损、保存方法不当的疫苗，废弃疫苗和接种器具的随意丢弃等，未做到有效免疫，并导致散毒。二是免疫程序不合理，在抗体水平正处于有效保护水平下盲目再次免疫，中和了抗体，致使抗病力下降。最常见的是小型育肥专业户，对购买仔猪不论是否已经免疫，购买回来的仔猪统统免疫一遍，导致已经在25~28日龄免疫仔猪的再次免疫，诱发猪瘟。三是因为伪狂犬病、蓝耳病、圆环病毒病等免疫抑制疫病的影响，导致免疫猪群猪瘟抗体低下，致使饲养于散毒环境的猪群发病。四是猪场选址、布局、管理不严的原因，导致外部染疫病猪或产品、用具进入本场(户)，感染猪群导致发病。五是种公猪、母猪带毒，通过交配或母猪胎盘的垂直传播，以及仔猪间的水平传播，导致疫情的发生和蔓延。

（三）临床诊断要点

临床诊断猪瘟，一是应考虑所在地区和猪群类别，若为山区或交通不便利的边远地区散养猪只，重点寻找典型猪瘟的临床症状和解剖病变；若为规模饲养猪群，则从非典型猪瘟的临床特征和解剖病变着手。诊断中应认真测量体温，仔细观察发病猪、同圈猪、相邻圈猪的临床症状。发现毛孔出血、高热稽留时应考虑典型猪瘟；出现低热稽留、公猪尿道口积尿、便秘和拉稀交替出现、流泪时应考虑非典型猪瘟。此时应注意，临床症状可能分布在多头猪身上，同一群体中只要多头猪分别表现出了猪瘟的临床症状，就可以初步判定。二是结合解剖检查，重点寻找“麻雀蛋肾”或胚胎肾、大肠纽扣样溃疡或回盲口纽扣样溃疡、喉头出血、脾脏肿大等特异性病变。三是注意从流行病学特征方面分析，了解发病前一周内是否引种、销售，是否有生猪、饲料、兽药经营人员和兽医前来洽谈业务，并应特别注意传染性、发病率、死亡率几项指标。四是要结合免疫情况分析判断，通过询问和查阅免疫记录，了解使用的免疫程序，免疫时间，使用疫苗品种、接种方法和剂量等。五是结合实验室检验结果分析判定，不论是使用单苗，还是使用三联苗免疫，抗体检测时滴度均应在1∶32以上，低于1∶32时，应当怀疑免疫无效或超过了免疫保护期；规模饲养企业使用组织苗免疫的猪群，抗体滴度应在1∶128以上，低于1∶128时应怀疑免疫无效或超过了免疫保护期。当被检测猪群抗体整齐度较好时，可根据抗体滴度的高低估计抗病能力；当抗体整齐度较差时，应考虑猪群是否感染野毒或患有免疫抑制性疫病。

（四）典型猪瘟的预防及控制

接种疫苗是预防猪瘟的最有效措施，但是，在实践中接种后的免疫效果却截然不同。其原因除了操作不规范、免疫程序不合理、免疫抑制疾病之外，对疫苗性能不熟悉和缺少综合分析判断能力有关。提请养猪场（户）从以下几个方面着手，搞好猪瘟的预防。

1. 建立相对封闭的饲养环境，预防猪瘟传入：

（1）建立严格的门卫制度。

（2）执行严格有效的消毒制度。

（3）严禁外部人员进入生产区和生产区内不同饲养车间（猪舍）人员的串岗流动。

（4）运猪车辆和收购饲料车辆定位停放。

（5）引进种猪隔离观察4~8周后，确定健康无疫病并经严格消毒后才准许进入饲养区。

上述五条，必须全部认真落实。任何一条落实不到位，就形成了开放环境，无法做到对外部疫病的有效隔离。

2. 选择科学的免疫程序，确保猪群处于有效保护之中：

（1）后备公、母猪：在配种前 7 天或更早，肌内注射猪瘟细胞苗 6～10 头份。

（2）生产母猪：产后 25～28 天同仔猪同时免疫接种，肌内注射猪瘟细胞苗 6～10 头份。疫情频发猪场，可肌内注射传代细胞菌 1～2 头份。

（3）使用中的公猪：每隔 4～5 个月免疫 1 次，肌内注射猪瘟细胞苗 6～10 头份或传代细胞苗 1～2 头份；免疫后 3 日内禁止配种和采精。

（4）商品猪：用疫苗剂量要点“12345”和同一头猪二次免疫剂量不低于前次。即 0 日龄“超免”1 头份细胞苗；25～28 日龄首次免疫，肌内注射猪瘟细胞苗 2 头份，若在 30～40 日龄内首免，可肌内注射猪瘟细胞苗 3 头份；60～65 日龄二免视体重大小，肌内注射猪瘟细胞苗 3 或 4 头份；90～95 日龄（体重 60 千克左右），肌内注射猪瘟细胞苗 5 头份，60 千克以上猪 6～8 头份。购买仔猪育肥对断奶前是否免疫不清楚时，可以肌内注射猪瘟脾淋苗 1～2 头份，相对封闭的山区散养猪群可注射猪瘟—猪丹毒—猪肺疫三联苗 1 头份。

3. 注重综合防治，提高预防效果。

（1）实行猪舍内每天清粪 1 次、场区大扫除每周 1 次，搞好环境卫生，对于提高和巩固猪瘟免疫效果有明显作用。

（2）供给配制合理、营养全面的饲料有利于猪群体质的提高，尤其应注意误用霉变玉米、不合格鱼粉导致的慢性中毒。

（3）加强对兽医、防疫员和饲养员的管理，确保各项免疫、消毒、卫生措施的落实。

（4）防止疫病对免疫的影响。猪群发生伪狂犬病、蓝耳病、圆环病毒病、五号病及霉变饲料中毒时，应及时处置，在未处置情况下免疫，有可能因为免疫抑制导致抗体水平参差不齐；附红细胞体病痊愈猪群，应当立即补免疫猪瘟疫苗。

4. 严格执行免疫操作规程。除了前已述及的保定、在规定的颈部左侧部位接种、检查疫苗品名、包装、有效期、质量之外，还应注意以下事项：

（1）未标注怀孕母猪可以使用的各种猪瘟疫苗，均不得用于怀孕母猪；组织苗不得用于1月龄内仔猪。

（2）免疫前应当注意恢复疫苗温度至常温。从冰箱内取出后立即稀释的猪瘟疫苗，接种后常常发生应激反应。

（3）接种过程中废弃的疫苗、针头、针管、擦拭针眼使用的药棉应集中进行焚烧或深埋处理，随意丢弃有可能导致散毒。

（4）坚持免疫当天、前1天、后1天在饮水中添加电解多维、葡萄糖等抗应激药物，以减少免疫应激事件的发生。

5. 发生典型猪瘟后，作为饲养者的应急措施包括报告疫情、紧急免疫、封锁隔离、消毒圈舍、防止继发感染等五个方面。

（1）报告疫情：确定猪群发生典型猪瘟时，应在2小时内报告当地县级以上畜牧兽医管理部门。

（2）紧急免疫：采用猪瘟脾淋苗按照低于50千克个体1头份/头、50千克以上个体1.5头份/头、100千克以上个体2头份/头的剂量，紧急免疫接种本场所有猪只。发病早期猪应结合注射猪瘟血清1~2毫升/千克（使用前每瓶猪瘟血清内加地塞米松1支）或使用白细胞介素1毫升/10千克体重，或其他干扰素（按照说明书规定量）。

（3）封锁隔离：封锁猪场，禁止病猪和染疫猪，以及饲料、用具等可能污染物的流出；在隔离舍内专人饲养、观察治疗期间，限制发病猪的流动，饲养人员进出应彻底消毒。

（4）消毒圈舍：发生典型猪瘟场（户），确诊后立即对病猪舍实施反复多次的消毒，对相邻猪舍和走道立即消毒。自确诊之日起，坚持每日1次消毒半个月。条件许可时可对猪体实施喷淋消毒。

（5）防止继发感染：对病猪按照病情轻重采取肌内注射、腹腔注射或静脉注射的方法定时投以抗生素、磺胺类药物，结合使用清热解毒药物，饮水中应补充B族维生素。

（五）非典型猪瘟的预防和控制

非典型猪瘟的确诊，往往是在治疗一段时间效果不明显情况下，经检测才能实现。确诊以后，可以参照典型猪瘟的处理方法处置。

1. 为了预防或减少非典型猪瘟的发生，建议猪场采取以下净化措施：

（1）对所有公猪进行每年1次的定期病原学监测。对监测呈阳性的公猪坚决淘汰。

（2）所有后备母猪实行配种前病原学监测，只有监测呈阴性的母猪参加配种，呈阳性的一律淘汰。

（3）生产母猪产后25～28天免疫时采血样检查猪瘟抗体，对抗体异常（过高或过低）个体进行病原学监测，发现病原学监测呈阳性的停止配种，立即淘汰。

（4）发现猪群有非典型猪瘟症状时，立即对照系谱追溯，对病猪、同胎次猪和本胎次母猪进行抗体监测。对抗体低于同群猪平均水平的商品猪隔离观察饲养，并继续查找抗体水平低的原因；对抗体低于同期免疫母猪平均水平的母猪立即进行病原学监测，病原学监测呈阴性的立即进行再次免疫，病原学监测呈阳性的立即淘汰。

2. 对于小型猪场和专业户，为了预防和减少非典型猪瘟的发生，建议采取如下措施。

（1）引进种公猪和二元母猪时，选择管理规范的大型种猪生产企业，并签订引种质量合同，合同中应标明猪瘟监测呈阳性猪的处理方法。

（2）引进种猪实行病原学监测或严格的1个月隔离观察，经病原学监测或观察确定安全的种猪，方可并群饲养。观察饲养舍距离猪场应达到500米；观察饲养人员未经消毒不得进入主场的饲养区。

（3）对所有公猪、母猪进行每2年1次的定期病原学监测，发现监测呈阳性的个体立即淘汰。

（4）发现猪群有非典型猪瘟症状个体时，立即剔出进行隔离饲养。

试验治疗方案一：①肌内注射猪瘟血清或自家耐过猪血清1毫升/千克，2次/日，连续3天；②白细胞介素1毫升/10千克，1次/日，连续3天；③饮水中按5克/10千克量添加电解多维；④注射猪瘟血清和自家耐过猪血清、白细胞介素前，按照猪瘟血清和自家血清、耐过猪血清20毫升添加1支地塞米松，白细胞介素8毫升添加1支地塞米松的剂量，摇匀后使用。

试验治疗方案二：①立即对病猪肌内注射含有转移因子的干扰素（按说明书规定剂量）每日1次，连续2~3天；②肌内注射黄芪多糖注射液1~2毫升/10千克，2次/日，连续3天；③饮水中按5克/10千克量添加电解多维。

试验治疗方案三：①参照典型猪瘟紧急免疫量接种猪瘟脾淋苗；②在接种猪瘟脾淋苗的同时，肌内注射干扰素（按说明书规定剂量使用）或白细胞介素2次（1次/日，1毫升/10千克，连续3天）；③饮水中按5克/10千克量添加电解多维。

3. 对于购买仔猪育肥的专业户，建议采取以下措施，预防和减少非典型猪瘟的发生。

（1）选择母猪饲养专业户购买仔猪。

（2）仔猪购后经喷淋消毒后进场饲养。

（3）购买仔猪时了解清楚仔猪免疫情况。对于已经在25~28日龄免疫仔猪，要在60~65日龄进行猪瘟二免；对于实行0日龄免疫的仔猪，二免于70日龄进行，三免于120日龄进行。未免疫猪瘟的还应了解清楚该养殖场蓝耳病和伪狂犬病的免疫情况，若在母猪怀孕后期免疫过蓝耳病和伪狂犬病，可以按照猪瘟、猪丹毒—肺疫二联苗、伪狂犬病、仔猪副伤寒、口蹄疫顺序，间隔7天依次免疫；若母猪怀孕后期未免疫蓝耳病、伪狂犬病疫苗，则先全群肌内注射干扰素3日后，按照蓝耳病、伪狂犬病、猪瘟、猪丹毒—肺疫二联苗、仔猪副伤寒、口蹄疫顺序，间隔7天依次免疫。

（4）一旦发生非典型猪瘟，可参照小型猪场和专业户发生非典型猪瘟时的处置措施。

（六）临床疑似非典型猪瘟的处置

对怀疑为非典型猪瘟的猪群应采取紧急免疫、封锁隔离、消毒圈舍、防止继发感染、采样送检五项措施。紧急免疫、封锁隔离、消毒圈舍三项措施与典型猪瘟处置要求相同。防止继发感染中应注意，使用磺胺类药品期间，在饮水中添加0.4%小苏打，以减轻对胃的刺激；抗生素应交替使用，避免产生抗药性。采样送检时应注意除采集血样外，还要采集喉拭子（即活猪使用医用棉签蘸取喉部黏液的样品）和病猪喉头样本、大肠回盲口片段、完整肾脏和完整咽喉；抗体检测血样不得添加抗凝剂，抗原检测时可按每10毫升血样添加2~3毫升抗凝剂。

（七）市场供应猪瘟组织苗的评价及应用

1. 当前市场供应和曾经供应的猪瘟组织苗有三种：

（1）猪瘟兔化牛体反应苗（简称牛体苗）：是哈尔滨兽医研究所维科生物技术开发有限公司将猪瘟兔化毒通过无口蹄疫和牛流行性腹泻的健康牛体繁殖，收获感染牛体的含毒脏器乳化后，加适量稳定剂经冷冻真空干燥而成，它与兔化毒效价完全一致，并保持了兔化毒的特性。该疫苗注射4天后，即可产生很强的免疫力，对2个月以上乳猪的免疫力可维持一年半。试用后，对猪瘟的预防起到了很好的作用。

(2) 兔体苗(也称兔体组织苗):广东永顺生物制药有限公司利用继代弱化的乳兔组织研磨生产的兔体苗，在生产中应用后，也获得了有效控制猪瘟的效果，并且该苗在组织苗中价位较低，很受小型猪场和专业户的欢迎。

(3) 脾淋苗：中牧实业股份有限公司乾元浩、福州大北农生物技术有限公司、成都精华生物制品有限公司(2010 年被天邦收购)用猪瘟兔化弱毒株接种家兔，收获感染家兔的脾脏和淋巴(简称脾淋)，制成乳剂，添加适当的稳定剂，经冷冻真空干燥制作的淡红色海绵状疏松团块脾淋苗，采用肌内或皮下接种 1 头份，在没有猪瘟流行的地区，对断奶后无母源抗体的仔猪接种 1 次，即可保护至出栏。有疫情威胁时，对 21~30 日龄(在兽医人员指导下使用)和 65 日龄左右时猪只各接种 1 次的方法，同样获得了有效的保护。

2. 对猪瘟组织苗的评价：三种组织苗在临床应用的共同特点：

(1) 用量小：每头猪接种 1 头份即可。

(2) 抗体上升快：接种组织苗后 4~5 天，抗体即可达到保护水平，比细胞苗 14~15 天达到保护水平缩短了 10 天。

(3) 抗体效价真实，对于使用细胞苗免疫效果不理想的猪群，无论使用何种组织苗，均可获得理想的抗体滴度。多数在免疫后 20~25 天监测时，抗体滴度达到 1:256 左右。

(4) 抗体持续时间长：育肥猪第二次免疫使用组织苗免疫后，一般不需再次免疫。

(5) 组织苗共同的缺点是价位较高：上述三种组织苗市场供应价都在 1.00 元/头份以上，价位高时甚至达到 1.60 元/头份，包装头份是细胞苗(以瓶为包装单位)价格的 100 多倍，实际使用头份是细胞苗(每头商品猪 5 头份)价格的 20 多倍。

3. 临床猪瘟组织苗的使用及建议：

（1）正常情况下使用细胞苗，特殊情况下使用组织苗。在临床实践中，猪瘟抗体上不去或者抗体滴度不整齐，可见于野毒感染，还可见于猪群感染伪狂犬病、繁殖呼吸综合征、圆环病毒病、黄曲霉中毒等疫病，甚至在发生猪附红细胞体病的猪群，也会由于免疫抗体的破坏，导致临床抗体检测时抗体水平较低或抗体水平不整齐。疫苗运输和保存中脱离低温环境，免疫接种过程中未按规程要求操作，也可能导致免疫失败。猪瘟免疫抗体达不到预期水平不一定都是疫苗有效抗原含量低、或者毒力低的原因，不认真分析免疫失败的原因，盲目使用组织苗，不仅会增加免疫成本，而且也达不到获得理想免疫效果的目的。建议在使用合格细胞苗按照操作规程免疫的健康猪群，免疫抗体滴度上不去，或者抗体滴度不整齐时，首先分析查找原因。只有在个体或群体免疫阈值升高，使用5头份猪瘟细胞苗对商品猪、种猪、后备猪免疫无效的情况下，才使用组织苗免疫。对于因感染伪狂犬病、繁殖呼吸障碍综合征、圆环病毒病等疫病导致使用细胞苗免疫后抗体滴度较低的猪群，首先应当考虑的是对伪狂犬病、繁殖呼吸综合征、圆环病毒病等疫病的控制，而不是匆忙改用组织苗。

（2）1月龄内仔猪使用组织苗免疫时要慎重：在临床实践中，河南省正阳县、开封县、中牟县、原阳县、罗山县等地先后数次发生对月龄内仔猪接种组织苗后的过敏现象，接种日龄越小，反应越强烈，严重的甚至引起仔猪死亡（7~15日龄接种死亡50%左右，15~25日龄接种死亡10%~30%，25~30日龄接种死亡1%~2%）。因而建议，月龄内仔猪免疫使用细胞苗，60日龄左右二次免疫时使用组织苗。

（3）紧急免疫使用脾淋苗：临床实践中，对于发生猪瘟、并处于前躯期和明显期的猪群，使用脾淋苗紧急免疫，多数取得了控制疫情发展蔓延、病猪逐渐康复的效果。表现出与通常情况不一致的临床反应。一般情况下，处于明显期的发病猪群，紧急免疫接种后，由于抗体上升需要一段时间，紧急免疫接种后到产生抗体之间，会有一些个体继续发病；同时，发病个体在接种疫苗后，会由于疫病和接种疫苗后免疫应答的叠加作用而继续死亡一些。这种现象在使用脾淋苗后较少发生。分析认为，这可能与脾淋苗制作中使用的脾脏和淋巴组织有关，是否是在继代弱化的过程中脾脏或淋巴产生了抑制病毒复制物质、或干扰病毒复制的转移因子类物质，有待学者研究。不论是何种物质，也不论是何种作用机制，临床使用既然取得了满意效果，就有推广应用的价值。因而建议基层在发生猪瘟时，尤其对疫情处于前躯期和明显期猪群，考虑使用脾淋苗紧急免疫接种。

（4）慎用组织苗进行超前免疫：尽管有资料表明：超前免疫能使猪瘟兔化弱毒疫苗抗原有效地避免母源抗体的干扰，其免疫效果确实。但是对于使用组织苗免疫猪群，超前免疫的方法弊大于利。原因在于使用组织苗后，母猪体产生的抗体滴度较高，可以维持在较长时间内对猪瘟的有效免疫力。母猪在断奶前使用组织苗免疫的，所产仔猪已经通过胎盘获得抗体，并且其母乳中母源抗体含量也很高。如果对仔猪进行超前免疫，则会由于抗原抗体中和反应而降低仔猪体的抗体滴度，这对于多数需要用组织苗免疫的受猪瘟污染猪群来说，反而增加了仔猪发生猪瘟的可能性。并且，多数猪场产房冬季温度达不到26℃，在低于26℃的猪舍中，仔猪出生后不能很快吃到初乳（超前免疫要求在出生后哺食初乳前接种，免疫接种后1~2小时内禁止哺乳），不利于仔猪热调节机能和平衡机能的建立，对仔猪的生存和以后的健康都非常不利。所以，不是疫情特别严重的猪场，仔猪出生后不必进行超前免疫，也不宜在哺食初乳期对仔猪免疫。河南省安阳县、滑县、修武县、武陟县等地商品猪场曾经发生对使用组织苗免疫母猪所生仔猪进行超前免疫而导致仔猪整窝死亡的现象，原阳县、正阳县也发生过对使用组织苗免疫母猪所生仔猪在 7 日龄免疫组织苗大批死亡现象。

（5）不宜超量使用：组织苗毒力较强，免疫后抗体上升快，维持时间长。如果使用组织苗后，免疫抗体仍然不理想，则必须考虑免疫抑制性疾病，或者野毒感染，不能采用加大接种疫苗剂量的做法。

（6）怀孕母猪禁用猪瘟组织苗，超前免疫禁止使用组织苗。

4. 使用组织苗中应注意的事项：

（1）猪瘟流行地区在专业兽医监督指导下使用，严格执行免疫接种操作技术规程。

（2）8~25℃条件保存的组织苗自购买之日算起，10 日内必须用完；稀释后 15℃以下 4 小时，15~25℃ 2 小时，25℃以上 1 小时内用完。疫苗自冰箱内取出后，应在避光条件下恢复温度至常温再稀释注射。

（3）初次使用组织苗时应选择小批量进行观察试验，确定无不良反应时再大批接种。免疫过程中发生轻微过敏反应的，2~3 日内可自行恢复；免疫反应强烈时，可使用肾上腺素或地塞米松等抗过敏药物脱敏。

（4）注射猪瘟苗的前 2 天和后 3 天严禁使用抗病毒药物。

（5）严禁与其他疫苗同时使用。一般应在伪狂犬病、繁殖呼吸障碍综合征、口蹄疫之后使用。与伪狂犬疫苗的间隔 5 天以上，与口蹄疫苗间隔 7 天以上，与繁殖呼吸障碍综合征疫苗间隔 7 天以上，与其他疫苗间隔 7 天为宜。

（6）纯种猪、含有皮特兰血统的商品猪、司格母猪所生商品猪注射组织苗时有过敏现象发生，应慎用。

（八）传代猪瘟疫苗的评价和应用

2010 年后，随着组织苗的大面积应用，尤其是政府采购的大面积开展，猪瘟疫苗季节性供应紧张问题非常突出，中标是所有猪瘟疫苗生产企业的最大期望，中标后却由于无特定病原犊牛（SPF）的供应不足而使猪瘟疫苗的安全性受到影响，突出的问题是牛流行性腹泻病毒（BVDV）污染，受污染母猪群所生仔猪在哺乳期（最短的出生3日后）内就暴发流行性腹泻，对稳定生产构成威胁。针对此种情况，科学家采用了新的生产工艺，直接使用标准细胞培养病毒，避开了在犊牛睾丸继代的生产环节，从而保证了猪瘟疫苗的洁净。

此种工艺生产的猪瘟疫苗，除了洁净无污染之外，另一突出的特点是抗原含量高。据一些生产企业测定，市场供应的猪瘟传代疫苗中，抗原含量最低7 500RID/毫升，中等的在12 000～15 000 RID/毫升，高的可达20 000 RID/毫升。当然，由于洁净和抗原含量高的原因，投放市场后，很受养猪企业的欢迎，处于高价位不难理解（通常每头份在1.5～2.0元之间）。

笔者认为，对于生产企业，应当视自己猪场的实际情况决定所使用的疫苗种类。

短期育肥企业，如果仔猪来源于大型猪场或母猪专业户，免疫本底清楚，使用普通细胞苗就可以解决问题，何必使用高端疫苗增加成本？

短期育肥企业，仔猪群来源不一致，免疫本底不清，仔猪（或20～30千克架子猪）进场后，最好使用猪瘟脾淋疫苗，再次免疫时可以考虑使用猪瘟传代疫苗，以防个别猪由于免疫麻痹而没有产生抗体。

已经使用过猪瘟脾淋疫苗，或每头次15头份剂量以上普通细胞苗后发病的猪群，应当使用猪瘟传代疫苗，以激活免疫麻痹猪的免疫系统。

母猪群无论是否带毒，是否使用过脾淋疫苗，均建议改用猪瘟传代疫苗，以避开BVDV的影响和危害。

使用时肌内注射1头份即可。若前次注射过多头份，本次和下次可按 0. 2 头份的量增加。

使用前解冻同样要注意避光、快速、避免振荡，最好使用厂家提供的稀释液稀释，无稀释液时可用注射用水稀释，或用生理盐水稀释。

二、猪丹毒

【临床特征】猪丹毒是由丹毒杆菌引起的猪的疫病，它是猪病中唯一一个带有毒字而不是病毒性疾病的疫病。该病各种类别和年龄段的猪均可发生，但是最易感染 3～12 月龄散养育肥猪，主要于夏秋高温高湿季节通过消化道和外伤创口感染。

丹毒杆菌是一种长条状革兰氏阳性菌，对外界因素抵抗力很强，在腌制的腊肉中可存活 170 天，粪便中存活数月，水中存活 17 天，对湿热和化学消毒剂抵抗力较弱，一般消毒剂即可杀灭。堆积粪便、利用微生物生热处理及杀灭蚊蝇可以有效预防本病。

临床本病可分为急性、亚急性、慢性三种类型。

1. 急性型：发病猪体温突然升高至 42℃，拒绝采食，嗜水，喜卧地，精神萎靡症状不显著，眼睛依然明亮有神，皮肤潮红，指压褪色，放手后立即恢复潮红，臀部肌肉震颤，四肢僵硬，粪便干结，2 日后转为拉稀。死亡率 60%～90%。

2. 亚急性型：发病猪体温上升至 40～41℃，食欲下降逐渐变成食欲废绝，嗜水，喜卧，精神略显萎靡，眼框周围干净但无神，背部、臀部和体侧、腹下皮肤有菱形或不规则瘀血斑，初期潮红指压褪色，2～3 日后，斑块呈黑紫色，俗称“打火印”。前肢关节肿胀，走动时可见着地疼痛症状，排尿和排粪次数明显减少。病程发展 5 日后出现死亡，死亡率 40%～50%。

3. 慢性型：多由急性型或亚急性型转来。体温 40～40. 5℃，时高时低；被毛紊乱粗糙无光泽，眼无神，嗜水，喜卧，非驱赶时不动，精神不振；食欲时好时坏，腹部干瘪上收；四肢关节肿胀明显，常与关节炎型链球菌病混淆。

诊断时抓住急性型有极高热、皮肤潮红、精神正常等特征，与弓形体病的区别在于后者常伴发耳和四肢下部瘀血；亚急性型抓住“打火印”特征；慢性型注意采食状况和四肢关节肿胀的特征，与链球菌病的区别在于后者还有脑炎型、淋巴型、溶血型病例，关节炎型采食异常不明显。解剖检查重点查找心脏“菜花”样病变和关节囊积液及关节的纤维素性病变。

【治疗】青霉素1.5万~2万单位/千克，首次加倍，2~3次/日，连续2~3天。同时辅以清热解毒类中药，如清热解毒注射液、板蓝根注射液等。病程较长的应注意和氨下青霉素、头孢类药物交替使用，避免产生耐药性。

【预防措施】

1. 实行每日1~2次的粪便清理制度，确保圈舍内清洁无粪。
2. 对场内粪便和生活垃圾进行集中堆沤处理。
3. 夏季来到前清理猪场区杂草，雨季定期清理积水。有条件猪场应在猪舍安装窗纱，运动场安装防蚊蝇网，减轻蚊蝇危害。
4. 对断奶仔猪注射猪丹毒—肺疫二联苗1头份可有效预防本病。地面硬化、并具有较好的防蚊蝇条件的规模饲养猪场不免疫猪丹毒的做法，专业户和散养农户不可效仿，即使相对封闭、从未发生本病的山区专业户和散养农户猪群，也应坚持使用猪瘟—猪丹毒—肺疫三联苗进行免疫，以免突发疫情时造成损失。
5. 免疫前后2日和当天停止饲喂添有抗菌药物的饲料，并严禁在饮水中添加抗菌药物。

三、猪弓形体病（猪弓形虫病）

【临床特征】本病是由龚地弓形虫引起的寄生虫病。龚地弓形虫也称弓浆虫、弓形虫，寄生于猪、牛、羊、猫、狗和人体，人畜之间相互感染而发病，临床以断奶仔猪多发，专门育肥的专业户猪场在购买架子猪时由于运输和转换场地的应激反应，常呈暴发态势，发病时死亡率达 50%。临床以突然高热、极高热（40.5~42.3℃），眼结膜充血有眼屎，呼吸困难、喘气、咳嗽，食欲减退或废绝，精神沉郁为主要症状，部分个体出现粪便干硬或便秘症状，有时也有下痢现象。典型特征是半截耳朵或全耳、四肢下部及腹下皮肤瘀血，呈紫红色，体表淋巴结肿大。由于发热引起四肢和肌肉酸痛，病猪懒得站起，强行驱赶站立时步态踉跄，甚至站立不稳。

确诊本病应进行实验室检验，可采用瑞氏染色，低倍检验。病死猪可采肺、肝、脾或胃门、肺门淋巴结检查虫体。

【治疗】 治疗首选敌菌净，口服 75 毫克/千克，2 次/日，连续 2~3 天。其次，磺胺嘧啶 7 毫克/千克、甲苄氨嘧啶 14 毫克/千克，2 次/日，连续 3~5 天。再次，磺胺嘧啶 7 毫克/千克、二甲氧苄氨嘧啶按磺胺嘧啶总量的 1/5，2 次/日，连续 3~5 天。

【预防措施】 一是对发病场进行弓形虫健康检疫，对隐性感染个体进行隔离饲养治疗。二是加强清洁卫生工作，保持猪栏和运动场的干燥、卫生。三是在流行期间，在饲料中按每头架子猪每次 2.5 克添加磺胺甲氧嗪预防，连用 3 天。

四、猪流感

【临床特征】 猪流感和伤风感冒虽然临床症状差异不大，但是病因截然不同。后者是条件突然改变的应激反应，虽然发病集中，但是无传染性；前者则是由病毒引起的疫病，有学者认为是人流感病毒感染猪，再由猪感染家禽，形成禽流感，如果这种说法被证实，则本病病原为人流感病毒。不过不论病原是什么，单独的猪流感很少导致死亡，多呈良性经过。本病临床常见，无季节性，春秋气温突然变化时多发，规模饲养猪群因猪舍阴冷、潮湿，猪床无垫料，水泥地面，排粪排尿沟出口直通舍外等原因诱发，临床以喷嚏、咳嗽、发热、眼结膜潮红、流泪为主要特征，体温40.5~41℃的个体和发热2~3天以上的部分个体，常因关节酸痛出现肢体僵硬症状。

【治疗】

（1）柴胡注射液0.1毫升/千克，肌内注射，每日3次，连续3天。

（2）柴胡注射液0.05毫升/千克，鱼腥草注射液0.05毫升/千克，肌内注射，每日2次，连续3天。

（3）复方氨基比林注射液0.05毫升/千克，链霉素2.5万单位/千克，肌内注射，2次/日，连用3天。

【预防措施】一是散养猪舍冬季应及时向圈舍内投放垫草，同时采取防风避雨避雪等措施；二是规模饲养猪舍地面要保持干燥，半开放猪舍也应投放垫草，并应做到定期更换；三是要定期检修供水系统，确保无滴漏现象；四是冬春寒冷季节涂抹墙壁缝隙，避免贼风，在排粪口外增加阻风装置，避免直通；五是每天检查猪群，做到及时发现病猪，及时治疗，避免因延误治疗而继发其他疾病。六是用清肺散拌料五日（比例为1:1000），冬春季每月一次。

五、猪口蹄疫和水疱病

【临床特征】猪口蹄疫和水疱病均是由病毒引起的急性高度接触性传染病，前者人和偶蹄兽（猪、牛、羊等）均可感染。O型口蹄疫临床以发热（40~41℃），口腔黏膜（包括唇、舌、齿龈、咽、颚部）、蹄缝、蹄冠、蹄锺（同皮肤交接处）、附蹄和乳房处出现疱疹和糜烂，疱液所到处陆续出现疱疹、糜烂为主要临床表现，病程1~2天。虽然口蹄疫对成年猪大多为良性经过，但是，患病母猪所产仔猪多因免疫抑制在10日龄前后出现胃肠炎和心肌炎，病程短，死亡率极高（可达80%）。近年来在局部地区发生的亚洲-Ⅰ型口蹄疫临床主要发生于40千克以上育肥猪，发病猪无明显临床症状和前兆，常发生突然死亡现象，剖检除心脏呈现纤细的纵向平行纹络，并有米粒至绿豆大白色斑点外，无其他异常。冬春寒冷季节为口蹄疫的高发期。

该病与水疱病的临床区别主要有：水疱病以水疱为典型特征，只有猪易感，水疱破溃后体温很快下降，恢复正常体温，发热时体温在41～43℃；口蹄疫则水疱、糜烂大多同时出现，由于糜烂，往往继发炎症，中热持续时间较长；解剖时口蹄疫可在心脏中膈发现灰黄色条纹（虎斑心）特异病变。

口蹄疫、水疱病与水疱性口腔炎的区别，在于后者在马舌面接种1日后可形成水疱。

【预防措施】预防口蹄疫和水疱病的主要措施，一是坚持自繁自养，尽可能减少外出引种，必须引进种公猪时，应到大型管理规范种猪生产企业引进。二是引种后自觉向当地动物检疫站报检，进行复检。等待复检结果期间，应当隔离饲养（隔离观察期15天），复检合格后方可混群饲养。三是坚持每年2月、9月各进行1次口蹄疫免疫接种，免疫时最好全场（或全群）一次性全部免疫。建议怀孕期母猪使用合成肽，空怀母猪和后备猪群使用进口佐剂O型口蹄疫疫苗（亚洲-Ⅰ型口蹄疫发病场和农村应使用O型—亚1型双价苗）间隔18～21天连续免疫2次，商品猪群使用普通苗时间隔18～21天免疫2次。四是做好冬春寒冷季节猪场场区消毒和隔离工作，牛、羊等偶蹄动物曾经发生过口蹄疫地区的猪场和专业户，尤其应当注意。

口蹄疫和水疱病都被我国列为一类动物疫病，所以发现疑似病例应立即报告，并执行隔离；对饲养场使用烧碱、碘制剂或过氧乙酸交替消毒。对发生口蹄疫疫情的假定健康猪可行碘制剂带猪消毒，并按25千克以下1毫升/头、25千克以上3毫升/头紧急接种进口佐剂口蹄疫疫苗。同圈猪应在隔离后，先行肌内注射白细胞介素、转移因子，再肌内注射抗生素预防继发感染，停药3日后再肌内注射口蹄疫疫苗；病猪、20日龄以下仔猪不宜接种；为提高仔猪对本病的抵抗力，可在兽医指导下对产前20~40天的母猪肌内注射合成肽，使用进口佐剂口蹄疫疫苗时按减半分两次接种免疫。在饲料中添加人参强心散可有效降低死亡率。

六、发热为主要特征的混合感染疫病

2004年以来，在河南省焦作、新乡、驻马店、周口等地的小型猪场和专业户猪群，出现了非典型猪瘟和猪弓形虫病混合感染、非典型猪瘟和猪链球菌病混合感染、非典型猪瘟和附红细胞体病混合感染、非典型猪瘟—蓝耳病—圆环病毒病混合感染病例，给养猪企业和农户造成了很大损失。监测时多数样品都显示有猪瘟（猪瘟抗体太低和抗原呈阳性），结合在胎儿后期感染猪瘟后可能产生免疫抑制（也有称免疫耐受）分析，主要原因依然是非典型猪瘟。2006年7~8月，江西、安徽、江苏、湖南、湖北等地猪群又先后发生了“猪无名高热症”，8~11月，河南省除三门峡、济源外的16个市的部分县（市区）乡和晋东南地区不同程度地发生了疫情。临床以育肥猪、繁殖猪群多发的高热、食欲废绝、躯体全部或局部毛孔出血、局部皮肤皮下瘀血为特征，传染性强，病死率较高，病死率在40%以上，严重的达80%，饲养户非常恐慌，甚至有人谣传是“非洲猪瘟”，也有人谣传“欧洲蓝耳病”，疫区后期发病猪群的饲养者多数没有治疗信心，只要见到病例，就进行全群淘汰，导致疫情呈明显的边境蔓延和沿交通线传播特征，致使许多饲养小区和育肥专业户空栏。

（一）检验结果

据河南省动物疫病预防控制中心、河南省兽医院和洛阳市畜牧兽医工作站对1 300多例病料的检测结果发现，发病猪群猪瘟抗体普遍较低，甚至出现母猪群猪瘟抗体为0的现象。病原检测阳性率如下：猪瘟7.9%、蓝耳病40%、伪狂犬病25%，圆环病毒病11%、弓形体病59%、附红细胞体病18%，少数病例还表现链球菌和细小病毒阳性。从分析检测结果可以看到，多重感染或混合感染是此次猪群疫病的主要特征。

（二）临床表现

从已经接触病例看，与往年相同，临床是以发热为主要特征的混合感染。2006年疫情的流行病学特征明显：一是主要发生于专业户和散养农户猪群，规模饲养场很少报告发生；二是发生于育肥猪群和繁殖母猪群；三是多发于购买仔猪育肥猪群和饲喂餐厅、饭店下脚料猪群，自繁自养猪群较少发生。猪、鸡混养农户猪群也有发生疫病报告。临床症状因地区和猪群不同而有差异，按照临床症状区分，大致有以下几种类型：

1. 高热加出血型：多发于繁殖母猪和育肥中后期猪群。病猪颈部、背部或体躯后部毛孔轻微出血，体温41～42℃，食欲废绝，卧地不起，腹式呼吸，往往在3～5天内同一猪圈少则1～2头、多则5～7头猪相继表现同样症状，似有水平传播特征。基层兽医使用退热和磺胺类药物后立即退热，但是停药后不仅不能恢复食欲，并且体温反弹，3～5天内陆续出现死亡，病死率40%～60%。剖检多数表现为肝脏肿大、颜色深暗，肺部充血肿大，回盲口充血、出血或溃疡；部分病例有喉头出血、肾脏肿大、大肠溃疡等症状。

2. 高热加耳、四肢下部瘀血型：多发于育肥猪，饲喂饭店、餐厅、食堂下脚料的繁殖母猪群也有发病。发病1～2天内病猪从双耳呈现鲜红色开始，2天后呈现紫红色瘀血症状，3～5天四肢下部瘀血呈紫红色；发病初期体温40℃，2日后达42℃；眼结膜潮红，食欲随病程从采食减少变为废绝，嗜水，尿液呈茶色，腹下皮肤皮下有暗黑小点，同群猪陆续发病，症状相似。部分病例使用退热和磺胺类药物后症状减轻，但是 1~2 天停药后继续出现高热；部分病例使用磺胺类药物无效。病猪往往在 5~7 天间出现呕吐症状，或粪便干结并且粪球表面黏液由白色变为红色后死亡。死亡后部分病例腹下和着地侧瘀血，部分病例全身呈暗紫色，部分病例仅双耳和四肢下部呈暗紫色，病死率 50%以上。剖检时同一病例有肺脏充血肿大、胃穿孔、大肠溃疡或回盲口溃疡、肛门周围有蓝色圆环状条纹等两种或两种以上病变。

3. 中热躯体无异常型：多发于散养的繁殖母猪群。病猪眼结膜潮红，发病 1~3 天仅表现频繁饮水，采食青绿饲料，便秘，排少量球形粪便，体温 40.5℃，体表颜色正常。3~5 天病例食欲废绝，少量饮水，拉稀便。病程长达 2 周以上，体温下降至 37.5℃的多数死亡，病死率 30%左右。

4. 低温无异常型：多发于繁殖母猪群。此型中临床症状有两种，一种是发生于散养户和母猪饲养户的经产多胎母猪，临床可见病猪眼结膜潮红，流泪，全身颜色发红，仔细观察母猪的毛孔可见毛孔基部出血，由于母猪抵抗力强，发热时采食依然正常，当饲养户发现母猪食欲下降或拒绝采食时，测量体温在37~38.5℃，病程 7~10 天，病死率 30%~70%不等。因而经常听到反映“猪什么病也没有，就是体温低，不吃食”，实际是“先高温，后低温”的“真高温，假低温”。另一种发生于体重 40~60 千克育肥猪和繁殖母猪群，病猪精神萎靡，全身被毛紊乱无光泽，皮肤颜色灰暗，吻突颜色深暗；体温 38℃左右，触诊吻突和耳尖则凉感明显；给料时常随大群走至食槽前但无食欲，不采食；排便排尿次数和量明显减少，但无异常。仔细观察腹下皮肤，可见皮肤下有针尖状暗点，剖检可见肛门周围和最后一对乳头基部有深蓝色圆环状条纹；病程 2 周左右，病死率60%以上。此种病例才是“真低温”。

5. 高热加头部出血型：很少见，发生于某繁殖母猪群，病猪4头，眼结膜潮红，眼睑肿胀，流清水样鼻涕，颜面、额头部肿胀并伴弥漫性出血，体温41℃，1日后流产，2日后起立困难，连续2天2次/日使用氨基比林、青霉素、阿莫西林、庆大霉素等后体温降至38℃，3日后死亡1头，改按流感处置后，其余2头痊愈。

（三）病因分析

从检验结果和临床症状、处理后的效果分析判断：第一种类型病例多数为猪瘟和肺疫、猪瘟和链球菌混合感染，部分病例为猪瘟和伪狂犬病混合感染；第二种病例多数为弓形体病和蓝耳病、猪瘟、圆环病毒病的三种或三种中的一或二种混合感染，部分为混合感染后期继发伪狂犬病；少数病例为附红细胞体和蓝耳病、猪瘟病毒的一种或两种混合感染；第三种类型病例多数为蓝耳病和慢性猪瘟混合感染，部分为伪狂犬病和慢性猪瘟混合感染，少数为单纯性慢性猪瘟；第四种类型病例前者为多数单纯性慢性猪瘟，后者为猪瘟、蓝耳病、圆环病毒病中的两种或两种以上混合感染；第五种病例疑为猪流感和伪狂犬病混合感染。综上所述，笔者认为将此次疫情定名为“猪无名高热”不准确，定名为“猪多重感染发热综合征”较为准确。

疫情的发生是当前猪群饲养管理水平的真实反映，有它的客观必然性。其一，现阶段规模饲养猪群多数采用配合饲料，散养农户和小型专业户多数处于“有啥喂啥”状态，部分有科学养猪意识的农户购买预混料自己添加玉米、麸皮后喂猪，2005年秋季玉米收获时期河南省大部分地区遇到了长达20天的连阴雨天气，玉米霉变现象较为普遍。使用霉变玉米饲喂的架子猪，由于饲养期短，春节前后出栏时尚未发病；更小一些使用预混料饲喂的商品仔猪，尽管4~6月部分猪群发病，但多数陆续出栏；以青草、菜叶、剩菜、剩饭加少量饲料饲喂的商品猪和母猪，饲养期较长，由于黄曲霉毒素的蓄积作用、高温高湿季节采食量下降导致的代谢负平衡，猪群体质明显下降，部分个体甚至产生免疫抑制，这是猪群发生疫病的基本原因。其二，由于前几年蓝耳病、伪狂犬病主要在规模饲养猪群发生，散养户在免疫过程中没有免疫蓝耳病和伪狂犬病疫苗，一方面导致蓝耳病和伪狂犬病的发生，另一方面由于蓝耳病和伪狂犬病的免疫抑制作用，导致猪瘟抗体很低或没有猪瘟抗体，也促使猪瘟和蓝耳病、猪瘟和伪狂犬病混合感染的临床发病率的上升。其三，由于上半年商品猪价格低迷（5.2~6.6 元/千克），多数散养农户和母猪饲养专业户放松了饲养管理，采用开放式或半开放式饲养的猪群，在 2006 年夏季持续高温、雨水丰沛的情况下，防蚊蝇措施的缺位，导致通过蚊蝇传播的弓形体病、附红细胞体病、猪链球菌病等血源性疫病的发生，最终形成猪瘟、蓝耳病和血源性疾病，猪瘟、伪狂犬病和血源性疾病两种以上混合感染病例较多的现象。显然，血源性疾病是暴发疫情的直接原因。其四，小型饲养户自己诊治贻误了最佳治疗时机，部分基层兽医的不规范用药、滥用抗菌消炎药和超大剂量用药等，是疗效不佳、病死率高的重要原因。其五，政府未启动应急反应机制，缺少捕杀、销毁等控制疫情的政策和措施，农民销售病猪、宰杀染疫猪，加快了疫情的逐渐扩展蔓延。

（四）临床诊断

根据本次猪群疫情的基本特征，建议临床诊断时从混合感染入手，寻找以下各病主要特征，然后综合判断，区分不同病例，采取针对性用药、隔离、消毒、紧急免疫等综合措施。

1. 弓形体病临床典型特征：42℃以上极高热，初期可见双耳耳尖有鲜红色弥漫性溢血，1~2 天后，溢血面积扩展到双耳半截时，呈现紫红色瘀血颜色；3~5 天时，表现为双耳和四肢下部紫红色瘀血，双耳瘀血部与正常皮肤交界处见 1~5 厘米的浅黄色过渡带；5天以后，双耳全部呈紫黑色，很少有过渡带。双耳和四肢下部瘀血。剖检时脾脏肿大，肝、脾表面有灰白色病灶坏死点。

2. 临床猪瘟的四大特征：①典型猪瘟早期腹下、四肢内侧毛孔出血，1天后背部、臀部毛孔出血；慢性猪瘟出血不明显，但躯体潮红，2~3天后腹下、四肢内侧毛孔出血。②眼眶下有泪痕，流清水样鼻涕。③公猪尿道口积尿。④便秘和拉稀交替出现。剖检时典型猪瘟大肠纽扣样溃疡，“花斑肾”或“麻雀蛋肾”，多脏器出血；慢性猪瘟剖检特异性病变：回盲口充血、出血或溃疡、胚胎肾、喉头出血。

3. 蓝耳病的临床特征：会阴部一过性（0.5~2天）蓝紫或双耳呈蓝灰色，最后一对乳头基部1/2~2/3蓝紫色；剖检蓝耳病的典型病变：部分病例肛门周围皮下可见圆环状蓝紫色条纹，部分病例最后一对乳头基部的皮下可见圆环状蓝紫色条纹，个别具有两种特异性病变。

4. 附红细胞体病的临床特征：躯体先苍白、后黄染，尿液由黄色到褐色不等；剖检时血液稀薄。

5. 伪狂犬病的临床典型特征：呕吐、腹泻和神经症状。剖检时可见胃底瘀血、出血、溃疡或穿孔、肺水肿并伴呼吸道大量泡沫、肠黏膜出血和大肠斑块状出血、肝表面有大量纤维素性渗出物，腹股沟淋巴结表面出血。

6. 圆环病毒病的临床四大典型特征：①被毛粗乱无光泽；②躯体颜色灰暗；③吻突呈熟肉样深暗色；④腋下、腹下、四肢内侧等较薄皮肤处，在强光下可见针尖状黑青色瘀血点。剖检心脏有纵向纤细平行条纹，胃的贲门区有围绕贲门口的环状瘀血或伞肋状溃疡，实质性脏器有米粒至绿豆大的白色坏死灶状病变。

7. 猪链球菌病的临床典型特征：溶血型链球菌病发病初期颈部、胸部背侧毛孔出血，体温40~41℃，由食欲下降逐渐变为食欲废绝，病猪精神稍显萎靡；发病初期仅见颈部背侧有轻微的鲜红色毛孔出血，1~2 天后，颈部毛孔出血明显，3~5 天时，表现为颈部、胸部毛孔出血，被毛粗乱，食欲废绝，部分病例表现腹式呼吸症状，5 天以上病例和病死猪尸体周身皮肤呈樱桃红或玫瑰红色。关节炎型链球菌病可见四肢或其中 1~3 个肢关节囊积液肿大，脑炎型呈现神经症状。

8. 猪肺疫的临床典型特征：高热，耳根或耳后、腹下、四肢内侧皮肤潮红，呼吸困难，表现（或不表现）犬坐状、爬伏状呼吸。剖检：肺部弥漫性出血呈鲜红色。

9. 猪流感的临床典型症状：中热或高热，有时流眼泪、流鼻涕，食欲和精神正常或轻微减食，有时出现双耳和全身皮肤潮红。1~2 天后自愈。出现脸颊、颜面、额头水肿的多数为病毒性流感。

（五）处置和预防

临床处置一要区分不同阶段病例，采取针对性措施；二是在具体病例的处理中，采取中西医结合、对症处理、生物技术祛除病因和辅助治疗的综合治疗措施，辨证施治。

1. 区分不同阶段病例，区别施治：

（1）对于体温 41℃以上高热 1~3 天以内的早期病例，应当退热和祛除病因同时进行，2~3 天内退热后，立即接种疫苗。在退热和祛除病因用药的同时，结合辅助治疗。

（2）对于高热 3 天以上的病例，应当退热和支持性治疗同时进行，用药 1~2 天退热或精神状况稍有恢复时立即给以祛除病因药物，1~3 天后再接种疫苗。在退热和支持性治疗、祛除病因治疗过程中，结合辅助治疗。

（3）对于高热 5 天以上的病例，应当分析是否有治疗价值。便秘后出现拉稀、卧地不起并伴腹式呼吸、体温低于 38℃病例多数预后不良，建议放弃用药；反之，可以试验用药。

（4）对于体温40~41℃，发热3天以内的中热早期病例，参照高热1~3天病例处理；中热3~7天以内的中期病例，参照高热3天以上病例处理；中热7天以上病例，可参照高热5天以上病例处理。

（5）对于体温低于38.5℃，但是采食正常，体躯潮红的“假低温”病例，可采用祛除病因为主、辅助治疗为辅的处置方法。

（6）对于体温低于38.5℃，但是精神萎靡、食欲废绝的“真低温”病例，可行支持性治疗1~2天，待体温恢复到39℃左右时再祛除病因。

2. 推荐的临床处置方案：由于此次疫病多数以发热为主要特征，及时正确的临床处理对于提高治愈率有非常重要的意义。

（1）对症处理：临床对症处理的目的在于缓解病情，为实施治疗主方案创造条件。

对于极高热和中热时间较长病例，均宜先用中西医结合办法退热，如复方氨基比林注射液0.02毫升/千克、清热解毒注射液0.04毫升/千克、柴胡注射液0.04毫升/千克两种或三种结合使用。

对于低温病例，可通过静脉或腹腔注射洋地黄苷等强心药物，左旋葡萄糖苷、三磷酸腺苷、辅酶A等促进代谢药物恢复体温，用量、注射方法、静脉注射速度视体重和病情严重程度、病程长短灵活掌握。

（2）祛除病因：临床治疗的主攻方案在于祛除病因，因而必须依据正确的临床判断决定用药方案。

对于有弓形体病症状的病例，可连续5日肌内注射12%复方磺胺甲氧吡嗪0.1~0.15毫升/千克，1次/日，杀灭弓形虫。

有附红细胞体症状的病例，可肌内注射贝尼尔（又称血虫净）7~9毫升/千克，1次/日，连续2天；或肌内注射血虫速灭

0.1 毫升/千克，1 次/日，连续 2 天。

有溶血型链球菌症状的病例可肌内注射青霉素 4.5 万~5 万国际单位/千克，2~3 次/日，连续 2~3 天。也可使用氨卞青霉素或头孢类 0.01 克/千克，或配合使用庆大霉素 0.04 毫升/千克，鱼腥草注射液 0.02 毫升/千克，首次加倍，肌内注射，2 次/日，连续 3 天；停药后，视猪的体重大小使用猪瘟脾淋苗 1~2 头份紧急免疫。

有关节炎型、脑炎型链球菌症状的病例，应肌内注射庆大霉素 0.05 毫升/千克，首次加倍，2~3 次/日，连续 2~3 天。

有呼吸困难症状的病例，可肌内注射庆大霉素 0.05 毫升/千克和鱼腥草 0.08~0.1 毫升/千克，2~3 次/日，连续 2~3 天；或林可霉素 0.04 毫升/千克和鱼腥草 0.08 毫升/千克，2~3 次/日，连续 2~3 天。

有猪瘟的病例可使用猪瘟血清 0.05~0.1 毫升/千克多点肌内注射，1 次/日，连续 2 天；也可多点肌内注射的同时，肌内注射猪用干扰素 1 万~2 万国际单位/千克，1 次/日，连续 2 天；或多点肌内注射猪瘟血清的同时，肌内注射白细胞介素 0.05~0.1 毫升/千克，1 次/日，连续 2 天。病情控制后的 3~5 天，免疫猪瘟脾淋疫苗 1~2 份/头。

有蓝耳病、伪狂犬病、圆环病毒病等病毒性疫病症状的病例，可使用二花注射液、板蓝根注射液等中草药，结合使用干扰素 0.02 毫升/千克，1 次/日，连续 2 天，或胸腺肽等生物制品。病情控制后，立即接种蓝耳病、伪狂犬病、猪瘟疫苗。

(3) 辅助治疗：发热性疾病的治疗过程中，能够饮水的病例应在饮水中按照 5 克/千克的用量添加电解多维或氨基维他，也可以使用家禽专用的速补；拒绝饮水的应通过静脉注射、腹腔注射等方式补充 B 族维生素。极高热病例或高热时间长的病例还应及时补充维生素 C，以增强血液携氧能力，避免休克。

（4）注意事项：在治疗过程中，应注意不同个体病因的差异，以及相同病因不同病程的差异，辨证施治，分别用药，以提高治愈率。

用药中注意不同药物间的协同和拮抗作用。特别是连续数日和大剂量使用磺胺类时应结合使用小苏打，以减轻对胃肠道的刺激。

对染疫病例实施隔离治疗，并做好与病猪接触人员和器械的消毒。

做好同场或同猪舍猪的预防控制，避免边治疗边发病现象的发生。

3. 预防措施：此种疫情造成损失很大，应加强预防措施的落实，努力避免疫情的发生。在采取消毒、执行严格的隔离制度、避免无关人员进入饲养区和禁止饲养员在不同猪舍相互走动等常规措施之外，还应采取如下预防措施。

（1）每年6月以后每月1次使用大剂量磺胺类药物，脉冲式给药3天，避免因发生弓形体病、附红细胞体、链球菌等疾病诱发疫情。

（2）对母猪群进行猪瘟抗体检测，发现无猪瘟抗体和抗体水平差异很大时，要认真查找原因，采取针对性措施。

（3）育肥猪群以前没有免疫过蓝耳病、伪狂犬病疫苗的，应立即按照间隔5日依次免疫蓝耳病、伪狂犬病和猪瘟疫苗；繁殖母猪群实行产前20~40日免疫蓝耳病、伪狂犬病，产后25~28天与仔猪同时免疫猪瘟的免疫程序；怀孕期没有免疫蓝耳病、伪狂犬病的母猪所生仔猪，应在7~9日龄肌内注射干扰素进行保护，12~13日龄开始，间隔7天依次免疫伪狂犬病和蓝耳病，25~28日龄免疫猪瘟。

（4）中草药保健应益气健脾，舒肝强心，如补中益气散、四君子散、人参强心散等，避免盲目使用抗病毒中草药。

专家提示

发热是多种疾病的共性特征，遇到发热病例一定要查找原因，万不可简单地以“退热”为目的，更不可把激素类药物当作“退热”的常规武器盲目使用。

疫苗不是越多越好，免疫次数也不是越多越好。

第二节　常见猪呼吸系统疾病

常见的猪呼吸系统疾病包括猪肺疫、猪喘气病、萎缩性鼻炎、肺线虫病、传染性胸膜肺炎、副猪嗜血杆菌病、肺炎型链球菌病、繁殖呼吸综合征、猪流感，临床表现呼吸行为异常的除了上述传染性疾病以外，还有饲喂粉状饲料和猪舍小环境空气质量过差等应激性疾病。临床最常见的疾病是猪喘气、肺线虫病，因为这两种病发病率高，病程长，但是死亡率不高，患病猪咳嗽、消瘦、生长缓慢，临床较为多见。其次为猪感冒和饲喂粉状饲料、猪舍小环境空气质量过差引起的应激症状。猪肺疫、传染性胸膜肺炎、副猪嗜血杆菌病（HPS）的临床病例多数预后不良，虽然在局部地区发病率很高，但是也只能在局部流行或暴发态势时才能见到临床病例，并且常常表现为与其他病并发或继发，确诊需要借助检验仪器，临床仅靠触诊、听诊、扣诊、闻诊、问诊等传统的诊断方法，判断准确率很低。繁殖呼吸障碍综合征（蓝耳病）在仔猪只表现为喘气、腹式呼吸等呼吸困难症状，成年母猪则以繁殖呼吸障碍为主要特征，见本书在“繁殖呼吸障碍疫病防控”中的介绍。萎缩性鼻炎临床最为少见。

一、临床诊断鉴别要点

当猪群发生呼吸道疾病时，首先要注意区别咳嗽、喘气、打喷嚏、呼吸受阻、张口呼吸这些基本症状，同时要观察记录发生的时间（季节和每天的早、晚，采食前后和中间）、状况（偶尔发生、有规律发生，连续、断续），发病猪的品种、性别、年龄段，鼻腔或口腔排出液体的种类（黏稠、稀薄、透明）、量的多少、性质（血性、脓性，有沫或无沫）、颜色（黄、红、白、无色）和传染性、死亡率，猪舍保暖、卫生，猪群大小、饲养密度、猪舍封闭等情况。

（一）烈性呼吸道疾病的鉴别要点

烈性呼吸道疾病是指那些死亡率高、传染性强的呼吸道病病，包括猪肺疫、传染性胸膜肺炎、蓝耳病等。临床发现烈性病例时，首先应考虑猪肺疫和副猪嗜血杆菌病、传染性胸膜肺炎，两病临床鉴别的关键点是发病的突然性和鼻孔是否出血，发病突然死亡，有鼻孔出血、鼻孔流带血的清水样鼻涕、泡沫状鼻涕中带血丝症状的多数为副猪嗜血杆菌病；鼻孔流出清水样鼻液，从发病到死亡有数小时，或者1~2天病程的多数为传染性胸膜肺炎。猪群中无征兆突然死亡，且死后体表无异常和个别猪呼吸困难症状同时出现时，应考虑最急性型和急性型猪肺疫。

当喘气症状比较明显，临床病例死亡率很高，但是发病猪年龄段集中在架子猪阶段，应考虑弓形虫病、伪狂犬病、繁殖呼吸综合征、圆环病毒病等病的混合感染。伴发高热的应考虑弓形虫病、溶血型链球菌病、肺疫、丹毒病其中一或两种同繁殖呼吸综合征、圆环病毒病中的一或两种混合感染；此时应注意各病的临床特征（弓形虫，极高热，双耳和四肢下部紫红到紫黑色；溶血性链球菌病——“红皮猪”；肺疫——犬坐状呼吸；丹毒——“打火印”和对青霉素敏感）。有抽搐、共济失调、四肢麻痹、肌肉震颤时，应考虑伪狂犬病、繁殖呼吸综合征，区别时应从繁殖性能障碍的临床特征入手，特异的会阴部一过性蓝紫、双耳灰紫色、最后一对乳头黑紫色等。没有发热特征，轻微呼吸困难，但是精神萎靡，皮肤颜色灰暗的应考虑繁殖呼吸综合征、圆环病毒病混合感染。

（二）温和型呼吸道疾病的鉴别要点

所谓温和型呼吸道疾病，是指那些病死率较低、但导致生产性能下降的呼吸道疾病。包括感冒、肺线虫病、猪喘气、萎缩性鼻炎和肺炎型链球菌病、慢性猪肺疫。当临床遇到温和型呼吸道疾病时，观察和问诊的第一个关键点是鼻子囔、歪鼻子。有此症状的多数是萎缩性鼻炎，无此症状时考虑其他五种病。第二个关键点：是否发热。仅仅咳嗽而不发热的考虑猪肺丝虫病。第三个关键点：热型。有极高热症状考虑弓形虫病。否则考虑其他病。第四个关键点：流泪。发热、流泪加咳嗽的考虑感冒，不发热、眼眶下有泪痕、打喷嚏的考虑萎缩性鼻炎，发热、流泪但眼眶下无泪痕时考虑猪瘟。第五个关键点：咳嗽。咳嗽的时间、方式及规律性对于区别不同疫病非常有价值，临床应仔细观察和询问。咳嗽发生在每天的早晚和运动后，应着重考虑猪肺丝虫病；咳嗽发生在采食后应考虑猪喘气病；咳嗽呈水波形传染时考虑慢性猪肺疫；当同一病例咳嗽和发热逐渐加剧、同圈或同群猪有关节炎和神经病病例时，应着重考虑肺炎型链球菌病。

二、常见疾病及预防控制

（一）猪喘气病（MPS）

【临床症状】猪喘气病的病原为猪肺炎支原体，所以该病又称猪支原体肺炎，也称猪地方性肺炎（EPS）。该病为慢性接触性传染病，感染初期不表现临床症状。由于病原存在于猪肺脏和肺门淋巴系统，因而，圈养猪（泌乳性能差的母猪所生仔猪、转入保育舍的仔猪）冬春寒冷季节由于猪舍封闭严密，空气质量差，体质差，极易由于个别猪发病后咳嗽、打喷嚏而传染全群。

临床以咳嗽、打喷嚏为主要症状。成年猪和母猪临床症状轻微，体温不升高，咳嗽时发出响亮有力的声音，仅咳嗽一到二声；有的表现为呼吸困难，张口呼吸，流少量清水样鼻液。哺乳仔猪感染后很少发病，多在断奶转群后表现临床症状，也有个别产奶量低的老龄母猪所产仔猪在哺乳期表现临床症状。保育猪发生本病体温不升高，当猪群中一头猪发生咳嗽后，经 3~5 天，全圈猪表现干性咳嗽症状，然后相邻猪圈猪咳嗽，即呈水波形依次向外扩展；咳嗽发生于采食时或采食以后，咳嗽时弓背低头、连续多声干咳，少则 3~5 声，一般 7~8 声，也有连续咳嗽 10 声以上的情况，一直咳嗽到有黏液性物质到达口腔内下咽时才停止。临床检查时发现保育舍小猪发生连续咳嗽，咳嗽声此起彼伏，应怀疑本病。为了提高诊断的准确性，最好对消瘦濒死病猪进行解剖检查。隐性感染猪无临床症状，但采食量下降或食欲极低，导致生长发育迟缓，饲料报酬下降。

本病的典型病变：在肺脏的尖叶、心叶、膈叶和中间叶的下部，形成左右对称性的病变区，病变区肺脏呈“肉样”或“水煮样”，简称“水煮样肺变”。临床难以确诊时可以解剖病死猪寻找此典型病变。

【防控措施】控制本病的基本方法是净化猪群。一是坚持自繁自养，不到发生过本病的猪场引种、配种；二是定期对猪舍进行彻底消毒，坚持冬春季每周消毒 1 次，并注意选择能够蒸发消毒猪舍空气的消毒剂；三是发现病猪后立即进行隔离治疗，对剩余健康猪群所在猪圈和猪舍立即进行带猪消毒，并对猪舍空气按 1 次/天的要求连续消毒 3 天；四是实行全进全出方法，空栏 1 周，彻底消毒再重新进猪；五是加强观察，做到早发现、早隔离、早消毒、早治疗；六是药物预防或接种疫苗。

1. 临床对病情严重个体可以选择如下方法治疗：

（1）肌内注射鱼腥草注射液 2 毫升/（头·次）、卡那霉素 4 万~5 万国际单位/千克，2 次/日，连续 3 天为 1 个疗程。

（2）肌内注射柴胡注射液 2 毫升/（头·次）、林可霉素 2 毫升/（头·次），2 次/日，连续 3 天为 1 个疗程。

（3）肌内注射盐酸土霉素 30~40 毫克/千克，1 次/日，连续 7 天为 1 个疗程。

2. 药物预防可使用以下方法：

（1）氟苯尼考 800 克、强力霉素 400 克，混合后拌料 1 000 千克。

（2）磺胺类 500 克、TMP 100 克、强力霉素 400 克，混合后拌料 1 000 千克。

应用上述两个处方预防本病时应注意事项：一是严格控制用药量，有搅拌机的规模场用机器搅拌时应注意掌握搅拌温度，散养农户应采用逐级扩大法，确保药品在饲料中均匀。二是用药时采用脉冲给药，即每天给药 1 次，连续用药 3~5 天后，停止用药 1 周或 2 周，稳定后改为每周用药一次。三是使用某一处方效果不理想的场户，可以两个处方交替使用，也可使用泰乐菌素、北里霉素、支原净等药物拌料饲喂。

3. 接种猪喘气疫苗也是预防本病的有效办法：

（1）商品猪和后备猪：7 日龄肌内注射 1 毫升/（头·次），25 日龄复免，肌内注射 1 毫升/（头·次）。

（2）种公猪：配种或采精前 7 天肌内注射 1 毫升/（头·次）；每年的 3 月、9 月各接种 1 次，肌内注射 1 毫升/（头·次）。

（3）生产母猪：每年的 3 月、9 月各接种 1 次，肌内注射 1 毫升/（头·次）；可在免疫猪瘟后的产后 30~33 天进行（猪瘟于产后 25~28 天）。

（二）猪肺线虫病

【临床症状】猪肺线虫病在河南省主要见于散养猪群。病因是散养的20~40 千克小猪吞食了含有侵袭性幼虫的蚯蚓软皮而发生。临床以持续低热、咳嗽、打喷嚏为主要症状，发病猪食欲正常，但增重缓慢；部分病猪体重下降，呈进行性消瘦。咳嗽主要发生在早晨、晚上、运动以后，以及大风或暴雨等气温突然降低天气，每次 4~6 声。有时可见随喷嚏自鼻腔而出的丝虫。本病发生于惊蛰至立冬期间，尤其以夏秋高温多雨季节多见。散发，相互感染慢，发病率低，部分猪随年龄增长抵抗力增强而自愈。

临床诊断可用浮集法确诊：取病猪粪便少许，放置于饱和的硫酸镁（次亚硫酸钠）溶液，或者饱和食盐水（50%）和甘油（50%）混合液中，发现线虫时即可确诊。

剖检时检查支气管末段，虫体多时可在局部形成肺表面气肿，剥开气肿处可见棉絮团状虫体；有时虫体移动造成支气管破裂，呈现支气管肺炎病变或结缔组织增生。当出现结缔组织增生时，解剖可见软白的微结节。

【治疗】

（1）阿维菌素 0.01 毫升/千克，皮下注射，间隔 7 天 1 次，连续 3 次。

（2）左旋米唑 4~6 毫克/千克，一次肌内注射。

（3）氰乙酰肼 15 毫克/千克，皮下或肌内注射，1 次/日，连用 3 天。

【预防措施】一是改散养为圈养，减少猪只采食蚯蚓的机会；在蚯蚓活动季节，尤其要注意圈舍清扫。二是定期驱虫，尤其应注意多雨季节的定期驱虫。三是对发现的患病猪要及时治疗。四是每天清扫，搞好环境卫生。雨后立即用 3%烧碱液喷洒走道、门窗口和进气口、扫水口，形成隔离。

（三）肺炎型链球菌病（SS）

【临床症状】 猪链球菌病是一种常见条件性疫病。2005 年 7 月四川内江、资阳等地发生的 2 型猪链球菌病曾经导致人的死亡，引发了全国各地对该病的围剿。该病病原是 C 群、E 群链球菌，为河南省猪群多发传染病，以关节炎型最常见，肺炎型、脑炎型、皮炎型也零星散发，2 型的溶血型病例较少发生，猪链球菌引发的淋巴型病例极少见。临床多见于同一群体中的不同个体表现不同症状：肺炎型、关节炎型、脑炎型，淋巴结型，偶尔也有败血型（2 型、7 型、9 型、14 型和 1/2 型）病例。当发生肺炎型链球菌病时，患病猪呈现低热稽留（39.5～40.5℃），连续性咳嗽。若治疗不及时，1 周后临床症状加重，由低热变为高热（40～41.5℃）、咳嗽加剧；治疗不彻底时，常导致持续性咳嗽、食欲减退、生长迟缓，甚至形成僵猪。关节炎型病例主要表现为四肢关节积液、肿大有疼痛感。脑炎型病例常无任何症状突然死亡，或表现痉挛、麻痹、抽搐、共济失调等的神经症状。淋巴结型病例除了淋巴肿大外，常表现为全身皮肤弥漫性痘样病变。败血型链球菌病例则呈现典型的全身樱桃红病变，俗称“红皮猪”。临床鉴别时应注意：当猪群发现有关节肿大、脑炎、全身皮肤出现痘样病变或皮肤发红病例时，不论是否出现肺炎型病例，都要首先怀疑本病；当猪群出现本病临床症状，同时或相继发现关节肿大、脑炎、全身出现点状溃疡或痘样病例，以及“红皮猪”病例时，也应怀疑本病。

【治疗】

（1）对于低热病例：链霉素 3.5 万～4.5 万单位/千克，复方氨基比林注射液溶解，肌内注射，2 次/日，连续 7 天为 1 个疗程，一般需 2～3 个疗程，疗程期间停药 3～5 天。咳嗽严重的可用麻黄素缓解。

（2）对于中热病例：庆大霉素 0.04 毫升/千克，鱼腥草注射液 0.02 毫升/千克，肌内注射，2 次/日，连续 5 天为 1 个疗程，一般需 2~3 个疗程，疗程间停药 2~4 天。

（3）对于中热 5 天以上病例：链霉素 3.5 万~4.5 万单位/千克，复方氨基比林注射液溶解，肌内注射，2 次/日，连续 7 天；庆大霉素 0.04 毫升/千克，鱼腥草注射液 0.02 毫升/千克，肌内注射，2 次/日，连续 5 天。也可以先用庆大霉素、鱼腥草，后用链霉素和复方氨基比林。

2005 年夏秋季节，四川省内江、资阳等地发生猪链球菌病，为 2 型链球菌，即败血型猪链球菌病（可致人死亡），在防控时，药敏试验表明，青霉素、氨卞青霉素和头孢类药品对该型链球菌非常敏感。临床如果使用链霉素、庆大霉素效果不明显的，应考虑改用青霉素、氨卞青霉素或头孢类药品。

【预防措施】一是使用链球菌苗接种，增强猪群免疫力。若猪群发生过本病，或相邻猪场和农户猪群发生疫情，应对繁殖猪群和商品猪群全部接种。生产母猪应在产前 25 日肌内注射蜂胶苗 3 毫升；种公猪在每年的 3 月上旬肌内注射永顺生物制药有限公司链球菌苗 2 头份，9 月上旬肌内注射蜂胶苗 3 毫升；商品猪在 25 日龄肌内注射蜂胶苗 3 毫升，60 日龄肌内注射永顺生物制药有限公司链球菌苗 2 头份。二是做好隔离消毒工作，实行严格隔离和每周一次的定期消毒，并注意消毒液的配制比例。三是尽可能实行自繁自养。必须到外场配种时，应选择非染疫种公猪，配种后需对母猪消毒后再进场。四是认真检查猪群，做到及时发现病猪，及时治疗，避免因延误治疗继发其他疾病。

（四）萎缩性鼻炎（AR）

【临床症状】本病的病原是支气管败血波氏杆菌，病菌存在于病猪和带菌猪的上呼吸道，通过咳嗽、打喷嚏飞沫传染给其他猪。母猪病愈后 2 年仍带菌，咳嗽、打喷嚏飞沫可导致 3~4 胎仔猪发病，属慢性、顽固性呼吸道传染病。各龄猪均可感染发病，多见于2~5月龄猪，死亡率不高。临床感染于产后数日至数周的幼龄猪，多引起鼻甲骨萎缩，形成特有的歪鼻子特征；大龄猪感染后可能不发生鼻甲骨萎缩或轻微萎缩，但多数有鼻炎症状，临床症状消失后多成为带菌猪。打喷嚏、打鼾、鼻腔流黄黏鼻涕和眼屎多、流泪、眼眶下形成半月形泪斑是本病的临床特征。

【治疗】治疗可应用抗生素和磺胺类药物，每吨饲料中添加磺胺类500克、TMP100克、青霉素50克、金霉素100克，连喂3~4周有一定疗效。局部治疗可用鲁戈液、1%~2%硼酸液、1%高锰酸钾液、2%明矾液或10%~20%大蒜液冲洗鼻腔或喷雾。

【预防措施】预防本病一是淘汰患病公母猪。二是患病商品猪隔离饲养。三是严格执行舍间隔离和全场消毒制度。四是对病愈母猪所生仔猪实行出生后全程隔离，采集母猪奶人工饲养。五是发生过本病的猪场可对商品猪接种猪萎缩性鼻炎苗进行免疫，提高猪群免疫力。

（五）猪传染性胸膜肺炎

【临床症状】本病病原为猪传染性胸膜肺炎放线杆菌（APP）。近年研究表明，副猪嗜血杆菌（HPS），以及引起坏死性胸膜肺炎的类溶血巴氏杆菌［猪多杀性巴氏杆菌（Pmt）］同样可以引起猪传染性胸膜肺炎。在河南省的原阳、封丘、延津、获嘉、武陟和扶沟、西华、太康、淮阳、郸城呈局部流行。秋冬交替时和冬、春季多发。各龄猪均可感染发病，临床多见于50千克以上的健壮猪。猪传染性胸膜肺炎最急性病例无任何前兆，突然鼻孔出血后死亡；急性病例多突然发生高热、咳嗽、腹式呼吸，并从鼻孔流出大量带有泡沫的鲜血，迅速倒地死亡；亚急性病例发病初期咳嗽时，从鼻孔流少量透明清亮液体，0.5~1小时后，鼻孔流少量鲜血并开始出现泡沫，1~2小时或稍长时间后，从鼻孔流出大量鲜血、并带有大量泡沫时，病猪倒地死亡；慢性病例以渐进性咳嗽、腹式呼吸、喘息，同时伴有中热或高热，胸部及前肢肿胀。

剖检胸腔充满透明积液，心脏外包围有白色薄膜；部分病例胸腔积液的同时，还发生胸膈肌和心脏外白色薄膜粘连；部分病例表现为心脏外白色薄膜心包积液、胸膈肌粘连坏死，并引起胸肋部肌肉坏死。

病程短（1~4小时），发病即呈高热（41℃以上），咳嗽，鼻孔流带泡沫的鲜血，或流红色水样鼻液，剖检时可见胸腔积液，病猪死亡率高（80%以上），是本病的主要特征。

【治疗方法】早期病例的治疗可试用大剂量抗生素，头孢类，青霉素、氨卞青霉素、四环素类、磺胺类药物均可，皮下或肌内注射，建议量4万~5万单位/千克按4、6、8、12小时的间隔皮下、肌内交替注射。同群未发病猪可在饲料中添加土霉素（0.6克/千克饲料）以防止发病。

【预防措施】预防本病一是从发病猪场或专业户猪群采集病料分离菌株，制备灭活苗对母猪和2~3月龄猪免疫接种；二是不从发病猪场引猪；三是做好卫生工作，并定期对猪舍空气消毒；四是加强观察，及时发现病猪，努力做到早发现、早隔离、早消毒、早治疗。

（六）猪肺疫（Pmt）

【临床症状】本病是猪的传统的三大传染病（猪瘟、猪丹毒、猪肺疫）之一，病原为多杀性巴氏杆菌（最近分离的强毒株带有荚膜），故又名巴氏杆菌病，出血性败血症，俗称"出败"。临床多与猪瘟或其他疫病混合感染，散发，常发生于夏秋季，断奶后仔猪最易发病。以中热（40~41℃）、高热（41℃以上）、呼吸困难（喘气、张口呼吸、口吐白沫、犬坐状呼吸）为主要症状，潜伏期一般1~3天，长的5~14天，根据病程可分为最急性型、急性型和慢性型。

最急性型 见于流行初期，病猪突然死亡，很少见到临床症状，个别呈现41℃以上高热，食欲废绝，打寒战。白色猪在耳根、耳尖、颈部、腹下有鲜红色出血斑或出血点；咽喉部急剧肿大、坚硬有热痛，个别严重的肿胀可蔓延至耳根和前胸。叫声嘶哑，黏膜发绀。呼吸极度困难，两前肢展开呆立，张口、伸颈呼吸（即犬坐状呼吸），口鼻流白沫，1~2天发展到白沫中混有血丝时窒息死亡。

急性型 是常见的类型，主要表现为肺炎症状，体温升高至41℃左右，食欲废绝或很少采食，之后发展为湿性痛咳，即咳嗽时除从鼻孔喷出浆液性或黏稠性分泌物外，还带有疼痛表现。呼吸困难，黏膜发绀。皮肤有深红色瘀血斑，连片瘀血斑从头部和臀部开始出现，随病程的延续而连成大片，触诊胸部时有疼痛感。并有先便秘后腹泻症状，多在5~7天死亡。

慢性型 主要表现肺炎和胃肠炎症状。精神萎靡，食欲不振，持续咳嗽，呼吸困难；持续或间歇性腹泻，进行性消瘦，行走无力，被毛粗乱。甚至发生皮肤湿疹，关节肿胀，最终衰竭死亡，不死的成为僵猪。

临床诊断除了从流行病学和临床症状分析外，可对病死猪进行解剖。最急性型病例为败血性病变，全身的皮下、黏膜、浆膜、心冠脂肪出血，喉头黏膜出血，全身淋巴出血；急性型病例解剖时应见大叶性肺炎病变，肺脏呈暗红色、灰黄色或灰红色不等的肝变，切面呈大理石样。慢性型病例解剖以肺部有大量坏死灶，坏死灶内包干酪样物质，外被结缔组织；有的坏死灶甚至形成与支气管相连的空腔；肺表面有纤维素样分泌物，常与胸腔形成粘连；支气管周围淋巴结和纵隔淋巴结有干酪样病变。

【治疗】

（1）链霉素4.5万~5.0万国际单位/千克，复方氨基比林注射液，肌内注射，2次/日，连续3天。

(2) 庆大霉素0.04毫升/千克，鱼腥草注射液0.02毫升/千克，首次加倍，肌内注射，2次/日，连续3天。

(3) 10%磺胺嘧啶钠0.2~0.3毫升/千克，青霉素4万国际单位/千克，首次加倍，静脉或肌内注射，2次/日，连续2天；第3天10%磺胺嘧啶钠0.2毫升/千克，维生素B_6 1支，静脉注射，2次/日。

由于巴氏杆菌存在于健康猪体内，经天气变化、过于拥挤、长途运输等外源性因素作用后，抗病力下降、病菌大量繁殖时才诱发本病，对于这种内源性疫病的预防：一是寒冷季节、初冬和春末气温变化剧烈季节，加强猪舍保暖，防止感冒诱发本病；二是合理确定圈舍内密度，避免过于拥挤；三是要定期使用10%的新鲜石灰水、5%漂白粉液或其他化学消毒药品消毒猪舍和走道，一般情况下1次/2周，当本场或本村发生本病时可改为1次/周；四是长途运输时确定合理的装车密度，并注意及时补充饮水和饲料，防止过度饥饿和过度消耗；五是发现病例时及时隔离治疗，专人单圈饲养；病死猪焚烧或深埋，并对发病猪圈进行严格的消毒。六是免疫接种。45日龄断奶仔猪肌内注射猪丹毒—肺疫二联苗1头份，种公猪、母猪于每年的3月上旬、9月上旬分别肌内注射猪丹毒—肺疫二联苗1头份。

（七）猪呼吸道综合征（PRDC）

【临床症状】2005年以后，动物疫病专家根据临床猪的呼吸道疾病多数呈混合感染表现，提出了猪呼吸道综合征这一新的疫病名称。因为本病多发于刚转入保育舍的仔猪群，因而又称断奶仔猪呼吸道综合征。本人认为，该病发生的最根本原因是伪狂犬病、蓝耳病、口蹄疫、胎儿期感染猪瘟导致的免疫抑制。临床猪呼吸道综合征包括：猪喘气、传染性胸膜肺炎、猪肺疫、副猪嗜血杆菌病、肺炎型链球菌病、波氏杆菌病（BB）、伪狂犬病、蓝耳病、非典型猪瘟、猪流感10种，以及这些疫病的2种、3种，甚至4种的混合感染，以及10种疫病单个与圆环病毒病、混合感染与圆环病毒病并发的多重感染。临床诊断时在一个猪群，可以见到多种症状病例，检测时可以在一个病例样本检出多种病原，或同一猪群的不同样本检出多种病原。死亡率因病种和感染的多重性差异很大，在5%~80%，处置起来非常棘手。

1. 诊断应综合临床特征和解剖检查、免疫学、流行病学和实验室检验五个方面的资料，分析病因时注意群体中不同特征病例的比重，判断时应注意：

（1）只有怀疑病种的抗体水平整齐时才能排除。

（2）对于曾经注射疫苗、并在有效保护期内的疫病，抗体过低的，应怀疑免疫抑制疫病，要对怀疑的免疫抑制病种进行检测。

（3）对于曾经注射疫苗、并在有效保护期内的疫病，抗体过高时应进行病原学监测，检查是否感染野毒。

（4）对怀疑的可能导致的免疫抑制疫病，应提出病原学监测报告，只有病原学监测呈阴性时才能排除。

2. 临床处置：结合临床症状抽样监测，依据监测结果从易到难祛除病因。处置过程中应注意对染疫猪进行隔离治疗，消毒时应注意对猪体和猪舍空气的消毒。

3. 预防措施主要包括：

（1）对发生干尾、干耳、周身皮肤干死脱落猪群，依照系谱查找父本、母本，对其父、母本进行病原学监测，依据监测结果淘汰感染非典型猪瘟的公猪和母猪。

（2）依据病原学监测结果淘汰伪狂犬病、蓝耳病阳性公、母猪；依据抗体监测结果淘汰圆环病毒病带毒公、母猪。

（3）药物预防时可根据病猪感染病原选择以下组方，也可交替使用：

①20%氟苯尼考600克/吨添加饲料，连续饲喂1周，每月1

次。

②磺胺类500克+TMP100克/吨添加饲料，连续饲喂1周，每月1次，饮水中添加0.4%小苏打，每日2次。

③支原净500克/吨添加饲料，连续饲喂1周，每月1次。

④泰乐菌素500克/吨添加饲料，连续饲喂1周，每月1次。

⑤泰乐菌素300克+强力霉素100克/吨添加饲料，连续饲喂1周，每月1次。

专家提示

在当前猪群病毒性疫病多、混合感染发病率高的情况下，非病毒性呼吸系统疾病尽可能用药物预防。

定期脉冲式给药。经常更换用药品种，提高药物预防效果。

第三节　繁殖系统临床常见问题与疾病防治

目前，规模养猪由于国家政策支持和技术成熟、销路畅通，以及种猪购买便利、饲料原料充足等因素的共同作用，在农村经济的发展中，深受农民青睐。黄河两岸、黄淮平原、太行山麓、伏牛山间、大别山下，到处都有规模养猪场和养猪专业户，广大农民朋友通过养猪得到了实惠，继续发展养猪的热情明显高涨。但是，由于投资能力、技术棚架、场地、选址、管理等方面的原因，农民饲养的母猪繁殖障碍现象较为普遍，严重影响着农民收入的提高和养猪业的发展。本节结合数年来门诊和进场服务的实践，对母猪繁殖障碍的现象及产生的原因进行分析，并介绍克服繁殖障碍的对策。

一、常见繁殖障碍介绍

临床母猪繁殖障碍可以归纳为以下10种现象：

1. 母猪不发情（又叫乏情）：是指达到发情年龄的母猪不发情，或分娩母猪产后不发情。

2. 发情不规律和配种困难：前者指经产母猪发情周期长短不一；后者指一头母猪在空怀期内多次配种，甚至更换公猪配种仍不受孕的现象，俗称配不上种，又称屡配不孕。

3. 流产：指怀孕期内的非正常分娩。

4. 早产：指距离正常分娩日期10天以内的非正常分娩。

5. 晚产：指超过分娩日期的非正常分娩。

6. 死胎：指生产时所产出的无生命体征仔猪。包括怀孕早期死亡但未流产而在母猪腹内的木乃伊胎。

7. 难产：指正常预产期分娩时的生产困难，大多表现为产程延长。

8. 产弱仔：母猪所生仔猪体质极弱，多数在哺乳期内死亡。

9. 产后无奶：指母猪产后不能正常泌乳。

10. 仔猪死亡率高：指每胎次仔猪死亡率超过20%的情况。

二、造成繁殖障碍的原因

造成母猪繁殖障碍的原因非常复杂，可能是单一因素，也可能是多种因素共同作用的结果，现逐一分析如下。

（一）母猪不发情

除了品种原因之外，常见于营养不良和管理不当。品种方面，除了地方品种和引进的外来品种的差异之外，当前普遍使用的长白、约克夏二元杂交母猪，也因正、反交的差异而表现不同，体型偏向于长白的二元母猪发情症状较为明显，体型偏向于约克夏的二元母猪除了初情期较晚、发情期短外，减食、烦躁不安等发情症状也不太明显，阴户潮红现象不典型，发情持续期也短，导致饲养户贻误配种时机。即除了少数确因疾病原因造成的不发情外，多数情况下不是母猪不发情，而是由于发情症状不明显而未观察到发情症状。疾病原因主要有卵巢囊肿、永久黄体、卵巢发育不良、激素分泌不足或激素调节失衡。营养不良多见于初产母猪过肥和经产母猪的膘情过差，以及维生素、微量元素营养不平衡。管理不当主要表现为运动量不足，生产过程中的产道损伤和污染。

（二）发情不规律和配种困难

发情不规律的主要原因是母猪配种日龄过小（长大母不足 8 个月，大长母不足 10 个月）或体重不够（二元母猪要求 130 千克以上），也有哺乳期营养不良（哺乳期减重 25～50 千克）、维生素营养不平衡和运动量不足等原因导致的发情不规律。

1. 初配日龄早或体重不够的母猪的临床表现：

（1）哺乳期母猪失重过多（超过 50 千克）。

（2）泌乳性能差。

（3）产后不发情或发情症状不明显，往往需要借助外援性激素才能完成配种，并且产仔少，多数在 6 头以下。

2. 配种困难母猪方面的常见原因：

（1）母猪发情症状不明显，错过适宜配种时机。

（2）初配时母猪体型过小、公猪爬胯困难和时间不足。

（3）母猪营养不良，尤其是体型过肥常常导致配不上种。

（4）维生素营养不足和微量元素营养不平衡、滥用繁殖激素调节失衡。如 PG 类使用时间不当，三合激素，促卵泡类，乙烯雌酚类的大量使用等。

（5）由于难产或接生时的不规范操作导致的产道和子宫创伤、传染病等导致的屡配不孕。

3. 公猪方面常见的原因是配种过于频繁造成的精液稀薄、

精液活力下降、无精子、死精，使用长时间不参加配种的公猪配种，以及传染病等。

4. 配种操作不当。人工授精时野蛮操作导致母猪阴道损伤。自然交配时不冲洗公猪包皮导致阴道污染。二者引起的炎症均可致发情紊乱和配种困难。

（三）流产

造成母猪流产的主要原因是传染病和管理不当。另外，严重的营养不良和强烈的应激也可导致流产。如果在怀孕的各个不同月龄均出现流产，首先考虑猪瘟和布鲁杆菌病；如果流产主要发生在初产母猪，则首先考虑细小病毒病；如果流产主要发生在临产母猪，则要考虑伪狂犬病和蓝耳病、猪瘟；当流产主要见于夏天、秋天时，则要考虑乙型脑炎和衣原体。冬春季的无征兆突然大批流产，并伴有食欲废绝，流产后立即恢复正常的要考虑口蹄疫和圆环病毒病的单一或混合感染。管理不当的流产在临床的表现主要是怀孕母猪相互打斗、剧烈运动、碰撞、强行再次配种等，其特征是零星发生，多见于个别过于敏感、经常跳圈、打斗的母猪。营养不良和应激导致的流产常呈零星发生，多见于体质瘦弱个体，易于同传染病引起的流产区别。

（四）早产

散养猪大多为应激因素所导致，部分见于管理不当，也有疾病原因导致的早产；规模饲养猪群则常见于急性发热性传染病和饲料质量问题，前者如丹毒、弓形体病、猪瘟等，后者如霉玉米和变质鱼粉中毒。

（五）晚产

晚产多见于怀孕期内母猪患病，高热和用药不当导致胎儿死亡或弱仔；部分患呼吸道疾病、伪狂犬病、血液循环障碍和严重营养不良的母猪会发生晚产现象；个别母猪因怀仔过多亦出现晚产现象，但一般在3天以内。

（六）死胎

同胎仔猪全部为死胎，多见于怀孕期内母猪发生急性高热型疾病、用药不当和中毒性疾病；同胎仔猪部分死胎多为应激、管理不当、营养不良等因素所致；死亡胎儿的胎龄不一致，有木乃伊胎出现，头盖骨水肿，前、后躯皮下水肿，全身水肿时多数为乙脑、蓝耳病、伪狂犬病、细小病毒病等传染病原因所致。

（七）难产

难产指分娩困难，包括胎位不正难产和产程中断。除胎位不正难产外，临床产程中断难产常与死胎同时发生，多数为疾病原因，个别为应激、管理不当所致。猪瘟、蓝耳病导致的难产多数产有死胎和弱仔，且临产母猪发生低热，缺乏临产前的乳房膨胀、下奶、漏奶、阴户肿大等临产症状；酮血病导致的难产母猪不发生低热，但同样缺乏临产征兆。应激、管理不当、胎儿过大难产发生于分娩过程中，临床区别较为容易。

（八）产弱仔

母猪所产仔猪强弱不一，弱仔部分死亡的常见原因是母猪营养不良和管理不当，以及怀孕期内疾病（主要是血液循环系统和呼吸系统疾病）、传染病。所产仔猪全部为弱仔，或部分弱仔、部分死胎，且弱仔在7日龄以内死亡时多数为蓝耳病所致；所产仔猪全部为弱仔，或部分弱仔，且弱仔在7~15日龄内死亡时多数为口蹄疫病所致；所产仔猪大多数为强壮仔猪、部分为弱仔，弱仔在10日龄左右死亡、部分强壮仔猪在27~35日龄断奶后的数天内死亡或在转保育栏后于50~70日龄时死亡的多数为伪狂犬病所致。另外，猪附红细胞体病和衣原体、弓形体病临床也可导致产弱仔，但其弱仔死亡日龄无明显规律，且表现为心力衰竭和血液循环障碍，死亡仔猪体表苍白或瘀血。

（九）产后无奶

产后无奶主要见于酮血病、过敏、应激和猪瘟、蓝耳病等传染病和营养不良。

（十）仔猪死亡率高

除了产弱仔、早产、产后无奶原因外，传染病、管理不当和营养不良是临床仔猪死亡率高、育成率低的主要原因。传染病方面按危害的严重程度排列，依次为黄、白痢，轮状病毒病，冠状病毒病，红痢和仔猪副伤寒。管理方面常见原因：一是产房温度过低，致使仔猪迟迟不能形成自身免疫机能；二是盲目采用超前免疫，大量中和母源抗体，而产房又严重污染，导致仔猪免疫力下降，相继感染，发病死亡；三是产房消毒制度执行的不到位，产房内的用具和空气被细菌、病毒严重污染；四是对商品仔猪在产房内使用活疫苗后，没有及时消毒，造成人为散毒；五是免疫程序不合理，没有对怀孕母猪实施产前免疫，初乳母源抗体水平过低或没有母源抗体。营养不良最常见的是仔猪缺铁症和母猪饲料铜、硒元素的供应不足和怀孕、哺乳母猪患肠道寄生虫病导致的铁吸收不良。

三、攻克母猪繁殖障碍的基本措施

常见繁殖障碍现象分析表明，导致母猪繁殖障碍的主要原因有管理不当、营养不良、疾病（传染病、普通病）、品种和环境条件不适五个方面，按生产中出现的频率依次为：疾病、管理不当、营养不良、环境条件不适、品种；按饲养管理者施加影响的难易程度从低到高排序依次为：加强营养、预防接种、改进管理、更换品种、改善环境条件。综合多方面因素，攻克母猪繁殖障碍的基本方略应当是：确定合理的饲料配方和加工方式，避免营养不良状况的发生；执行合理的免疫程序，降低导致母猪繁殖障碍疫病的发生概率；改进和加强饲养管理，减少中毒、应激、过敏、挤撞等事故的发生；改造猪舍建筑的设计构造及布局，尽量创造适合母猪繁殖和仔猪生长发育的基本条件；根据本场饲养管理水平，选择合适的二元母猪（或祖代母猪）作为本场繁殖猪群的主体。

四、提高繁殖成活率的基本措施

（一）重视后备母猪的选择

无论是自繁自养，还是到其他猪场购买后备母猪，对后备母猪的选择均应高度重视。购买后备母猪的场（户），除了在购买时认真挑选外，购买时至少应有5%的多余量，以备饲养过程中淘汰不理想的个体；自繁自养的猪场，应当根据本场祖代种猪群质量的高低确定合理的选择差（建议选择差40%~60%）。后备母猪除了必须符合品种特征和种猪标准外，转入后备猪群饲养过程中对发育不良、躯体结构不匀称、过于肥胖、阴户过小、乳头出现赘生物和后躯发育欠佳的个体应及时予以淘汰。

加强对进入生产母猪群内的前3胎后备母猪的选择是一项应当引起重视的重要措施。此时的选择指标：

1. 母性：凡是在哺乳期内发生压死、咬死、踩伤仔猪的母猪均应淘汰。

2. 生产情况：第一胎产程超过2小时，前三胎平均产程超过100分钟的母猪应淘汰。

3. 每胎产仔数：第一胎<6头、前三胎平均<8头的，视情况淘汰母猪。

4. 28日龄断奶窝重：第一胎<45千克、前三胎平均<56千克的，视市场行情淘汰母猪。

5. 怀孕期感染猪瘟的淘汰，感染蓝耳病、伪狂犬病的，视落实隔离饲养、市场行情等情况淘汰母猪。

6. 前三胎有两胎产后需经2次配种、一胎经3次配种的，视后备母猪群情况进行淘汰。

（二）确定合理的饲料配方和饲喂方式

无论是规模猪场，还是专业户，均应克服“老母猪食性好，用不用配合饲料无所谓”的落后观念，聘请技术人员设计符合本场实际的饲料配方。科技书籍介绍的配方常因出版印刷周期长等原因而落后于生产实践，科技刊物介绍的配方常因从宏观指导角度出发而针对性较差，企业的配方多因针对本场产品或猪群的实际设计而比较专一，简单的照抄照搬往往会导致母猪群营养缺乏或过剩。所以，母猪饲养户运用科技刊物、学术杂志、其他企业的饲料配方时，首先应请当地技术人员根据实际情况予以调整；其次，提倡使用分阶段饲料，实行分阶段饲养，尽可能避免怀孕前、中、后期一个配方的现象；再次，母猪饲喂应尽量采用半干料；最后，冬春季节应设法保证母猪日粮中有一定量的青绿饲料和块茎类多汁饲料，夏季高温季节应当在饲料中添加2%~4%的脂肪或蜂蜜（哺乳母猪最好投以益母草花蜜），以缩小饲料体积，保证其采食足够的能量。

（三）确保饲养管理制度的落实

目前，河南省养猪行业除了专业户缺乏饲养管理制度外，规模饲养场多数都有日常饲养管理制度。但是，制度不完整和落实不到位的现象非常普遍，应当着力克服。

日常饲养管理制度的完善过程中，应当确立“以人为本”的管理理念，按照国家有关法律法规，确定合理的饲养工人和技术人员的报酬。建议实行基本工资加浮动的工资制度，多奖少罚，重奖轻罚，重奖对企业管理做出重大贡献和提出关键建议的人员，调动员工的工作积极性和主动性；尽可能划小核算单位，推行业绩与报酬挂钩、平时管理与集中检查结果挂钩、消耗与增重（存活）挂钩的“三挂钩”管理制度，督促各项管理制度的落实，提高管理效率。为了克服繁殖障碍，在繁殖猪群饲养管理方面提出如下建议。

1. 后备公、母猪分圈饲养，并且公猪圈与母猪圈间隔不小于50米。公猪圈应多于实际公猪数，预留圈作为母猪诱导发情的备用圈。

2. 加强后备公猪和配种期公猪的运动，保证每日运动距离500米以上；或驱赶运动3次以上，每次运动时间不低于0.5小时。

3. 定时定量饲喂，饲料更换应逐步进行。

4. 保证繁殖猪群（包括公猪和母猪群）、后备母猪群日粮的营养需求。配置日粮应注意公猪、后备母猪、繁殖母猪对日粮体积的不同要求，日粮蛋白组成中应保证3%~5%的动物蛋白，并保证微量元素和维生素的供给。

5. 适时配种：后备母猪严格掌握8~10月龄初配，以体重衡量，二元母猪不得低于130千克，公猪10月龄以上初配。细致观察，尤其是约长二元母猪的初次配种，不要期望有像当地母猪那样明显的发情症状，只要出现减食、阴门轻微潮红现象，即用公猪试情。使用本场公猪配种应掌握每2天配种1次，配种繁忙季节每天也不宜超过2次；专业户母猪到配种点配种应选择早晨和晚上。配种旺季，尤其要避开白天种公猪多次交配的无效配种。

6. 怀孕中后期母猪单圈饲养，产前10~15天如期转入产房，并更换为怀孕后期饲料。

7. 饲料加工区（或车间）独立设置，与饲养区（或车间）至少相距100米，保持繁殖猪群饲养区相对安静，相对稳定的温度、湿度和较好的空气质量，避免强光、鲜艳色彩、高频噪声、高温、大风、寒流等自然或人为因素造成怀孕母猪的应激。

8. 繁殖区（公猪舍、母猪舍、产房）每2周彻底消毒1次（包括对圈舍外道路及粪便的消毒），圈舍内每周彻底消毒1次（包括用具、工作衣、空气的消毒）。

（四）改进产房和保育舍设计与建筑结构

因陋就简发展养猪业的思路适应河南省农村现阶段实际，对养猪业的发展确实起到了推动作用。但是，将这种方法应用于母猪饲养，则影响母猪繁殖性能的正常发挥。养猪企业和母猪饲养专业户应当重视产房和保育舍建筑设计和构造的科学与合理。设计方面，产房和保育舍应当具备控制和调节舍（房）内温度（14~24℃）的功能；同时，还应满足控制和调节舍（房）内空气质量的需要，便于消毒、转群、原料的进入及粪便等废弃物的清除。房舍内布局要尽可能既便于生产管理，又节约建筑面积。建议有条件的企业和专业户参照以下注意事项对产房和保育舍进行改造。

1. 产房和保育舍相邻并在主风向上取坐北（或北偏西 5°）朝南（或南偏东 5°）从上到下依次排列，间隔 30~50 米（最少应为 5 个房舍高度的距离），使用共同热源取暖。

2. 产房和保育舍不论是分开设置，还是合二为一的混合设置，均应做到全进全出。产房和保育舍的建筑以高架起脊双面坡架石棉瓦（或砖木）结构为宜，下层应有隔热层，内净墙（最好内外两侧均挂水泥面），水泥地面。单列饲养产房房舍南坡面长为北坡面的 1/5 或 1/6。房顶的南坡每 3 间居中设置可控制通风气窗 1 个（通风气窗东西两面设置能够开关的百叶窗，南北两面设置能够在地面控制开启的玻璃窗）。前檐墙设置 2 米×3 米/间的立式窗，后檐墙设置 0.6 米×1 米/间的卧式窗。前窗设置防鸟、防蚊蝇纱网，后窗外挂可调整进风量百叶窗。东西端山墙上设置外侧为百叶窗、内侧为排（进）气扇的通风窗。

3. 单纯产房内产床的排列以双列头对头三走道为佳；产房保育一体时产床放置于南侧，并在产床前后设置走道，保育圈的排粪口避免与外界直通，并在墙外设置活动挡风板和防鼠网。

4. 产房和保育舍应采取集中供热保暖。无集中供热设施的专业户应采取地下火道（转弯的角度为≥120°的平滑角，坡降 2%）方式采暖，避免在房（舍）内直接生火产生空气污染。地上火道应架设在产床下，纠正火道架设在产床上面的错误做法。

5. 产床仔猪保暖区（护仔箱）的隔离板应采用热阻大、抗燃烧材料，底板可用 4 厘米厚木板；出入口加设双向开启的活动门，红外线灯应加抛物线面罩，灯泡应置于抛物线焦点处，以增强热辐射的均匀性，提高保暖效果；产床漏粪板宜采用高强度塑料材料（或镀塑钢材）以提高隔热保暖性能；配置不同功率的红外线灯灯泡，以便随气温的变化更换灯泡。

6. 产房、保育舍的地面应有横向和纵向 1/200 的坡度，以便于粪便清理；排粪沟的净宽以大于清粪锨宽度 2 厘米为准，外出口应设置防鼠网。

7. 产房、保育舍的用具应尽可能采用浅色调镀塑钢材（或橡胶材料）制作，以降低噪声和避免鲜艳的颜色刺激。

8. 产房、保育舍的山墙外均应设双联沉淀池，以保证清理沉淀物时交替使用。

（五）科学接生

母猪生产预兆：产前 3 天，母猪下奶，阴户开始红肿，呈鲜红色；产前 2 天，奶头可以挤出透明略带黄色的初乳，阴户肿大为正常母猪的 2~3 倍，呈暗红色；产前 6~12 小时，母猪乳头开始漏奶，阴户肿大呈红紫色。

自预产日的前 3 天开始，产房饲养人员应加强对怀孕母猪的观察，并在母猪饮水中添加大剂量 B 族维生素和适量食用盐，投喂适口性强的饲料；做到对产床每天消毒 1 次，保持产床高度清洁；检查测试红外线灯和有关保暖设施的性能，保证产房温度在 24℃以上，护仔箱内温度达到 32℃；对母猪乳房坚持每天 2 次使用温开水清洗，乳头使用酒精或高度白酒消毒 1 次/日。接生人员应严格消毒手臂，剪短指甲。接生时应将脐带血尽量往仔猪方向捋，并采用手拉法于距仔猪7厘米左右打单结后断开，脐带创口涂碘酊消毒；对假死仔猪可一手提双后腿，另一手轻轻掌击其臀部，促使口腔羊水外排，而后施行人工呼吸抢救；对健康仔猪应按出生顺序（或体重大小）自后向前固定乳头。在仔猪吮乳前用生理盐水擦拭乳头，挤出并抛弃乳头前端的少许污染初乳。

是否采用超前免疫，应根据本场疫情严重程度和管理模式、管理水平而定，建议慎用超前免疫。对于管理措施落实不是真正到位的养猪企业和产房保暖设施简陋的养猪专业户，最好不要采用超前免疫，确保仔猪在出生后立即采食母乳；寒冷季节凡是猪舍温度达不到24℃，或猪舍温度达到但产床温度达不到28℃的猪场，不宜采用超前免疫。为了提高仔猪抗逆力，帮助仔猪尽快建立肠道微生物菌群，可在仔猪第一次哺乳后0.5~1小时内向其口腔内填喂微生物制剂，如益生素等；也有的养猪专业户向仔猪口内填抹母猪唾液；还有的养猪企业为了提高仔猪抗大肠杆菌能力，直接向仔猪口腔投喂抗生素，仔猪黄、白痢严重的场（户）可以试用。

产后可以向母猪饲料中添加5%益母草花蜜，饲喂2~3天；或直接添加益母草膏10~15毫升，每日2次，连用3天。

（六）建立和执行正确的免疫程序

目前，围绕克服繁殖障碍，河南省养猪行业存在两个极端，一是规模饲养场对免疫的过度依赖；二是散养农户对免疫工作不重视，甚至不知道从加强免疫方面着手克服繁殖障碍。两者都带有片面性，都是科学饲养知识欠缺的表现。在分析繁殖障碍时，必须首先排除管理、环境、营养和种猪品种、年龄、胎次、公猪配种频率诸方面原因，然后才查找疫病方面的原因。虽然直接影响母猪繁殖性能的传染病有细小病毒病、乙型脑炎、伪狂犬病、繁殖呼吸综合征、猪瘟、口蹄病等传染病，但要保证繁殖性能的正常发挥，也必须做好其他疫病的预防工作，因为任何一种疫病的发生和蔓延，都会引起公、母猪生理机能的下降，引发包括繁殖在内的生理障碍，进而导致繁殖性能受阻，形成繁殖障碍。所以，要克服繁殖障碍，提高繁殖功效，必须建立和执行正确的免疫程序（具体的不同猪群免疫程序见第一章第二节“三、不同生产性能猪群的参考免疫方案”）。

五、临床常见繁殖障碍的处置

一般情况下，养猪企业和农户常见繁殖障碍疾病包括营养病和传染病两大类。营养病主要有：过肥、维生素营养不良、微量元素营养不良、蛋白质营养不足和过度消瘦等；传染病主要有蓝耳病、乙型脑炎、布鲁杆菌病、细小病毒病、伪狂犬病。

【肥胖症】

1. 症状：该症多见于经产母猪，临床表现为母猪过于肥胖，发情症状不明显，屡配不孕或产仔量极少，原因除了个别为品种原因外，大多为饲料营养中能量蛋白比例不当，尤其是能量原料占饲料比重过大（散养户常见的错误是向配合饲料中添加面粉或玉米，专业户常见的错误是随意添加油脂），运动量不足所致。

2. 防控措施：临床病例若为单个个体，一般是遗传因素所致；当出现母猪群群体症状时，应从检查饲料配方着手查找原因。处理时前者若调整饲料配方后仍然无效，则应考虑淘汰；后者可适当下调能量饲料比例，添加动物性蛋白质，或提高饲料蛋白质比例，修改或制订运动计划，并在饮水中适当添加维生素，尤其要增加维生素 A 和维生素 E 的供给。添加维生素时，应考虑维生素之间的相互平衡。

【维生素和微量元素营养不良】

1. 症状：该症多见于初产母猪，临床表现为后备母猪在生过一窝或两窝后屡配不孕，从母猪的膘情看不出问题；另一个特征是哺乳期泌乳性能差，断奶仔猪体质差或体重小。当哺乳母猪自身被毛杂乱和光泽很差，但是仔猪被毛富有光泽时，应首先考虑维生素（青年母猪）、微量元素（老龄母猪）营养不足；当哺乳母猪和仔猪被毛都很杂乱无光泽时，应从维生素（青年母猪多数为维生素营养不足）、微量元素（经产母猪多数为二者的供应量不足，老龄母猪多数为二者搭配比例失衡）搭配失衡方面查找原因。

2. 防控措施：处理时应有针对性，缺少维生素时即添加维生素，搭配不当时调整维生素之间的搭配比例。补充或调整维生素、微量元素比例时，要考虑维生素之间、微量元素之间，以及微量元素和维生素之间的拮抗作用或协同作用。

【蛋白质营养不足】

1. 症状：该症多见于经产的高产母猪、大龄母猪。临床表现为母猪过于消瘦，发情正常，症状明显，但发情期受胎率低，往往需要复配；产仔数很多，但是由于泌乳性能差，断奶时仔猪存活率低；断奶后仔猪体重小、体质差，易感染消化道和呼吸道疾病；越接近哺乳末期，母猪膘情越差；哺乳期结束后，母猪各主要关节粗大，肋骨突出，步态不稳。

2. 防控措施：一是增加饲料蛋白质营养供应量；二是调整饲料蛋白质原料的结构，适当增加动物性蛋白质原料的供给；三是增加饲料中维生素和微量元素的供给；四是检查是否感染寄生虫。

【繁殖呼吸综合征（蓝耳病，PRRS）】

1. 症状：本病是由蓝耳病病毒引起的高度接触性传染病。临床只感染猪，不感染其他动物，以妊娠母猪和 1 月龄仔猪最易感染，冬春寒冷季节的高湿、低温环境易发。潜伏期 2 周，患病母猪食欲废绝，精神沉郁，双耳出现对称性的半截或全部本病特有的蓝紫色，腹部、最后一对乳头 1/2 或 2/3 呈现蓝紫色，会阴部出现一过性紫斑，产死胎、木乃伊胎或弱胎；仔猪感染本病后表现呼吸困难，体温升至40~40.5℃以上，呈现共济失调，后肢麻痹，肌肉震颤，死亡率极高；育成猪主要表现呼吸道症状；成年猪症状较轻，常与附红细胞体、伪狂犬病、衣原体、猪瘟、弓形体病、圆环病毒病等混合感染暴发；发病猪3~5天可见耳尖部、腹部、四肢瘀血，5~7天后耳朵大部分或全部、腹下、最后一对乳头基部、尾根、会阴部出现特有的靛青色紫斑，表现典型的蓝耳病症状；近15%病例2~3天即表现靛青色双耳的典型蓝耳病症状。

（1）临床鉴别：抓住母猪会阴部一过性蓝紫斑、蓝耳、最后一对乳头一半或全部呈紫色，仔猪发病特有的1周龄内大量死亡和2周龄左右发病死亡的“早期死亡高峰”、共济失调、后肢麻痹、肌肉震颤，死亡率极高，育成猪和成年猪耳朵出现局部或全部溢血、变蓝，蓝尾根、蓝肛门等特征，确诊可进行实验室诊断。

（2）剖检：重点检查腹股沟淋巴结是否肿大、出血、坏死，颜面是否苍白，肛门和最后一对乳头皮下是否有黑色、暗褐色溢血环，以及肺脏典型的橡皮肺（间质大理石样、肿胀、灰白色）病变。

2. 防控措施：临床发现疑似病例时，应全部检疫猪群，淘汰检测结果为阳性的公、母猪；同群假定健康猪应紧急免疫接种蓝耳病灭活疫苗2毫升/（头·次）。在检测结果未出来前的等待时期可注射白细胞介素、含有转移因子的干扰素或抑制病毒药物缓解疫情。预防本病的关键是避免到呈阳性的猪场引种，净化猪群和做好繁殖猪群预防免疫。

（1）繁殖公猪和母猪预防免疫：怀孕母猪在产前20~40天免疫接种，肌内注射蓝耳病灭活苗2毫升/（头·次）；怀疑母猪群有感染病例的预防免疫可以在产前20~40日龄间重复免疫2次，肌内注射蓝耳灭活苗2~4毫升/（头·次），两次免疫间隔

18~21 天；商品猪预防本病使用蓝耳病灭活苗，发病的商品猪群或使用蓝耳病灭活苗预防时抗体效价差的商品猪群可使用弱毒活疫苗，但不能在产房内接种。即使在保育舍和商品猪舍，也应注意接种过程中要严格执行操作规程，避免蓝耳病弱毒活疫苗散毒。

（2）后备猪群免疫：应在配种前使用死苗间隔 18~21 天免疫 2 次，肌内注射 2~4 毫升/（头·次）。

（3）仔猪免疫：已经发生过本病猪场，或产房受到污染猪群，以及怀疑有个别感染本病母猪群所产仔猪，可在 7~9 日龄注射含有转移因子的干扰素或白细胞介素增强免疫力，12~14 日龄接种蓝耳病灭活苗，肌内注射 2 毫升/（头·次）。

【细小病毒病（PPV）】

1. 症状：本病是由猪细小病毒引起的猪的病毒性传染病。临床以后备母猪最易感染，在不同品种间表现为国外引进品种易感，无季节性。母猪出现早期不孕和反复发情，怀孕后产出木乃伊胎或死胎，存活胎儿表现畸形或衰竭，最后死亡。生产实际中初产母猪感染此病后，临床特征明显，经产母猪产生获得性免疫，不再表现临床症状。因而，当后备母猪出现配种困难，以及初产母猪出现不孕、一个发情期后又发情、反复发情、产死胎并混有木乃伊胎，经产母猪发情配种正常，并且发病季节性不明显时，应首先怀疑本病。

2. 防控措施：发现疑似病例猪群，应对母猪群进行全群检测，对检测结果呈阳性的母猪实行淘汰或隔离饲养；隔离期母猪可注射白细胞介素或含有转移因子的干扰素、抑制病毒药物，控制病情的发展；同群母猪紧急免疫时，可肌内注射猪细小病毒疫苗 2 毫升/头；在检测结果未出来前的等待时期，可注射白细胞介素缓解病情。预防本病的关键是做好后备母猪群的预防免疫。

【流行性乙型脑炎（JEV）】

1. 症状：本病是由日本乙型脑炎病毒引起的病毒性传染病。各个品种、各个年龄段的猪均可感染，临床以性成熟期最易感，主要表现为：公猪一侧睾丸肿大，母猪流产、产死胎和弱胎。死胎很少腐败、后躯皮下水肿、全身苍白、肌肉褪色，出生不久死亡的胎儿常有脑水肿、脑萎缩和头盖骨异常肥厚特征。由于蚊子是本病的传播媒介，发病的季节性明显，河南省常在 4~11 月蚊蝇活动季节发生本病。

感染本病的猪群以流产、死胎为主要特征，少数出现神经症状。与其他传染病引起的繁殖障碍的区别是发病季节性明显，死胎不腐败、后躯皮下水肿，胎儿苍白，弱胎死亡后解剖可见脑部水肿或萎缩。

2. 防控措施：临床发现疑似病例猪群，应对繁殖猪群（公猪、母猪、后备猪）进行全群检疫，淘汰检测结果呈阳性的猪；同群猪紧急免疫接种时肌内注射猪乙脑疫苗 2 毫升/头份；在检测结果未出来前的等待时期，可注射白细胞介素缓解病情。

预防本病的措施，一是净化猪群；二是做好粪便清理等卫生工作；三是做好繁殖猪群每年 1 次的定期预防免疫（3 月下旬至 4 月中旬）；四是将繁殖猪群圈舍利用窗纱网封闭，减少蚊蝇叮咬的机会。

【伪狂犬病（PRV）】

1. 症状：本病是由疱疹病毒病引起的猪和野生动物病毒性传染病。家畜中猪、牛、羊最易感，猪群中仔猪比成年猪易感。冬春寒冷季节易发生。本病临床表现因猪年龄不同差异很大，成年猪一般为隐性感染；妊娠母猪表现为轻微呕吐，流产，产弱胎、死胎和木乃伊胎；新生及 4 周龄内仔猪常因母猪感染而大批死亡，1 月龄内仔猪以痉挛、运动失调、呕吐、拉稀为主要症状，体温升至 41℃ 以上，最终四肢麻痹、伏卧、体温下降后死亡；1月龄以上断奶仔猪无神经症状或症状轻微，但减食、呕吐、拉消化不良引起的稀便症状显现，且产生免疫抑制，可导致猪瘟等免疫效果失常。

（1）临床鉴别诊断：注意发病的季节性，1月龄内仔猪痉挛、呕吐、拉稀、四肢麻痹、运动失调等，母猪流产和产木乃伊胎或死胎等典型症状。确诊本病可采集病猪血样或脑组织进行实验室检验。也可用兔进行试验，当在家兔后躯接种病料2日后，实验兔呈现奇痒，撕咬接种针眼部位时即可确诊。

（2）剖检：脑组织和蛛网膜充血、颅内压升高，实质性脏器小点状出血，肝、肾、脾、心及淋巴结上有灰白色坏死点，部分猪可见胃底出血、溃疡、胃黏膜脱落或穿孔。

2. 防控措施：临床发现疑似病例猪群，应检测公猪、母猪、后备猪群，彻底淘汰检测结果呈阳性的猪；同群假定健康猪紧急免疫时，可肌内注射伪狂犬病基因缺失苗1头份；检测结果未出来前的等待时期，可注射白细胞介素、含有转移因子的干扰素或抗病毒药物缓解病情。

3. 预防：预防的关键是净化猪群和做好繁殖猪群预防免疫，应在配种前7天对繁殖公猪和母猪进行免疫。怀孕母猪在产前20~40天视染疫情况接种伪狂犬病疫苗1头份，1~2次。产前未免疫母猪所产仔猪可在7~9日龄注射含有转移因子的干扰素或白细胞介素进行保护，于12~14日龄接种伪狂犬病疫苗；怀孕后期免疫的母猪所产仔猪应在满月以后免疫。有的猪场对出生仔猪在哺乳前1小时使用g^{E}、g^{G}、$g^{T\sim K}$株的三基因缺失苗滴鼻1~2滴超前免疫，获得了很好的保护效果，可以尝试运用。但在试用超前免疫时，应注意猪舍温度保证达到24℃。

【布鲁杆菌病】

1. 症状：本病是由布鲁杆菌引起的细菌性人畜共患传染病，在河南省呈地方性流行，流行区域为伏牛山、太行山山区和山前台地；人、牛、羊均有发病病例报告。临床表现母畜比公畜易感，母畜流产，牛流产后胎衣不下，屡配不孕；羊则表现为流产和乳房炎，羊奶凝固下沉，上层呈血清样；母猪表现为流产，暂时性和永久性不孕，公猪主要表现为一侧睾丸炎、跛行、后肢麻痹、脊椎炎，并伴发低热，配种能力下降；流产胎儿呈黄色胶样浸润，某些部位覆盖纤维蛋白絮片和脓液，或增厚杂有出血点。虽然河南省未见正式报告猪群发生本病，但由于人、牛、羊病例分布广泛，并且近年来人间疫情有上升和扩大趋势，建议疫区猪场和专业户加强对本病的观察。

本病与病毒性疾病引起的流产的区别是流产胎龄分布无规律，无木乃伊胎儿，流产胎儿呈黄色浸润或表面覆盖黄色黏液。

2. 防控措施：临床发现可疑病例应及时报告，并执行隔离；对严重感染畜群，淘汰所有流产和监测呈阳性个体，阴性个体进行紧急免疫接种后隔离饲养；轻微感染畜群，淘汰检疫阳性个体，同群假定健康动物按计划免疫接种。饲养人员和疫区兽医应做好人身防护，并定期进行健康检查。临床治疗可使用土霉素、链霉素、金霉素等抗革兰氏阴性菌抗生素，但因疗程过长（10~20 天/疗程，一般需 2~3 个疗程）意义不大，可在假定健康动物等待检验结果的过程中，缓解症状、延缓疫情时采用。

【催情和激素类药物的应用】生产中最常见的失误是后备母猪不发情或初产母猪不发情时就立即注射激素类药品用以促进发情。这种做法的弊端是打破了母猪体内的激素平衡。猪的繁殖行为受中枢神经系统支配，当猪生长到一定的年龄段时，体内的各种激素自然上升到一定水平，从而启动下丘脑产生促性腺激素释放素。促性腺激素释放素随血液循环作用于卵巢，刺激卵巢产生并释放雌激素，雌激素随血液循环到身体的各个部位，促进雌性的性征，产生性行为，如乳腺的生长、乳房的发育、表现排卵和发情等。在这个周期性的变化过程中，参加的激素有 19 种，各种激素之间有的表现为相互协同作用，有的则表现为相互排斥或抑制的作用，其中某一种激素在血液中的含量发生极其微小的变化，都会导致其他激素的变动，并表现出不同的生理现象和行为。当我们对后备和初产母猪注射激素时，往往打破了母猪体内的激素调节机制，使得激素分泌失调。即使使用激素后达到了发情的目的，也不能立即配种，应当等到下一个发情期再行配种，否则会导致产仔数下降。同时，使用过激素催情的母猪由于激素分泌机能的紊乱，到了下一个发情期，又不能正常发情，还得注射激素，就形成了“激素依赖”。

1. 对未表现发情症状的后备母猪应采取的措施：

（1）检查生产或引种记录，看年龄是否达到 8~10 个月。不到时继续耐心等待，已经达到 8 月龄以上的，应当改变饲料结构，包括：①适当增加蛋白质营养，尤其应注意增加鸡蛋、奶粉等动物性蛋白的供给；②加大维生素营养的供给量，尤其应注意维生素 E 和维生素 A 的供给，如适当饲喂豆角、四季豆、菜辣椒等；③日粮中适当增加高过敏性物质，如芹菜、芫荽、楸树叶、香椿芽、洋槐花、葛条花、紫菜、海带等；④适当增加运动量；⑤上述措施可以单项依次使用，也可以同时使用。

（2）检查体重是否达标：一般情况下，除了个别品系有特殊说明外，三元杂交中的母本，不论是长约杂，还是约长杂，当年龄达不到要求时，体重应当达到 130 千克。同样，体重不到时还是要继续耐心等待，只有对那些年龄超过 10 月龄，而体重仍然未达到 110 千克的母猪才要通过改进日粮配方加快生长速度。

（3）对于年龄超过 10 个月和体重超过 130 千克而未发情的母猪，可以参照（1）中叙述的办法，仍然无效时，可以采取诱导发情的办法（即将母猪调入种公猪圈旁边的空圈，同种公猪一起饲养，经 1~3 周，多数在诱导饲养期间发情配种。3 周后仍未发情的，可以使用 25~40 毫瓦的氦-氖激光照射母猪阴蒂（每日

1~2次，每次20~25分钟）的办法促情。经促情处理仍未发情的，应淘汰作为商品猪育肥。

2. 对于未表现发情症状的初产或经产母猪应采取的措施：由于生产中多数母猪初配年龄过小，多数饲养管理条件差的小型猪场和专业户的初产母猪在第一胎后表现产后不发情、产后无奶、发情不规律等症状，应从如下几个方面采取措施。

（1）对于膘情处于中等或哺乳期失重达到50~100千克的母猪，只要加强营养，下一个发情期一般都可以发情。此时应注意补充蛋白质（尤其是动物性蛋白）和维生素。

（2）对于营养良好、膘情正常，但是产后不发情的母猪，应当通过适当增加饲料中维生素、高过敏源性物质、加强运动、种公猪诱导发情等办法促进发情，在采取前述措施的同时，采血进行乙脑、细小病毒病、伪狂犬病、蓝耳病、布鲁杆菌病等传染病的抗体检测和病原学检测检验，寻找病因，然后采取针对性措施。只有在上述措施无效并排除传染病的情况下，才考虑使用外源性激素支持的方法。

3. 促情和催产激素的正确使用：目前市场供应的激素有两大类：促进雌激素生成激素和雌激素类，前列腺素类。雌激素可以直接作用于靶器官或者靶组织，使用以后，很快出现发情症状，但是不一定排卵，这是临床许多农户对母猪使用雌激素催情后，往往一胎只生2~3个仔猪的根本原因。正确的做法应当是从产仔日当天算起，28日龄断奶的母猪，35~37日龄多数发情，此时配种情期受胎率最高。没有经验的农户，往往从满月或者断奶日算起，向后数18天，错过了最佳配种时机。使用雌激素，也应当从28天的断奶日算起，产后35~37日是第一个配种期，产后53~55日为第二个发情期（即预计的配种期），如果使用雌激素应当在产后53~54日使用。

如果使用的是促雌性激素释放素，由于作用于猪体以后，要有一个调整、促进的过程，应当按照说明书规定的时间注射。如果说明书没有规定，可以从产后35日算起，向后数12日（即产后47日），每天一次，小剂量连续注射5天后停止，观察母猪外阴部变化，如果阴户发红肿大，即可配种。当观察一日后未见母猪外阴部有明显变化的，可于第18日（产后53日）晚注射前列腺素，第19或20日（产后54日、55日）配种。

崇拜前列腺素，盲目使用前列腺素也是生产中的一大误区。前列腺素在促进发情中的作用是溶解黄体，只有那些患有卵巢囊肿、永久黄体的病猪才适用。生产中如果使用，应当根据发情周期推算发情期，在发情周期的第16日（预计发情日的前2天）注射，18日配种。

对母猪使用激素一定要按照说明书规定的剂量、方法和时间使用，或者在兽医指导下使用，严禁盲目乱用。

4. 加强观察：多数情况下的后备、初产母猪不发情和经产母猪配不上种，是由于饲养人员对品种猪的繁殖特性不了解，缺乏母猪饲养管理经验所致，总以为品种母猪和地方土种猪一样，发情时会出现阴户红肿，流清亮黏液，减食，跳圈，骚动不安，见不到这些症状就认为未发情，在等待的过程中错过了时机。部分原因是饲养人员不知道母猪同其他哺乳动物一样有产后35~37天发情，“热配”准胎率高的特点，有的甚至连发情周期18天、发情持续期1.5天都不知道，这是经产母猪错过配种期的又一个原因。所以，不论是对于后备母猪、初产母猪、经产母猪，还是对于使用过激素类药物的母猪，掌握发情规律，运用规律指导生产，在预计发情期认真观察，必要时运用公猪试情（即用种公猪进行直接交配试验），以免贻误配种期。

专家提示

1. 繁殖障碍的主要原因是过早配种和滥用激素等。
2. 对繁殖障碍病例，应先从营养、运动状况和配种日龄等方面查找原因。
3. 激素不可在未确诊情况下盲目使用。
4. 子宫冲洗应严格按要求配制冲洗液，以免损伤子宫。
5. 送检时别忘了胎衣和流产胎儿。

第四节　痢疾、腹泻及消化系统常见疾病

采食减少、消化不良、消瘦、生长迟缓、痢疾和腹泻都是临床症状。通常所说的拉肚子大多是指腹泻，腹泻时粪便中不含黏性物质，不一定表现腹部疼痛症状。痢疾常伴有腹部疼痛症状，粪便中含有黏性物质。临床腹泻可分为一般性腹泻和病毒性腹泻，痢疾分为红痢、黄痢、灰痢和白痢。

一、单纯性采食减少、消化不良

【临床表现】其一是单纯性采食减少、消化不良、消瘦、生长迟缓，多见于母猪怀孕中期营养不良和母猪突然发生高热性疾病、用药不当等导致的胚胎期发育受阻，正常怀孕期所生仔猪的器官机能发育不全，导致消化不良、消瘦、生长发育迟缓或发育受阻。其二是由于怀孕后期营养过剩，母猪怀孕期感染猪瘟、蓝耳病、伪狂犬病、口蹄疫等疫病，以及管理不当的原因，产后母猪无乳、母乳不足导致仔猪哺乳期发育受阻，形成消瘦、发育迟

缓个体。其三是管理方面的原因，如饲料配方不合理或搭配不当，导致断奶仔猪营养缺失或拒食、采食量下降等。其四是疫病的原因，尤其是哺乳期和断奶期猪群感染疫病，不仅导致仔猪生长发育受阻，器官机能不全，而且导致患病个体在猪群中的位次后移，成为猪群中的弱势个体，长时间采食不足或采食劣质饲料，成为猪群中的“垫窝”猪。其五是应激因素，如突然的大风降温、惊吓等均可能造成仔猪消化不良、生长迟缓和消瘦。其六是口腔疾患，导致仔猪哺乳或采食困难。如感染口蹄疫、疱疹性口炎猪群，一些个体的舌、上颚形成溃疡，就很容易由于采食时疼痛出现采食困难，采食量不足。临床常见的仔猪脚、唇溃疡已经结痂成疤，疫情已经得到有效控制，为什么仔猪依然精神不振，采食不理想，大多是此原因。

【防控措施】对于单纯性采食减少、消化不良、消瘦、生长迟缓的病例，临床应注意寻找致病原因，采取针对性措施。一般情况下应激因素和管理原因导致的单纯性采食减少、消化不良、消瘦、生长迟缓猪群，调整饲料和祛除应激因素后即可见明显的处理效果；口腔疾患个体采取对症处理措施时应结合使用抗菌消炎药物，避免病情恶化；“垫窝猪”需要单圈饲养或调入其他猪群饲养；胚胎期和哺乳期营养不良的“胚胎猪”和“幼稚猪”，除了在饲料中适当增加辅助消化的酶制剂和维生素制剂之外，在饲养过程中应注意适当提高饲料能量、蛋白质、微量元素等营养的比例，给以特殊照顾，使其通过4~8周的饲养达到正常猪群的生长速度。但是“胚胎猪”、“幼稚猪”和“垫窝猪”的治疗效果并不十分理想，有的个体身体机能恢复期达到4~6个月，极端的例子达到2年，失去治疗、饲养价值。建议散养农户治疗期最长8周、专业户4周、规模场2周，超过时应及时淘汰。

二、猪痢疾和腹泻

【临床表现】猪痢疾主要见于幼龄猪，包括仔猪红、黄、白痢，以及仔猪副伤寒。猪的腹泻则可见于各龄猪，包括猪瘟和气温骤降、饲料改变等引起的胃肠炎，中毒性疾病，冠状病毒、轮状病毒导致的传染性胃肠炎和伪狂犬病导致的仔猪腹泻、非典型性猪瘟引起的间歇性腹泻。

仔猪红痢是由梭菌引起的肠毒血症，包括 C 型魏氏梭菌和 C 型产气荚膜梭菌。临床见于 2 日龄仔猪，以拉红色黏性粪便、肠坏死、高热为主要症状，病程短，死亡率高。

黄痢是由大肠杆菌引起的临床见于 3～5 日龄仔猪的急性、高致死性疾病，以黄色黏性粪便为特征。本病经粪便传播能力极强，同窝仔猪只要吻舔病猪粪便，即可传染致病。

白痢则见于 5 日龄以上仔猪，多发于 20～30 日龄，近期表现出向小日龄发展趋势。病原为大肠杆菌，临床多见于产房保温条件和卫生条件较差猪群，仔猪长期处于低温应激而发病，故又称条件性疾病。临床以拉白色、灰白色、淡黄白色带有腥臭气味，有时混有气泡的黏稠粪便为特征，畏寒、发渴、减食或拒食。若治疗不及时，死亡率亦较高。

仔猪副伤寒主见于 2～4 月龄仔猪，亦见于 30 日龄以上幼龄猪，6 月龄以上、60 千克以上猪少见。该病病原为沙门杆菌。临床特征：拉灰色或灰白色恶臭稀粪，2～3 天后稀粪呈暗红色，微热或不发热；进行性消瘦，2～3 周后衰竭而死；死亡率20%～30%。痊愈猪大多成为僵猪。

引起腹泻的原因很多，但气温下降、寄生虫、中毒、饲料突变等应激因素导致的腹泻多伴以消化不良，在投给止泻药物和祛除应激因素后，病情可很快得到控制；而猪瘟、伪狂犬病、冠状病毒和轮状病毒引起的病毒性腹泻应用止泻药物无效。应激性腹泻临床以消化不良为主要特征，稀粪便中混有许多消化不完全食糜，频频拉稀；非典型性猪瘟时的先便秘后腹泻，群内则表现为同时出现或交替出现；病毒性胃肠炎导致腹泻冬春寒冷季节多发，以水样腹泻为主要特征，多发于7~20日龄仔猪，拒食、嗜水，病程5~7天，死亡率40%~70%，病死仔猪呈消瘦、苍白、贫血特征，传染性强，常常一头仔猪发病2~3天后，同窝仔猪即全部感染，1周内同舍非同圈仔猪亦大量发病；冠状病毒腹泻有1周后自愈的临床特征。

目前，最为多见、危害最严重的是仔猪黄、白痢，冠状病毒和轮状病毒引起的传染性胃肠炎（流行性腹泻）及伪狂犬病导致的仔猪腹泻，各规模猪场应当结合各自实际抓好防治工作。

【临床表现及鉴别】基层临床诊断时由于缺少检验设备，鉴别时可以从如下几个方面着手，综合判断。

1. 从猪的年龄判断：2日龄红痢，3~5日龄黄痢，5日龄以上直至1月龄白痢，7~20日龄病毒性腹泻，1~6月龄仔猪副伤寒。

2. 从粪便颜色判断：红色时考虑红痢和血痢（阿米巴痢疾）。黄色时考虑黄痢、病毒性腹泻和白痢。灰色时考虑仔猪副伤寒。白色时考虑白痢；白色黏性分泌物常常是肠道炎症初期的特征，伴有气泡和腥臭气味时为白痢，伴有消化不完全的凝乳块时考虑黄痢；白色面汤样稀便时考虑伪狂犬感染。红色黏性分泌物是胃肠道出血的表现，颜色鲜艳大多是直肠和肛门出血，深红时出血部位在结肠，暗红、发紫时则为胃和小肠部位的问题。

3. 粪便形态：当成型粪便与拉稀交替出现时，首先考虑非典型性猪瘟。拉稀便及粪便中包含许多消化不完全的食糜及考虑受凉、中毒、饲料突变、寄生虫等应激性反应和胎儿期感染猪瘟。粪便中含有黏性分泌物，要根据分泌物的颜色进行判断，粪便呈水样时，考虑中毒和病毒性腹泻。

4. 粪便气味：日粮中能量营养过高和消化不完全的稀便，常伴有酸臭气味；粪便伴有腥臭气味考虑白痢，呈恶臭气味时应考虑仔猪副伤寒。

5. 排便行为：精神正常，体温正常，采食量正常而排稀便的，大多是由于饲料配制不合理导致。排便时伴有凹腰、哼唧叫声等腹痛行为的，考虑应激性反应和肠道炎症。括约肌失控、稀便排泄不断的首先考虑中毒，失控水样稀便顺后腿不间断流淌时考虑冠状病毒和胎儿期感染猪瘟；括约肌不失控、排便时收缩，形成水枪样射便姿态时，考虑轮状病毒。

6. 行为学特征：痢疾和腹泻猪钻藏于猪群中间时大多处于发病初期，体温一般较高。而当离群独处时大多处于病程的中后期，精神萎靡。此时，若体温正常和发热，尚有治疗价值；若体温下降，则无治疗价值。

7. 病死猪解剖病变：一般情况下，痢疾病死猪大多可见肠道出血性病变，病毒性腹泻可见肠道充气、充水，而发生猪瘟的腹泻则可见大肠弥漫性充血、出血或回盲口纽扣样溃疡或充血、出血。

8. 用药效果：通常，应激性腹泻对止泻药敏感，止痢药、抗生素对细菌性痢疾有效，病毒性腹泻使用抗菌药无效，仅对抗病毒药敏感。

【综合防治】当前，淮河以北地区主要以黄、白痢和冠状病毒、轮状病毒、伪狂犬病毒危害仔猪群，导致仔猪育成率低下。针对猪的痢疾和腹泻，规模饲养场（户）采取了许多措施，但从临床实践看，无论是药物预防、药物治疗，还是疫（菌）苗免疫预防，单项措施的效果均不理想。因而，本文重点介绍猪痢疾与腹泻的综合防治措施，针对性治疗仅提供参考意见。综合措施包括控制合适的产房温度、做好产前母猪免疫、规范接生时消毒方法和行为、仔猪固定乳头和接种有益微生物，做好接生时消毒、药物预防、发病猪的消毒与隔离、针对性治疗等项工作。

1. 产房温度的调节和控制：仔猪痢疾和腹泻在规模猪场发生率高的一个重要原因是产房设计和建造不合理，产房温度过低，仔猪出生后长期处于低温条件的不良刺激，免疫力下降所致。因而，在综合防治措施中，改进产房设计、提高产房温度，尤其是产床仔猪睡眠区温度应作为控制的先决条件。建议产房温度控制在18~24℃，产床仔猪睡眠区可在24~34℃。推荐的产床仔猪睡眠区温度控制方案如下表。

不同日龄仔猪产床睡眠区温度

日龄	推荐的控制温度（℃）
1~2	≥34
3~5	34~32
6~7	32~30
8~15	30~28
16~21	28~26
22~28	26-24
29~35	24过渡为产房温度

2. 产前母猪免疫：在做好附红细胞体病、伪狂犬病、蓝耳病防治的前提下，做好仔猪黄痢、白痢、轮状病毒、冠状病毒病的免疫接种。

近两年，部分地区流行的附红细胞体病和在个别场发生的伪狂犬病、蓝耳病，在给商品猪群造成极大损失的同时，也导致繁殖猪群抗体水平的下降。为了提高种猪的免疫力，必须认真做好猪附红细胞体病和伪狂犬病、蓝耳病预防。建议规模猪场对怀孕母猪群进行抽血检测，及时采取药物预防和免疫措施。

母猪的免疫接种，一般安排在空怀期或配种之前。但由于仔猪红痢、黄痢、轮状病毒和冠状病毒病发病于7日龄以前，若在仔猪出生后接种疫（菌）苗，因免疫抗体上升到具有保护力水平最短需10天以上，无法有效地预防疫病，并且接种过程的刺激和注射后的免疫应答，对刚刚出生的仔猪都是影响健康的不良刺激。所以必须通过对怀孕中后期母猪适时免疫，获得高水平的母源抗体来保护仔猪。建议在母猪怀孕的70~95天，分别接种大肠杆菌3价或4价苗、流行性腹泻—轮状病毒苗（简称胃轮—胃流二联苗），以获得高水平的母源抗体。

3. 接生时消毒：此项措施在多数规模饲养场和专业户已经落实，但需进一步规范。

(1) 对产房和用具彻底消毒：首先，消毒时应选择允许对动物体喷洒的消毒药，严禁贪图省事，有啥用啥，尤其要禁止使用低倍数强刺激消毒药品替代。其次，要严格按照说明书规定的倍数进行稀释，不要随意提高浓度。再次，消毒频率要适宜。各次消毒间隔过长时达不到预期的预防效果，间隔过短时除了浪费，更重要的是频繁消毒对母猪是一种不良刺激，建议每周一次。最后，彻底消毒的要求是既要消毒到角角落落，还要消毒所有用具。即对所有场地和用具消毒。

(2) 接生人员和妊娠母猪躯体的消毒：接生人员消毒要按照外科手术的要求进行，不具备外科手术消毒条件的专业户接生人员，最起码要穿经紫外灯照射消毒的干净衣服，修剪指甲，先用酒精棉球擦拭手臂之后，再用肥皂水、温开水清洗手臂。待产的妊娠母猪躯体首先使用温水刷洗干净，用经消毒的干净毛巾按阴部、乳头、腹部、其他部位的次序擦拭后，再用生理盐水冲洗阴部；用酒精棉球擦拭乳头及乳房，待3~5分钟后，再用温开水冲洗乳头及乳房。

4. 仔猪固定乳头及接种有益微生物：对初生仔猪按照仔猪从大到小、乳头从后到前的次序进行固定乳头训练，不仅有利于提高同窝仔猪断奶时个体均匀度，而且可提高弱小个体的抗病力，减少仔猪红、黄、白痢和轮状病毒、冠状病毒病的发病概率。一般情况下训练3~5次即可。

为了提高初生仔猪对前述几种疾病的抵抗力，应当尽快让仔猪吃到初乳，以尽早获得母源抗体。根据河南省多个规模猪场实践，为帮助仔猪尽早建立消化道微生物菌群，在哺乳初乳之前，通过给初生仔猪口腔投喂微生态制剂，具有明显的保健作用。

5. 预防用药：仔猪药物预防应慎用，仔猪痢疾或腹泻比较严重的猪群，应当在兽医的指导下进行用药。

6. 仔猪免疫接种：受母源抗体影响，哺乳初乳期免疫接种的效果有很大争议。从初生仔猪需减少应激角度考虑，应尽可能避免在哺乳初乳期接种疫（菌）苗。但在7日龄后，应根据本场或当地疫情实际，选择有针对性的疫苗进行注射。

7. 发病猪的隔离与消毒：由于仔猪黄痢和病毒性腹泻传染性极强，对发病仔猪进行隔离，对病猪粪便及时清理，并对受污染场地及时进行消毒，在临床处理中有着非常积极的意义和明显效果，建议规模猪场和专业户采取积极措施，做好发病猪的隔离与粪便清理、圈舍消毒、排粪点消毒工作。

8. 针对性治疗：

（1）临床处置应激性腹泻时，首先要查找应激原因，祛除应激因素，如提高舍内温度、更换饲料等。在祛除应激因素后轻微症状者可自愈；腹泻1天的投给黄连素等止泻药物即可；病程2天以上时在投给痢菌净等止泻药的同时，应辅以补液盐、电解多维、氨基维他饮水，补充过度消耗的维生素，适当投用消炎药物；病程3天以上的则应首先补水补盐，有衰竭症状的还应考虑强心，在缓解症状之后投以大剂量的止泻、消炎药物1~2天，止泻后还应投给健胃剂以恢复消化功能。

（2）痢疾的临床处理主攻药物为藏药王、痢特灵、泻痢停和痢菌净等，临床处理的关键是避免传染。单个病例处理时要根据病程长短区分主、次矛盾，按照治表治里同时进行，或缓解临床症状和祛除病因同时进行的原则处置。治疗过程一般需要3~5天，临床用药时应注意按体重控制药量，以免药物中毒。

（3）基层对病毒性腹泻的确定往往是按应激性腹泻（俗称普通腹泻）处置，使用止痢、抗菌药物无效之后。故可在一般处置无效后，将主攻药由止痢、抗菌药物改为抑制病毒药物（黄芪菌多糖、干扰素、复合球蛋白等）。当然，能够运用综合判断方法直接确诊时，直接使用抑制病毒药物，不仅治疗期短，而且效果较为理想，成本也低。需注意的是在使用白细胞介素等血液制品时，应配合使用地塞米松、肾上腺素，以避免排异反应。

专家提示

1. 饲料中拌有抗菌药物时，投喂微生态制剂的生物效价大打折扣。
2. 中西药结合的办法优于单纯使用西药。
3. 及时隔离黄、白痢和病毒性腹泻仔猪，清理粪便，消毒排粪点，是防止病情蔓延的基本措施。

第五节　附红细胞体、圆环病毒及混合感染疫病

目前，临床除了发热、呼吸系统疾病、繁殖障碍、消化系统疾病对养猪业造成巨大损失之外，附红细胞体和圆环病毒猪病也是不可轻视的疫病。尤其是附红细胞体和猪瘟、链球菌病的混合

感染、圆环病毒与其他疫病的混合感染，对规模饲养猪群危害极大，必须引起高度重视。

一、猪附红细胞体及混合感染的预防控制

本病病原在学术界一直争论不休，2003 年第 17 届世界猪病大会根据多数专家的意见，将其定义为立克次体。由于蚊蝇为传播媒介，故多在夏秋蚊蝇肆虐季节流行。临床各种类别猪和各年龄段猪均有感染发病。虽然单一的猪附红细胞体病病死率较低（5%~10%），但与猪瘟、链球菌病、蓝耳病混合感染时发病率可达 30%，病死率 30%~50%，甚至更高。

（一）单一附红细胞体感染

【临床症状】 临床主要表现为贫血、黄疸症状，体温 40℃左右，发病猪早期见眼结膜苍白、眼眶周围苍白、周身皮肤苍白症状，尿液发黄，食欲减退，典型病例周身苍白如搽粉或典型的黄染；一般在发病 3~5 天后出现黄疸症状，食欲废绝，尿液呈暗红色，典型病例皮肤黄染明显，个别病例有消化不良症状。2004 年 9 月笔者在驻军某猪场见到的典型病例，苍白如同搽粉，黄染猪如同有意识染色。

【诊断鉴别】 诊断本病时应认真进行临床观察，询问用药情况。确诊可采集血样送检，红细胞周边不整齐，呈锯齿状或星芒状为本病血样镜检时红细胞的特征，镜检可利用此特征。

【治疗】

（1）血虫净，肌内注射 7~9 毫克/千克，足量使用 1 次即可，严重病例可使用 2 次，1 次/日。

（2）对于使用过血虫净 2 次以上猪群，可以考虑使用血虫速灭。该药为咪唑苯尿、强力霉素、祛热平喘药物的非砷复合制剂，抗虫谱宽广，活性强，残留低，毒性较小，肌内注射 0.1 毫升/千克，早期病例 1 次即可，感染时间较长的连续 2 日，1 次/

日。

（3）土霉素、黄色素、磺胺类等也可用于治疗该病。市场上供应的商品附红克、附红净、血弓连抗、血原净、原虫杀等多数为磺胺类制剂，使用时应注意按照说明书规定的剂量和用药期使用，并在饮水中添加小苏打，以免采食量下降。

【预防措施】

（1）在产房和保育猪舍安装窗纱，做好防蚊蝇工作。

（2）夏秋季节定期清理场区及周围的杂草和积水，喷洒驱蚊蝇药物，减少蚊蝇滋生。

（3）夏秋季定期使用药物预防。

【药物预防】药物预防可从以下参考方案任选：

（1）按磺胺类药物 500 克+TMP100 克/吨，每月 1 次，每次 2~3 天，定期投喂，定期杀灭血液原虫。

（2）夏秋季肌内注射血虫净 7~9 毫克/千克，每 8 周 1 次。

（3）定期肌内注射血虫速灭 0.1 毫克/千克，每 3 个月 1 次。

（二）附红细胞体、猪瘟混合感染

【临床症状】临床有两种表现，一是附红细胞体和典型猪瘟混合感染，一种是附红细胞体和非典型猪瘟混合感染。前者发病初期仅见渐进性苍白，食欲下降，5~7 日后，突然表现猪瘟症状，在排黄色尿液或红色尿液的同时，出现食欲废绝，高热稽留，皮肤潮红，臀部、背部毛孔出血症状，病程来势迅猛，往往在 3~5 天，同圈或相邻圈猪多头发病，并有死亡病例；剖检死亡病例可见肝脏颜色发暗，胆囊充盈，血液稀薄呈鲜红色，肠系膜弥漫性出血，大肠溃疡。后者发病症状与单一附红细胞体相近，只是在用药后食欲无明显好转，依然表现出便秘和拉稀交替出现症状，使用磺胺类药物的病例停药后体温反弹，在 40.5℃左右。

【临床处置】

(1) 肌内注射血虫净7~9毫克/千克，1次/日，连续2天。

(2) 在肌内注射血虫净的当日，肌内注射含有转移因子的干扰素0.02毫克/千克，1次/日，连续2天。

(3) 在肌内注射血虫净的第2天起，连续2天，视体重肌内注射冰毒神针5~10毫升/头，2次/日。

(4) 在肌内注射血虫净的第3天起，连续3天，视体重肌内注射瘟感康5~10毫升/头，2次/日。

(5) 在肌内注射血虫净的第5天起，视体重肌内注射猪瘟组织苗1~1.5头份。

(6) 在使用上述药物的过程中，在饮水中添加电解多维5克/千克，或维生素C 1克/千克，每日2~3次。

附1：附红细胞体和非典型猪瘟混合感染临床处置

(1) 肌内注射血虫净7~9毫克/千克，1次/日，连续2天。

(2) 在肌内注射血虫净的第2天，视体重大小肌内注射猪瘟脾淋苗1~2头份。

(3) 肌内注射猪瘟脾淋苗2天后，视体重大小肌内注射瘟感康5~10毫升/头，3次/日，连续3天。

(4) 肌内注射瘟感康前，饮水中添加电解多维5克/千克，每日2~3次；肌内注射瘟感康后，饮水中添加小苏打4克/千克，每日2次，连续3天。

(三) 附红细胞体、猪瘟、链球菌混合感染

【临床症状及特征】 临床附红细胞体、猪瘟、链球菌混合感染多发生于夏秋季育肥猪群。发病前期表现附红细胞体病状的猪只苍白，排黄色或红色尿液，体温突然上升至41℃时，表现链球菌病状的关节肿大、颈部毛孔出血、脑炎、皮肤痘样炎症等，以及眼结膜潮红、吻突干燥，公猪尿道口积尿，便秘和拉稀交替出现等非典型猪瘟症状，发病2日即可见死亡病例，使用抗附红细胞体的特效药物和抗革兰氏阴性菌的抗生素、磺胺类后，体温下降，但停药后体温反弹，依旧无食欲，5~7日后，便秘严重，常在球状粪便上带有白色或红色黏液，走动时后躯左右摇摆病例多数预后不良。病死率30%以上。

【临床处置】

1. 肌内注射血虫净7~9毫克/千克，1次/日，连续2天。
2. 视体重大小肌内注射脾淋猪瘟苗1~2头份。
3. 免疫1~2日后，对于发生颈部毛孔出血病例，肌内注射青霉素5万单位/千克，或氨卞青霉素，或头孢类10毫克/千克；对于发生关节炎病例，应在使用青霉素封闭关节同时，肌内注射双氢链霉素2万单位/千克；对于发生喘气、咳嗽病例，可肌内注射庆大霉素、鱼腥草各0.04毫升/千克。前述各种症状病例，均按2~3次/日，连续用药3天。
4. 用药期内，饮水中添加电解多维5克/千克，每日2~3次。

【愈后处置】 无论是单一附红细胞体感染，还是附红细胞体、猪瘟、链球菌混合感染，痊愈后均需按本场免疫程序重新免疫。

二、2型圆环病毒（PCV_2）及混合感染的预防控制

猪圆环病毒于1974年被德国专家首先发现，但是当时并没有引起人们的足够重视，直至1991年，加拿大的猪群中，出现了一种被称为断奶仔猪多系统衰竭综合征的新疾病，给养猪业造成了巨大的经济损失，这才引起了人们对这一疾病的关注，且经大量的临床调查、病原分离和鉴定后确定其病原是圆环病毒2型（PCV_2）。该病毒是一种圆形小颗粒病毒，直径17纳米，呈二十面体对称，无囊膜。病毒沉降系数为52S，病毒粒子CsCl浮密度为1.37克/米^3；由衣壳蛋白和基因组组成；基因组为单链环状

DNA 分子，并且以滚环方式复制，只编码一种蛋白质。根据 PCV 的致病性，抗原性及核苷酸序列可分为猪圆环病毒 1 型（PCV_1）和猪圆环病毒 2 型（PCV_2）两个基因型。PCV_1 基本上无致病性，但能产生血清抗体，在猪群中较普遍存在，包括 PCV-PK-15 及其他流行于猪群但无致病性的分离毒株；PCV_2 基因组分两种，一种为 1 767bp，另一种为 1 768bp。PCV 对环境的抵抗力较强，如对氯仿不敏感，在 pH 值为 3 的酸性环境中能长时间存活，对高温（72℃）也有抵抗力。多数学者认为圆环病毒 1 型（PCV_1）不致病，圆环病毒 2 型（PCV_2）临床不单独发病，往往是与其他疫病共同发生，并且与圆环病毒共同发生时发病率和死亡率急剧上升，因而，又把圆环病毒称为疫病帮凶。河南省驻马店市兽医防治站刘莲芝等，于 2004 年 6~7 月在送往华中农业大学和河南职业技术师范学院的病料中检测出病原后，养猪企业才逐渐认识到此病对养猪业的危害。同时该病也逐渐在猪群中蔓延开来。2006 年 6~9 月，发生于江西、安徽，并逐渐扩展至湖南、湖北、河南等省区的猪无名高热病，对养猪业造成了极大危害，据河南省动物疫病预防控制中心和河南省兽医院先后对驻马店、信阳、南阳、商丘、开封、濮阳、郑州、新乡等地 1 300多份样本检验分析，圆环病毒感染分别达到 38%和 19%，表明该病目前在河南省猪群中广泛存在，并且在高病死率猪群中检出率较高，充分说明该病在此次疫病过程中有推波助澜的帮凶作用。本病临床很少有单独发病的现象，说明人们对该病的认识还不全面，还需要时间。常见的圆环病毒混合感染可分为两大类：由非典型猪瘟、蓝耳病、伪狂犬病中的一种、二种或三种加圆环病毒的混合感染；由典型猪瘟、附红细胞体、弓形虫、链球菌的一种、二种或二种以上加圆环病毒的混合感染。前一类混合感染病例体表变化不明显，后一类则多数伴有体表发红特征，但感染病原种类的确定必须借助实验室检验，在预防控制方面却有共性。

【临床症状】圆环病毒与非典型猪瘟、蓝耳病、伪狂犬病混合感染病例，临床多数表现喜卧地，食欲废绝，饲喂时不靠槽，或靠槽不采食、靠近母猪不吮乳，状如痴呆，体温无明显变化；被毛粗乱无光泽，皮肤颜色黯淡，仔猪和保育舍猪眼睑外、眼眶内皮肤呈条形圆圈状青紫、玫瑰色暗红，没经验的兽医可误认为品种特征；吻突干燥色深暗，触诊双耳发凉，吻突发凉；多数伴有轻微咳嗽症状，病程较长；一周后体温逐渐下降，处置不及时2~3 周后衰竭而死，哺乳仔猪死亡后腹下或着地侧有玫瑰红色瘀血斑或连片瘀血，少数病例四肢附蹄部有绿豆至玉米粒大小的瘀血斑；部分病例周身有绿豆至豇豆大小的出血性梗死点。保育猪死亡后仅见皮肤颜色深暗，吻突、肛门、外阴部呈明显暗褐色；多数病死猪可见小腹区皮肤皮下针尖状黑青色瘀血点，发病率30%~50%，病死率 10%~30%，处置不当或不及时的，死亡率可达 100%。

圆环病毒与典型猪瘟、附红细胞体、弓形虫、链球菌混合感染时，体温突然升高至 41℃以上，食欲废绝，卧地不起，眼结膜潮红，并伴有典型猪瘟、附红细胞体、弓形虫、链球菌的毛孔出血、血尿和溶血、双耳和四肢下部瘀血、皮下瘀血等典型症状，但在依据症状判断后，针对性使用退热、杀灭原虫、抗菌消炎和抗生素药物后无明显效果，2~3 日内同圈猪发病率 60%~80%，相邻圈可达 20%~30%，病死率 10%~30%，5~7 日后病死率达 60%。

【临床诊断与剖检病变】本病以食欲废绝、体温变化不明显为主要特征的病例，诊断时注意寻找蓝耳病、伪狂犬病、非典型猪瘟的临床特征。如呕吐、胃大弯溃疡、蓝耳病、会阴部一过性紫斑等。解剖可见腹股沟淋巴结出血肿大，或黑紫色坏死，多数最后一对乳头和肛门皮下有蓝耳病特有的蓝褐色病变（乳头下部的 1/2~2/3、乳头基部、肛门周围呈淡蓝、蓝色、蓝黑色）。

以发热为主要特征的病例诊断时皮下针尖状瘀血症状不明显，但表现毛孔出血、黄尿或血尿、腹式呼吸或喘气、极高热等典型猪瘟、附红细胞体、弓形虫、链球菌的症状。解剖时可见腹部皮下溢血点、腹股沟淋巴结出血肿大呈紫红色；并见心耳充盈肥大、心室内壁分布密度不同的纵向平行的纤细纹络；胃部贲门区有围绕贲门口的伞形条状或独立的环状溃疡，在心、肝、脾、肾等脏器，有时可见特有的小米至绿豆大小的灰白色病灶斑痕。

从前一类病例病程较长，四肢末端、耳尖、尾温度低，表皮颜色灰暗，死亡后腹下和着地侧瘀血，后一类病例死亡后多数心耳肥大、心室内壁分布密度不同的纵向平行的纤细纹络现象分析，该病毒侵袭肌体后，主要导致心脏扩张功能障碍，血液随心跳从心脏流向躯体组织后，回流不良或渐进性受阻，形成组织溢血和瘀血，最终导致心力衰竭。对于健康个体，则可能由于自愈而不表现任何临床症状，但对于发病个体，则由于发热、炎症等原因使心脏负荷加大，提高血液循环速率，单纯性感染致死率不高，但与其他疫病混合感染死亡率较高。

【临床处置】

1. 以食欲废绝、体温变化不明显为主要特征的病例处置：

（1）有呕吐症状病例的商品猪群：紧急接种伪狂犬病双基因缺失苗 1 头份，间隔 5 天后，视体重大小接种猪瘟脾淋苗 1.5~2 头份，间隔 5 天后，断奶猪（包括商品猪和后备猪），接种蓝耳灭活苗 1 头份；后备猪痊愈后淘汰转入商品猪群；有呕吐症状的母猪可以在接种猪瘟脾淋苗 3 天后，接种蓝耳弱毒活疫苗 1.5~2 头份、4~5 天后接种伪狂犬病双基因缺失苗 1~2 头份。接种疫苗期间饮水中交替添加酸奶或食用醋（按饮水体积的 5%~10%）和电解多维 5 克/千克。

（2）有眼圈蓝黑或暗红病例的猪群：断奶猪（包括商品猪和后备猪）接种蓝耳病弱毒活疫苗1头份（后备猪痊愈后淘汰转入商品猪群），母猪接种蓝耳病弱毒活疫苗1.5~2头份；5天后视体重大小紧急接种猪瘟脾淋苗1.5~2头份，间隔3天接种伪狂犬病基因缺失苗1~2头份；接种疫苗期间饮水中交替添加补液盐和电解多维。

（3）有躯体颜色灰暗、消化不良性拉稀病例的猪群：视体重大小紧急接种猪瘟脾淋苗1.5~2头份，3天后接种伪狂犬病基因缺失苗1头份，间隔5天，断奶猪（包括商品猪和后备猪）接种蓝耳病弱毒活疫苗1头份（后备猪痊愈后淘汰转入商品猪群），母猪接种蓝耳病弱毒活疫苗1.5~2头份；接种疫苗期间饮水中交替添加酸奶或食用醋（按饮水体积的5%~10%）和电解多维5克/千克。

（4）对于上述3种症状发病3~5天的中期病例，首先使用含有转移因子的干扰素，每日1次，连续2天；在使用干扰素的同时，每日2~3次肌内注射黄芪多糖、二花或银翘注射液等，并在饮水中添加酸奶或食用醋或补液盐；第3天停药1天，第4天开始，针对性使用上述方案处置。

（5）上述3种症状5天以上病例，若发生体温低于正常体温0.5℃以上或站立行走困难的，应放弃治疗。

2. 以发热为主要特征的病例的处置：

（1）有极高热病例猪群：视体重大小紧急接种猪瘟脾淋苗1.5~2头份；接种猪瘟脾淋苗的当天，肌内注射敌菌净0.2毫升/千克，2~3次/日，连续2天，静脉注射维生素B_1 0.05毫升/千克、维生素B_6 0.1毫升/千克，2次/日，连续2天；饮水按照说明书量加倍添加电解多维或口服食用醋2次/日，连续2天；第3天停止注射用药，在饮水中按照5克/千克添加电解多维；第4天接种伪狂犬病双基因缺失苗1~1.5头份；间隔5天，断奶猪（包括商品猪和后备猪）接种蓝耳病弱毒活疫苗 1 头份（后备猪痊愈后淘汰转入商品猪群），母猪接种蓝耳病弱毒活疫苗 1.5~2 头份；接种疫苗期间饮水中交替添加食用醋和电解多维。

（2）有黄尿或血尿、贫血黄疸病例猪群：视体重大小紧急接种猪瘟脾淋苗 1.5~2 头份；接种猪瘟脾淋苗的当天，肌内注射血虫净 7~9 毫克/千克或血虫速灭 0.1 毫克/千克 1 次，第 2 天同量再次肌内注射血虫净或血虫速灭；第 4 天，接种伪狂犬病基因缺失疫苗 1~1.5 头份；间隔 5 天，断奶猪（包括商品猪和后备猪）接种蓝耳病弱毒活疫苗 1 头份（后备猪痊愈后淘汰转入商品猪群），母猪接种蓝耳病弱毒活疫苗 1.5~2 头份；接种疫苗期间饮水中交替添加酸奶或食用醋和电解多维。

（3）有腹式呼吸或喘气、咳嗽及关节炎病例的猪群：视体重大小紧急接种猪瘟脾淋苗 1.5~2 头份。接种猪瘟脾淋苗的当天，肌内注射青霉素 5 万单位/千克、庆大霉素 0.04 毫升/千克 2~3 次；第 2 天，肌内注射氨卞青霉素 5 万单位/千克、双氢链霉素 2 万单位/千克 2~3 次；第 3 天，肌内注射头孢嘧啶钠10~15 毫克/千克、鱼腥草 0.04 毫升/千克；第 4 天，断奶猪（包括商品猪和后备猪）接种蓝耳病弱毒活疫苗 1 头份（后备猪痊愈后淘汰转入商品猪群），母猪接种蓝耳病弱毒活疫苗 1.5~2 头份；间隔 5 天，接种伪狂犬病双基因缺失苗 1~1.5 头份。接种疫苗期间饮水中交替添加酸奶或食用醋和电解多维。

（4）仅表现中高热、无其他症状猪群：视体重大小紧急接种猪瘟脾淋苗 1.5~2 头份；第 4 天，断奶猪（包括商品猪和后备猪）接种蓝耳病弱毒活疫苗 1 头份（后备猪痊愈后淘汰转入商品猪群），母猪接种蓝耳病弱毒活疫苗 1.5~2 头份；间隔 5 天，接种伪狂犬病双基因缺失苗 1~1.5 头份。接种疫苗期间饮水中交替添加酸奶或食用醋和电解多维。

（5）对于上述 4 种症状发病 3~5 天的中期病例，首先使用含有转移因子的干扰素，每日1次，连续2天；在使用干扰素的同时，每日2~3次肌内注射清热解毒注射液0.4毫升/千克，或二花注射液0.2毫升/千克，并结合病例的临床表现，肌内注射对应的药物；第3天停用清热解毒注射液或二花注射液，继续使用前述对应药物；第4天开始，参照上述四种临床特征针对性地沿用第4天后的接种疫苗方案处置。

（6）上述4种症状5天以上病例，若发生体温低于正常体温0.5℃以上、步态踉跄的，应放弃治疗。

专家提示

1. 附红细胞体病是夏秋高温季节暴发疫情的导火索，防蚊蝇措施不到位的猪场，应定期药物预防。
2. 圆环病毒病既是疫病帮凶，又导致免疫抑制，各规模猪场应注意净化该病。

第六节　常见普通病及其控制

目前，对猪群危害严重的普通病主要有：霉玉米中毒、变质鱼粉中毒、食盐中毒和生豆粕导致的消化不良、棉籽仁中毒等。

一、霉变玉米中毒

近几年，我国北方农业区由于受厄尔尼诺影响，玉米收获季节大范围降雨较为普遍，2003年、2005年、2010年的三次秋季降雨先后导致安徽、河南、山东、河北等地的玉米霉变，尤其是2005年的秋季，玉米成熟收获期，遇到了持续10多天的阴雨，致使河南全省和河北、山西两省南部地区的玉米在未收获的状态下霉变，由于黑霉、绿霉对玉米的污染易于辨认，黄曲霉污染直观性差，多数农民将自认为未霉变的玉米出售给畜禽养殖企业和饲料加工企业，给养猪业和养禽业带来了很大损失。

【霉变玉米的有害成分及其危害】对于饲料级玉米，养猪企业和部分专业户对黄曲霉污染有所认识，多数农户尚未认识到其危害，至于霉变玉米的其他危害，很少引起重视。据美国康奈尔大学 Simon M Shane 博士的研究结果，霉变玉米可能含有的真菌有 12 种，产生的毒素达 16 种，主要有黄曲霉菌产生的黄曲霉毒素 B、M、G 和曲酸，寄生曲霉菌产生的黄曲霉毒素 B、M，赭曲霉菌产生的赭曲霉毒素 A，烟曲霉菌产生的烟曲霉醌，最常见的霉变玉米中毒为黄曲霉毒素中毒、赭曲霉毒素中毒和镰刀菌毒素中毒。特别是黄曲霉菌和寄生曲霉菌，即使秋高气爽的正常天气，也非常容易感染生长中的玉米和花生，一旦遇到连阴雨天气，或收获后未及时晾晒，便可导致其大量繁殖，产生黄曲霉毒素 B、M、G 等有毒物质，这是临床把霉变玉米中毒简称为黄曲霉中毒的原因。

【流行病学特征】在养猪生产中，霉变玉米中毒首先表现为母猪的外阴红肿，中毒轻微时仅见阴唇下部鲜红，中毒严重的导致外阴部肿大和假发情、流产等繁殖机能障碍。2~3 周后，由于毒素的蓄积作用，常发生胆囊充盈、肝中毒，导致呕吐、采食量下降、消化不良、拉稀便等消化机能异常。4 周后，随着肝中毒的加重，病猪出现肝硬化症状，丧失肝脏的消毒、免疫机能，此时若管理水平低下，猪舍卫生状况较差、温度过低或高温高湿，猪群拥挤，往往诱发免疫抑制性疾病，甚至导致疫情发生。

本病多发于玉米霉变的秋季，多雨年份的冬春季。饲喂霉变玉米、麸皮、豆粕，以及霉变的粗纤维饲料猪群，断奶后的各龄猪，不分性别一年四季均可发病，转入保育舍的仔猪最先发病。

【临床症状及鉴别】中毒 2 周后，保育舍仔猪阴户下部鲜红、经产母猪外阴部持续红肿如发情状，且屡配不孕；2~3周后，保育舍仔猪出现顽固的消化不良性稀便、消瘦，被毛粗乱无光泽；初产母猪出现持续发情、屡配不孕，怀孕母猪出现产程延长、难产、子宫垂脱；体重40千克以上商品猪发生不明原因呕吐、脱肛、关节囊积液。4周后，免疫时抗体水平整体偏低，发生免疫抑制，甚至暴发疫情。

鸡鸭鹅等家禽对黄曲霉毒素敏感，临床怀疑本病时，可取猪饲料饲喂家禽进行动物实验，3天后雏鸡出现眼结膜肿胀并有黏性分泌物、嗉囊肿胀但无积液、剖检可见肝脏肿大变暗发脆和胆囊充盈症状，雏鸭、雏鹅出现神经症状、胸肌和大腿肌肉出血、解剖肺脏出现从绿豆至花生豆大小的黄色（灰白色）核桃样结节，可以确诊；也可做动物实验以饲料浸出液或疑似病猪的胃液让1日龄雏鸭内服，12小时内雏鸭发病；或用雏鸭内服量的1/200接种5日龄鸡胚，12小时内鸡胚全部死亡。

【临床治疗】对于确诊的玉米霉变中毒猪群，可以采取以下治疗措施：

1. 更换饲料，停止使用霉变原料。

2. 对发病猪饲喂制霉菌素0.04片/千克（首次加倍），2次/日，连续3~5天；3天后症状明显减轻的，可改为1次/日，或2次/日，1片/次。

3. 用药期间饮水中添加0.5%电解多维（5克/千克水），2~3次/日。

【预防】预防本病的根本措施在于不使用霉败变质原料，包括玉米、麸皮、花生、大豆粕等。发现猪群不论大小母猪普遍出现阴户下部发红时，应立即更换饲料，尤其是更换玉米。

对于小型养猪专业户，由于收购的玉米多数为拖拉机碾压，秕子较多，收购时尽管淘汰了被黑霉、绿霉污染的玉米，但因黄曲霉污染状的直观性差致使收购污染玉米，只要成熟期遇到连阴雨天的玉米，加工前必须过筛、脱胚，因黄曲霉菌污染主要集中在玉米的胚部，把玉米过筛、脱胚可以祛除毒素的85%~90%，所以，过筛除去秕子玉米和脱胚，应作为预防本病的主要措施。当然，条件许可时，还可以采用水洗法、0.5%~1%的烧碱浸泡法等。有资料介绍饲料中添加5%的洁净膨润土，能有效吸附黄曲霉毒素，添加2%的紫菜粉或2%~4%的海带粉可以抑制毒素的吸收，缓解中毒症状，可以在预防中尝试。

二、变质鱼粉中毒

由于豆粕价格上扬过快，进口的秘鲁鱼粉价位一直走高，一些养猪企业或饲料加工企业有意识地加大了国产鱼粉的使用量。然而，我国沿海一些鱼粉生产企业由于原料条件限制和加工工艺落后，质量监管缺位，鱼粉中盐分含量超标较为常见，一些不法商户向鱼粉中掺加麻袋粉、纸箱粉等，甚至将麻袋粉、纸箱粉作为主原料，再添加少量鱼粉和高含氮量化肥制作假鱼粉；还有一种情况是鱼粉经营单位、使用企业由于存放条件局限，在保存的过程发热，因国产鱼粉多数为海产品加工的下脚料，稍有升温，即发生大肠杆菌超标，高温时间长的超标严重，高温高湿时间长时，甚至发生腐败。所以，对于养猪企业和专业户，在使用掺杂、使假、伪劣鱼粉的过程中常见的疾病有：食盐中毒、亚硝酸盐中毒、氨中毒、大肠杆菌病和蛋白质营养不良。

（一）变质鱼粉导致的食盐和亚硝酸中毒及其处置

1. 食盐中毒的临床症状及其处理：按照育成猪每日摄取2~2.5千克日粮计算，猪每天摄取的食盐量为4~7克。国家规定的瘦肉型育肥猪饲料中的食盐含量在0.23%~0.25%、肉脂兼用型妊娠猪0.32%、哺乳期0.46%、种公猪0.53%，当日粮中食盐含量高出这个要求时，因猪口腔内只有嗜苦味蕾，对食盐含量过高时的饲料咸度增加反应不灵敏，仍然继续采食，最终导致摄入体内的食盐过多而中毒。

临床食盐中毒有中毒病的一般特征，即群体同时发生，症状基本相似，以及近期改变日粮鱼粉含量、更换不同厂家生产鱼粉、更换浓缩料，或饲喂酱油渣、芝麻油渣、节日剩余饭菜等食盐含量高的饲料。中毒早期，猪只眼结膜潮红，口渴症状明显，尤其是定时饮水猪群，表现出对水的特别嗜好，饮水欲明显增强，相互间甚至因争夺饮水位而打斗；2~3 天后，保育舍仔猪出现兴奋、相互间攻击、拉稀便症状，5~7 天时发生肌肉震颤和抽搐等神经症状。

临床处置时可静脉放血 20~25 毫升，随即静脉或腹腔注射 25%葡萄糖 250 毫升；兴奋不安和痉挛、抽搐严重的可肌内注射溴化钙 10~15 毫升，或肌内注射苯巴比妥钠 0.4~0.6 克。在饮水中添加电解多维 5 克/千克，4~6 次/日，加速食盐的排泄。

2. 亚硝酸盐中毒的临床症状及其处理：本来亚硝酸盐中毒主要发生于夏末和秋季的散养猪群，主要原因是饲喂了堆放发热的白菜、芥菜、萝卜叶、包菜叶和青草等，十字花科蔬菜和青草所含的硝酸盐在堆放中由于高温转化成亚硝酸盐所致。但是近年来夏秋高温季节，由于鱼粉的保管不当，鱼粉中的硝酸盐转化成为亚硝酸盐，也成为本病发病率上升的潜在因素；另外，专业户猪群，由于使用的廉价鱼粉，掺假时使用了硝铵盐化肥，导致发病率近年明显上升。

临床症状比食盐中毒表现强烈，采食 20~30 分钟后，采食量大的强壮强势猪最先表现口吐白沫、呕吐、肚疼腹泻、狂躁、肌肉震颤、突然倒地等症状，之后大群出现临床症状。死亡猪血液黏稠暗黑呈酱油色，凝固不良。

临床处置时对口吐白沫、呕吐症状明显个体可静脉注射 5%甲苯胺蓝 5 毫克；也可静脉注射 1%亚甲蓝 0.1~0.2 毫升/千克，间隔 24 小时再次注射；配合使用维生素 C 200~500 毫克。心力衰竭的肌内注射10%安钠加5~10毫升。症状轻微个体，可在耳尖或尾根放血，症状缓解后，可按5克/千克饮水添加电解多维，4~6次/日，加速亚硝酸盐的排泄。

临床发现亚硝酸盐中毒后，应立即停止使用该批次鱼粉。

发现食盐中毒时，一是应及时停止使用本批次饲料；二是在测试鱼粉或浓缩料的盐分含量后，重新设计配方，并按照新配方调整配制饲料，使日粮中盐分含量达到规定标准；三是新调制饲料对健康猪群使用，发病猪群痊愈2周以上再使用新调制饲料。

（二）变质鱼粉导致的氨中毒及其处置

变质鱼粉导致的氨中毒主要见于鱼粉添加碳铵或尿素，临床采食量大的强势猪最先表现症状，10~15分钟后全群出现症状。随着饲料中碳铵或尿素在胃中分解吸收，血液中 NH_4^+ 浓度升高后，NH_4^+ 争夺置换血红蛋白中 Fe^{3+}，导致血液携氧能力下降，发病猪表现缺氧症状：一是脑组织缺氧导致的共济失调，意识丧失，大、小便失禁等神经症状；二是肌肉组织间的缺氧导致肌肉震颤，肌肉组织间 CO_2 等废物的增加，导致皮肤颜色深暗，肌肉和血液呈暗红色。采食较少的病例则表现呕吐、狂躁等症状。

处置：对症状严重病例，可静脉注射维生素C 0.04毫升/千克，初期10~20分钟1次，症状缓解后，可间隔30分钟或更长时间；症状轻微病例可以灌服食用醋0.3毫升/千克，每隔30分钟1次。

注意：对氨中毒病例，不可饮水，除灌服食用醋外，还可以通过灌服食用油或液体石蜡加速胃内有毒鱼粉的排泄。

发现氨中毒后，应立即停止使用本批次鱼粉或浓缩料。

（三）腐败变质鱼粉导致的大肠杆菌病及其处置

腐败变质鱼粉导致的大肠杆菌病多见于保育舍的保育中后期猪群，多数在饲喂大肠杆菌严重超标鱼粉5~7天后发病，夏、秋高温季节多发。临床以水肿为主要特征，可见头部、眼眶上部、四肢下部、肩部、胸部水肿，无明显发热症状。剖检可见头部、眼睑、全身水肿部位皮下渗出大量透明或浅黄色液体，胃大弯和胃底糜烂性炎症。

临床处置：症状严重的病例，采取肌内注射或腹腔注射法，按产品说明书用量使用磺胺类或呋喃唑酮；症状轻微病例，可按体重大小口服磺胺类或呋喃唑酮。使用磺胺类药物期间，按0.4%的比例，在饮水中添加小苏打，2次/日，连用2~3天。

发现腐败变质鱼粉中毒后，立即停止使用本批次鱼粉或浓缩料。

（四）掺杂变质鱼粉导致的蛋白质营养不良的临床症状及解决办法

掺杂变质鱼粉在生产中除了导致食盐中毒、亚硝酸盐中毒、大肠杆菌中毒外，还由于大量掺假，导致蛋白质营养不良。如掺杂麻袋片粉、纸箱粉、沙土等的同时，掺杂使用了少量尿素时，检测时总氮不低，饲养中临床氨中毒症状又不明显，或呈慢性过程，非常容易导致蛋白质营养不足。

蛋白质营养不良猪群，主要表现是生长发育迟缓，消瘦，生长速度下降，采食量不减或上升，但饲料利用率和转化率降低；幼龄猪个体间体重差异日渐明显；繁殖猪群繁殖性能下降，如发情症状不明显，产仔率下降，泌乳性能下降，仔猪断奶重降低等。临床诊断应抓住采食量加大但是饲料利用率降低的特点，保育期结束时猪体重差异显著，消瘦，被毛无光泽的特征。

处置的基本方法是停用掺假鱼粉，增加蛋白质营养。如在日粮中增加豆粕、花生饼、鱼粉的用量，使用奶粉、蛋清粉、蚕蛹粉等。

三、豆粕、花生饼、棉籽仁饼使用中存在的问题及其解决办法

饼粕类使用中的问题，常被饲养者忽略。事实上，由于饼粕使用的大意，也经常导致猪群发病。

（一）豆粕使用中的问题及解决办法

在规模猪场和专业户的饲养管理中，豆粕使用中的主要问题是生粕和假豆粕问题，其次是豆粕在日粮配比中所占比重过高。

1. 对于使用生大豆、老式加工方法生产的圆盘豆饼，以及用浸提方法生产的未经加热膨化的豆粕的猪群，都会由于在加工过程中大豆所含的胰蛋白酶未破坏，饲喂后发生消化不良、拉稀便现象。

2. 当日粮中豆粕比重过高时，一方面导致饲养成本上升，另一方面发生消化不良性稀便，拉黑褐色稀便，黏性明显提高，粪便发出明显腥臭气味。

3. 当发现猪群饲喂豆粕22%以上的日粮3天以上，仍未发生拉稀现象时，应检查所用豆粕的质量。若豆粕或豆饼中碎屑很多，应着重检查碎屑片，看是否混有玉米皮或玉米胚皮；若猪群饲喂豆粕22%以上的日粮7天以上，虽然有拉稀便现象，但是稀便颜色并不深暗发黑，生长速度无明显变化，特别是被毛仍然无光泽时，应检查所用豆粕碎屑是否混有麸皮；若无稀便现象，并且粪便颜色发黄，带有酸臭味时，应着重检查豆粕的粉末，看是否混有次粉或面粉。

发现上述第一种情况后，应立即停止使用，并采取加热处理生大豆、生豆粕、生豆饼，发生第二种情况时应适当降低日粮中豆粕的比例；发生第三种情况时应适当增加日粮的豆粕用量。

（二）花生饼使用中的问题及解决办法

规模猪场和专业户猪群花生饼中常见的问题是花生饼感染黄

曲霉，其临床表现同饲喂感染黄曲霉玉米一样。处置方法是停止使用受黄曲霉污染的花生饼。

（三）棉籽仁饼使用中的问题及解决办法

棉籽仁饼使用中的问题是脱毒问题。未经高温或脱毒处理的棉籽仁饼由于含有游离棉酚，常导致繁殖猪群发生繁殖机能异常。如母猪出现阴户持续潮红，发情不规律等异常现象，严重的导致怀孕期延长、产程延长、所生仔猪发育异常或死胎；种公猪出现精液活力下降、精液稀薄，严重的导致死精。

生产中应注意只在商品猪群的饲料中添加棉籽仁饼，繁殖猪群配制日粮时不使用；使用棉籽仁饼一定要经脱毒处理。小型专业户对采购的未经脱毒处理的棉籽仁饼，可用以下方法脱毒。

清水浸泡法：即将未经脱毒的棉籽仁饼使用清水浸泡 1 小时，将浸泡上清液倒掉抛弃，使用浸泡过的棉籽仁饼配制饲料。

石灰水浸泡法：应用 10%石灰水，浸泡 0.5~1 小时，倒掉浸泡过的石灰水后，再用清水浸泡清洗 10~20 分钟，倒掉清洗液后再配制饲料。

添加硫代硫酸钠法：按 120 克/吨饲料，取硫代硫酸钠溶于洁净水中，配制浸泡液，将未经脱毒处理的棉籽仁饼加入浸泡液中，搅拌后浸泡 15~20 分钟，之后倒掉上层浸泡液，使用下层浸泡过的棉籽仁饼配制饲料。

（四）菜籽饼使用中的问题及解决办法

菜籽饼仅限用于商品猪群，并作为豆粕、花生饼等补充成分使用。使用量不得超过饼粕类的 30%。

菜籽饼中的芥子硫苷虽然本身无毒，但是经相应的酶水解后的产物有毒。所以饲料中使用菜籽饼时应经高温处理，将其水解酶灭活。

专家提示

1. 黄曲霉不同于绿霉、黑霉，污染的饲料眼观变化不明显，只要是潮湿成团、结块的原料，均应检查后使用。
2. 不单是玉米会受黄曲霉污染，麸、粕等也可被污染。
3. 花生在田间多雨时会被黄曲霉污染，使用未经高温处理的花生饼时应当心。

第四章　圈养猪疫病综合控制的相关措施

对于规模养猪经营者来讲，猪群发病后再去采取措施，往往事倍功半，得不偿失。管理的核心是为猪创造一个最适合猪生存的环境，提供最佳的营养，使其在饲养期内最快地生长，从而获得最大的饲料报酬。所以，创造条件使猪群不发生疫病，或者尽可能少发病，是饲养管理，也是疫病管理的核心。

近年来猪病病种的增加、混合感染病例增多、毁灭性疫病发生频率激增有它的必然性。因为在自然界，某种生物在短时期内数量的急剧增加，打破了食物链的平衡，必然会导致它的天敌的快速繁殖，从而达到新的平衡；从社会经济学角度分析，养猪行业的快速发展是因为有较大的利润空间和相对较低的投资风险，从不同的国家引种、哄抬种猪价格不足为奇，混乱盲目的引种最终导致了欧洲和美洲的猪群疫病在中国流行。病原方面，毒力的强弱和单位容积内病原微生物量的多少会导致疫情传播速度和严重程度的差异，规模饲养状态下，由于管理水平高低不一，一些病原微生物随着消毒、预防用药、病死猪尸体的无害化处理、净化等措施的实施而在一定区域内被消灭，在另外的区域内则由于前述的兽医卫生措施落实不到位而产生了耐药性，甚至发生遗传结构的变异，形成新的毒力更强的毒株或菌株。并且，由于封闭饲养，单位容积内的病原微生物数量急剧上升，提高了发病概率。这种情况不仅见于规模养猪场，也发生于规模饲养鸡群，常见的是冬季产房、保育舍和产蛋鸡舍内呼吸道疾病的发病率居高不下，用药、免疫等措施无明显效果。猪群方面，抵抗力的强弱，会对病原微生物的侵袭表现出明显不同的反应，生产实际中，由于人为选择的原因，猪群产肉性能、生长速度、料肉比等人类需求性能的提高，是以牺牲猪的生存能力、猪对环境的适应能力和抗逆性为代价的，伴随的是对疫病抵抗力的下降，规模饲养的猪群比散养猪易感、脆弱。在群养的过程中，近交会导致体质下降；引种不慎可能会使猪群增加新的病种；猪场选址不当会使周围农户和猪场的疫情影响本场猪群，严重的可能引发疫情。猪场内部布局和建筑物结构不合理，一是导致猪舍温度无法控制、空气质量下降，进而导致猪群体质的下降，抗病力降低；二是导致消毒、隔离等技术措施难以达到预期的效果，一栋猪舍的疫病，很快变成整个猪场的疫病；三是可能导致饲养管理人员和生活区的其他人员发生人畜共患病。病死猪的尸体和粪便的随意堆放、丢弃，不仅影响环境卫生，还会直接导致疫情的蔓延。分析表明，要做到不发病、少发病、有效控制疫病的发生，或者在发生时能够迅速扑灭疫病，必须采取多管齐下的综合措施。这里讲的综合措施，包括药物预防、接种疫（菌）苗、落实消毒和隔离措施；还包括制订合理的日粮配方，给猪提供全面合理的营养，加强日常的饲养管理，尽可能满足群体中不同个体的生长发育需求；也包括制订合理的猪群周转计划，尽量做到全进全出，为猪舍的定期彻底消毒创造条件，以及把握猪场定位，经营管理中围绕猪场定位落实各项饲养管理和疫病防控措施；还包括科学选定猪场场址、猪场内部合理布局和确定适宜的猪场建筑物结构等能够对猪群直接产生影响的因子。从生产中管理较好的猪场也可以看出，高水平的疫病防控是多角度、全方位的多维立体防控：横向地考虑到了猪场选址、建筑物布局、猪舍间隔、猪舍内部结构；纵向地考虑了种猪的引进、选择，自繁自养，全进全出和商品猪的批量销售；另外，考虑到营养和免疫、药物预防等日常管理，保证了猪群体质的健壮。这种多维、全过程、多角度的综合控制措施的落实，是规模养猪企业很少发生疫情的真谛。

第一节　猪场定位及其对群养猪的影响

河南省和全国大部分地区的商品猪已经实现了三元杂交，即：杜洛克、长白、约克夏三元杂交商品猪。终端父本以杜洛克为主，兼有少量汉普夏，母本使用长白、约克夏二元杂交猪。从而形成了生猪饲养三级繁育模式：祖代场、父母代场、商品猪场。

祖代场生产纯种公猪和父母代种猪。多数饲养杜洛克，少数饲养汉普夏的纯种公母猪，生产杜洛克或汉普夏的纯种公猪，供商品代场使用；饲养长白和约克夏的纯种公母猪，生产纯种长白和约克夏公母猪，供父母代场使用。

父母代场生产商品猪场使用的二元母猪。饲养来自于祖代场的长白或约克夏的纯种公母猪，交配时使用长白公猪和约克夏母猪的后代为长约二元杂，使用约克夏公猪和长白母猪的后代为约长二元杂，二者均为白色被毛，生产性能差别不大，但是在体型方面差异明显，前者体躯高大、收腹、头狭长、面部清秀、双耳下垂，后者体型紧凑，背部平直、颈短、双耳上竖。

商品猪场使用纯种杜洛克或汉普夏公猪与来自于父母代场的长约二元杂或约长二元杂母本交配，生产杜长约、杜约长或汉长约、汉约长三元商品猪。杜长约商品猪体型高大，杜约长商品猪体型紧凑，这两种组合的商品猪的皮肤和被毛以白色为主，有时会出现全部棕色被毛或部分棕色被毛个体，也有在臀部或前躯出现棕色花斑个体，但是，躯体皮肤出现蓝色花斑则说明母本纯度较低；汉长约三元商品猪体型高大，汉约长三元商品猪体型紧凑，这两种组合的商品猪的皮肤和被毛同样以白色为主，有时会出现全部黑色被毛或部分黑色被毛个体，也有在臀部或前躯出现黑色花斑个体。

具体的生产实践中，规模养猪企业或专业户由于定位不准或者没有考虑定位问题，在经营管理中不注意或者意识到但未纠正的问题主要有如下几个方面：一是对市场没有把握和对养猪没有信心的专业户既养种猪又养商品猪，期望商品猪市场好时大量饲养商品猪，商品猪市场行情不好时出售种猪，结果是商品猪市场行情好时规模上不去，商品猪市场行情不好时种猪又没有销售市场；二是没有经验的规模饲养场主受小农意识左右，规模饲养场建成后赶上了市场商品猪行情走高，立即引进大批商品猪在本场育肥，结果是育肥猪群发生疫情，并蔓延到繁殖猪群，最终使场区污染，成为一个新建的“染疫场”；三是上马时计划的是种猪场，建设和规划也都是种猪场，但是由于经营和管理水平所限，被迫改为商品猪场；四是原本就没有长远打算，只是看到商品猪行情诱人，购买仔猪投机育肥一批，结果尝到了甜头，就在原来的育肥场上按照“自繁自养”的建议，铺开摊子大干。

然而，猪场定位是一个关于猪场未来前景的重要问题，定位于祖代、父母代，或者是商品代，要从以下几个方面考虑分析。首先，要考虑经营者的经济实力。投资方面，种猪场高于商品猪，祖代猪场高于父母代场。其次，经营者要考虑自己的管理能力。一般情况下，种猪场管理难度高于商品猪场，祖代猪场高于父母代场。再次，即使拥有大量的资金，也能够招聘高水平的管理人员，对创办种猪场，也要谨慎决策，祖代场的建设，更应慎之又慎。因为种猪场生产的产品是一种专一性极强的特殊商品，其经营既受市场制约，也要受国家宏观经济管理政策的影响，并且其购买者多数为刚刚富裕起来的农民，对经营水平和经营艺术要求极高。最后，要考虑交通、电力、通信、供排水、区域、场址等硬件因素和基本条件。同样，种猪场的硬件要求高于商品猪场，祖代猪场高于父母代场。具体到一家一户，一个单位，只能是具体问题具体分析，多方论证，权衡利弊，量力而行。

专家提示：定位不准、经营中左右摇摆使一些新猪场变成了老疫区！

第二节　杂交组合的确定及建立繁育档案系谱

在选种育种过程中，经常涉及正交、反交、回交问题。在商品猪生产中由于当地二元母猪群受当地改良模式的影响，可能不理想，或者不符合市场需求，经营管理者可以应用正交、反交，甚至回交手段，调整猪群杂交组合，获得理想的商品猪群，提高猪群抗病力。具体应用中应当注意的事项包括杂交组合的确定、亲本的选择、回交及近交指数（或称近交系数）的确定。

一、杂交组合的确定

杂交组合的确定不能受饲养企业的现有种猪群和经营者或技术人员的好恶制约，应当以市场对商品猪的需求为依据。在杜长大三元杂交商品猪被市场普遍认可的情况下，杂交组合选择的内容集中于父母代母本的选择，具体的选择应遵循以下原则：

1. 以主要销售市场要求的体型决定母本的体型。

2. 欲获得高大体型商品猪时选择长约杂母本。

3. 欲获得紧凑体型商品猪时选择约长杂母本。

4. 当欲改变商品猪体型时，最有效的手段是按前述原则更换母本。

5. 回交在调整血缘关系时使用，如果公猪不是十分优秀，最好不使用。

6. 近交除了育种需要外，一般不采用。

二、亲本的选择

仅有理想的杂交组合，没有理想的亲本，仍然不能获得理想的杂交效果。在生产中最常见的是专业户不注意亲本选择，后果是商品猪生长速度迟缓、饲料报酬达不到平均水平、抗病力和抗逆性较差，母猪情期受胎率下降和窝产仔猪数下降。选择亲本时应从以下几个方面入手。

1. 亲本选留：从优秀母猪的第 2~5 胎仔猪中选留，所在胎次产仔数在 8~12 头，同窝断奶存活数：公猪不低于 10 头，母猪不低于 8 头。

2. 亲本体型：不论是父本，还是母本，体型都应当符合品种或品系的体型标准。公猪应当达到特级标准，母猪要求一级以上。购买种猪时除了查看档案资料外，提货现场应当仔细检查，防止不规范的经营者将低等级猪搭配供货。

3. 亲本体况：父母本体况均应保持中等略偏上膘情。生产中应控制繁殖和后备猪群的体膘一直处于肋骨似隐似现、胯骨前无明显赘肉状态，宁可瘦些，也不能过肥。

4. 亲本年龄要求及搭配：公猪开始配种年龄 10 月龄以上，12 月龄以上正式参加配种；市场生猪价格上扬时 8 月龄母猪可以初配，一般情况下掌握在 10 月龄以上参加配种。

初配公猪与经产母猪交配，初配母猪与 1.5 岁以上有经验公猪交配。禁止低年龄公、母猪间交配，尽可能避免老龄公、母猪间交配。

三、近交系数的控制

生产实际中近交系数可以使用简便的计算方法，即从个体父本、母本双方到达共同祖先的代次数（每 1 个代次按 1 计算）之和来控制，要求不得低于 6。

生产中存在的问题是新建猪场由于选购种猪时已经有意识避免了近交，很少出现问题，饲养 2 年以后，补充后备猪或使用了本场选留的公、母猪，导致了近交系数的急剧上升，超过了近交系数 6 以上的指标要求。解决的办法是补充种公猪时认真查阅系谱档案，保证所购买公猪与计划配种母猪双方到达共同祖先的代次数之和大于 6；本场自繁自养公、母猪参加配种时，调整不同的组合，使配种双方到达共同祖先的代次数之和大于 6。

四、配种档案及系谱的建立

从事种猪生产的企业和农户应当建立繁育档案，在出售种猪时给购买方提供系谱资料；实行自繁自养的商品猪饲养场在购买种公、母猪时，应当索要所购种猪的系谱资料；繁育及系谱档案（卡片）的建立要实事求是，如实反映选育及配种情况。

繁育档案的内容包括：

1. 种公猪生长发育及配种记录。包括生长速度、性成熟期、性成熟体重、初次配种及采精时间、配种或采精记录、成年体重、淘汰原因及时间。

2. 母猪群生产记录。包括母猪自身的出生日期、胎次、同胎仔猪数、存活数、断奶重，生长速度，性成熟期、性成熟体重；母猪初次配种日龄、各胎次配种时间及次数，各胎产仔数、存活数、断奶窝重及整齐度（断奶时最大个体重和最小个体重），成年体重，淘汰原因及时间。

编制系谱档案（卡片）时必须注明父本及祖父母的编号、母本及外祖父母的编号。阅读时注意，横向排列上公下母，纵向排列时左公右母，符号表示时方公圆母（方形符号表示公猪，圆形符号表示母猪）。

为了便于区别，对祖代猪群、父母代猪群可以使用不同颜色的耳标，系谱卡片、档案的封面也可以运用不同的颜色，以方便查找。

出售种猪时应将系谱卡片交给购买者，并提供参考免疫程序和饲料配方，以及运输途中和进场后过渡期需要的饲料。

专家提示： 系谱档案的建立与否，是衡量种猪场的基本指标，也是商品猪场的基础工作！

第三节　猪群周转计划与合理设计场区规模

对于投资者来讲，在猪场建设初期，解决了猪场选址、定位问题后，迫切需要解决的问题是根据投资能力决定建场规模。事实上，影响猪场建设规模的因素不仅仅是投资能力这一个因素，还包括租赁土地、社会关系的协调、近期和中长期市场趋势、猪病流行态势等，最直接的因素是种猪的采购和猪群周转计划的影响。本节假定其他因素都已经考虑，并且已经有了妥善解决方案，只讨论猪群周转计划与场区规模问题。其目的在于一方面指导新建场正确处理猪群周转计划与场区规模关系，依据猪群周转计划制订合理建场计划；另一方面指导已经运行的猪场根据现有猪场规模制订合理的猪群周转计划，提高经营管理水平和效益。

一、猪群周转计划与场区规模的关系

（一）影响猪群周转计划和场区规模的因素及其作用

影响猪群周转计划的因素主要有周转资金量、繁殖猪群的规模、猪舍数量、出栏周期和每批次出栏商品猪数量等。影响场区规模的因素有投资能力、对中长期市场发展趋势的判断、猪群规模、国家宏观调控和土地政策等。列举如下：

1. 周转资金量：受本场经营情况和国家信贷政策制约，影响繁殖猪群的扩大，影响猪舍的扩建和改造。

2. 繁殖猪群的规模：受投资能力制约，影响商品猪的生产。

3. 猪舍数量：受投资能力制约，影响商品猪的生产。

4. 出栏周期：受管理水平制约，影响商品猪的生产。

5. 每批次出栏商品猪数量：受繁殖猪群和育成率、收购商每车装猪数制约，影响商品猪群、繁殖猪群规模。

6. 投资能力：受企业经营状况、诚信度，经营者协调资金能力和国家宏观调控制约，影响繁殖猪群的规模的扩大、猪舍面积的扩大和改造、管理水平的提高、新技术的应用等。

7. 对中长期市场发展趋势的判断：受经营者阅历、学识、经验，收集和处理、辨别市场信息手段和能力，以及依托的咨询机构或专家水平制约，影响决策方向和信心。

8. 猪群规模：受投资能力、繁殖猪群的规模、猪舍数量、出栏周期和管理能力的制约，影响商品猪的生产。

9. 国家宏观调控和土地政策：受市场供求关系变化制约，影响信贷政策、经营者投资决心、猪群规模和猪舍数量。

（二）猪群周转计划与场区规模的关系

在此，周转资金是一个决定因素。因为周转资金不足时，市场行情再好、繁殖猪群再大、猪舍再多，也无法正常生产。但是，在周转资金充裕的条件下，遇到了好的市场机遇，因繁殖猪群数量和猪舍面积的限制，也只能是购买繁殖母猪和公猪，扩建猪舍，很难及时抓住市场机遇，或者不能充分利用市场机遇。由于市场是不断发展变化的，国家会根据市场供求关系的变化及时调整政策，尤其是金融政策、土地政策和粮食价格政策，以及能源、原材料价格政策、产品质量控制政策、环境治理政策等，对养猪业的影响非常明显。这就需要猪场经营者根据国家宏观调控政策的变化和对市场发展趋势的判断，及时补充或抽出资金，并安排合理的猪群周转计划，及时扩建或改造猪舍，争取实现在市场行情上扬时多出栏，在市场行情下滑时减少出栏，为企业在激烈的市场竞争中有效回避市场风险、不断发展壮大提供保证。

（三）积极运用猪群周转计划指导生产管理

从我国目前养猪业的方式、商品猪杂交模式、品种的遗传进展及趋势、从业人员综合素质、生猪销售市场形态以及兽药品质、饲料科技含量和销售市场的现状及趋势，与养猪业有关的生产资料市场秩序、畜牧业管理体制、信息、物流等方面综合分析，我国生猪销售价格与玉米的比价 1:(5.5~6.5) 的水平仍然要维持一个时期，作为生猪规模化饲养的企业主和专业户，应当认真分析把握这一市场价格基本规律，及时调整猪群周转计划，合理配置企业人力、资金诸生产要素，实现企业的生产和市场的最佳衔接。

在利用市场猪粮比价安排生产、调整猪群周转计划时，一定要注意生猪产品上市拖后市场 8~10 个月这一基本规律。这是因为，当市场猪粮比接近或超过 1:6.5 这一比价上限时，许多养猪企业和专业户迅速扩充生产母猪群，而采购补充的二元母猪体重在 30~60 千克、年龄多数在 3~4 个月，即使为了多生产仔猪，实行提前配种，也必须等待 115 天的怀孕期、28 天的哺乳期和 90~100 天的育肥期后才能上市。并且，商品猪行情越好，仔猪上市越晚，体重越大。所以当市场猪粮比价上扬、接近 1:6时，就应调整、扩建猪舍；达到 1∶6时，应及时扩大生产母猪群；真正达到 1∶6.5 时，应当停止扩大生产母猪群，或经认真调查分析市场走势，确实有把握时，才采取一次性足量补充生产母猪的办法；当市场猪粮比价超过 1∶6.5，甚至达到 1∶7时，则应坚决停止扩群，并且采用不育肥的经营模式，直接出售商品仔猪或保育猪；当市场猪粮比价超过 1∶7时，应坚决淘汰劣质（年龄大于 5 岁，每胎育成仔猪少于 8 个，断奶仔猪窝重处于全群后位的）生产母猪。当市场猪粮比价处于滑落趋势，猪粮比价降至 1∶5.5 或者更低时，饲养商品猪多数亏本，农民没有补栏积极性时，不要被暂时的假象迷惑，不要惧怕困难，应当坚决果断地采购二元母猪、扩大繁殖母猪群。当市场猪粮比价处于 1∶(6～6.5) 下滑趋势时，淘汰母猪可以卖到理想的价格，但可能影响猪场总体生产规模和效益，此时如果未达到生产母猪群的更新周期，可以少量淘汰，整顿生产母猪群；如果达到生产母猪群更新周期的猪场和专业户，应当采取适当提高营养水平、保健措施、加强和改进饲养管理等，尽可能延长生产母猪使用期，坚持到市场猪粮比价下滑到 1∶(5.5～6) 时大批量淘汰，只选留少量高繁殖性能母猪。

更新生产母猪群的猪场和专业户，实际上是再次切入市场。所以淘汰母猪后，应当采取观察市场、培训员工、修整猪舍、扩建猪舍、预定母猪但不急于采购母猪的措施。采购母猪一定要根据市场猪粮比价变化趋势和合适的引种季节，选择最佳切入时机。

同样道理，后备猪的采购或后备猪群的扩充、选择差的（主要指对后备母猪选择强度）大小，都应当根据市场猪粮比价变化趋势确定，尽量避免随意性。

显然，不论是整顿生产母猪群，还是采购补充繁殖母猪，或者调整后备猪群，都需要制订科学、客观的猪群周转计划。

二、根据计划投资总量设计猪场规模和猪群周转计划

实际生产中，经营者已经确定切入市场时机，计划建立的猪场位置也已确定，技术人员所要面临的是根据投资者的计划投资总量设计猪场规模和猪群周转计划、对建设期和生产期的猪场进行管理，此时，作为一个有责任心的管理人员，一定要从科学选择场址、适时切入市场的角度分析经营者自己所选场址是否科学、切入市场的时机是否最佳，并向经营者提出自己的看法和建议，避免因场址不当、市场切入时机不佳导致经营和管理困难。此时还应注意，技术人员只有建议权而没有抉择权，建议的采纳与否是经营者的权力，技术人员可以通过自己的合理化建议来考察经营者的知识水平和民主意识、决策能力，没有权力强迫经营者接纳建议。当然，对于那些独断专行，科学养猪知识很少、决策能力低下而又听不进别人建议的投资经营者，技术人员的决策参谋作用很难发挥，在未来的合作过程中困难重重，另外选择经营者进行合作也可能比这种合作更愉快、更能发挥作用。

具体的猪场规模应当依据投资总量、种公猪和二元母猪市场价格、公母猪比例、计划商品猪存栏规模，以及近 2～3 年主要饲料原料（玉米、豆粕、麦麸、预混料）和建材、养猪主要设备（产床、空怀猪钢栏、自动料仓、自动饮水器、高压消毒水枪）和常用消毒药品、疫苗、饲料添加剂的市场平均价估计猪场建设、种猪采购、饲料储备（1 个饲养周期）三大块资金分配方案。然后，根据计划购进公、母猪数量计算引种资金，根据种猪群规模和计划的生产管理指标（每胎产仔数、育成率、不同阶段猪饲养期、出栏重）计算各类猪舍、产房和附属建筑物的数量、面积、技术指标、所需资金，根据不同类型猪群数量和计划的生产管理指标（育成率、不同阶段猪饲养期、饲料消耗指标、出栏

重、饲料原料价格）计算各类猪群的储备饲料数量和所需资金的具体数额（计算时应参考项目可行性分析报告）。最后，绘制猪场平面布局图，编制猪群周转计划，拟订管理指标和制度。

三、现有规模饲养场后备猪群选择差的调整

对于正在运行猪场和专业户，根据生猪销售市场和原料市场价格发展变化趋势和经营者扩大再生产能力，制订猪群周转计划，并依据猪群周转计划调整猪群结构，使得猪群结构逐渐趋于合理，增加生猪销售市场价格上扬时出栏数量，是投资少、见效快，提高猪场经济效益的最佳途径。此时，猪群周转计划的核心是后备猪群选择差或选择强度高低的调整。因为当选择差确定以后，商品猪群规模逐渐扩大或缩小即已定型，经营者只需要根据猪群周转计划落实猪舍建设、饲料原料采购和饲养人员增减等具体工作。

以时间顺序为横坐标，以猪粮比价为纵坐标描述市场猪粮比价变化时可以发现，猪粮比价峰值的出现大体上间隔7年（1983年、1990年、1997年、2004年、2010年），市场生猪价格围绕各个峰值升降起伏。

（一）猪粮比价上扬时的后备猪群选择差

正常生产猪群的后备猪群母猪选择差应当维持在0.25~0.3。遇到猪粮比价上扬的机遇时，应当以后备猪群的生产周期为单位，从猪粮比价上扬时开始，依次以0.05为梯度，选择差从0.3降至0.15。当猪粮比价上升到1∶6.5时维持当时的选择差，当猪粮比价上升到1∶7时，不论当时降到什么程度，都要开始以0.05的梯度上调选择差。

（二）猪粮比价下滑时的后备猪群选择差

遇到猪粮比价下滑的危机时，以后备猪群的生产周期为单位，从猪粮比价下滑到1∶6时开始，不论原来选择差是什么水

平，一律调至 0. 3。当猪粮比价下滑到 1∶5时，开始依次以 0. 05 为梯度，选择差从 0. 3 降至 0. 15。

第四节　猪群周转计划与全进全出

当前，除了部分出口猪场制订猪群周转计划外，多数猪场生产处于无计划状态。无猪群周转计划的生产管理导致生产环节的衔接不良，产房及保育舍长时间空置和进入分娩期严重不足，并存、出栏期高度集中、同阶段出栏猪组车困难、全进全出无法实现等现象较为普遍。全进全出的饲养模式不仅有利于组车销售，更重要的是有利于疫病的控制。除了短期育肥实行全场猪群的全进全出外，规模饲养多数采用分猪舍分阶段的全进全出。要做到全进全出，必须制订周密细致的猪群周转计划。

常用的猪群周转计划有两种形式：均衡出栏的周转计划和阶段出栏的周转计划。均衡出栏周转计划是指在饲养期内按照配种计划的安排，以固定的间隔时间均衡供应市场的饲养计划；阶段出栏周转计划是指出栏期相对集中、分阶段供应市场的饲养计划。前者对饲养管理的要求相对较高，但是，可以节约固定资产投资，提高猪场圈舍及设备利用率，便于销售商制订运输和销售计划，适用于规模饲养猪场；后者对饲养管理的要求相对较低，要求固定资产投资相对较高，猪场圈舍及设备利用率较低，但如果安排得当，能够安排在农民散养猪出栏淡季供应市场时，仍然可以获得较好的经济效益。

制订猪群周转计划要围绕全进全出的饲养管理模式进行，必须考虑如下因素：

一、本场繁殖母猪群的预计生产指标

本场繁殖母猪群的预计生产指标包括：

1. 繁殖母猪使用年限（建议3~4年或7胎）。

2. 初配日龄（一般控制在8月龄以上）。

3. 1~3胎预定每胎产仔数和断奶仔猪数（建议控制指标为7.5头或7头）。

4. 4~7胎每胎预定产仔数和断奶仔猪数（建议控制指标为9头或8.5头）。

5. 7胎以上母猪每胎生产断奶仔猪数（建议控制指标为9头）。

6. 断奶日龄（建议断奶日龄为28日龄或35日龄）或断奶仔猪平均体重、标准差（建议控制指标：28日龄为10千克±2.5千克每头，35日龄为18千克±2千克每头）。

二、公猪群预定生产指标和公母比

公猪群预定生产指标和公母比包括：

1. 公猪初配日龄（一般控制在10月龄以上）。

2. 公母比（指标为1:15）。

3. 配种频度（1次/2日）。

4. 准胎率95%~98%。

5. 使用年限3~5年。

三、后备猪群预计指标

后备猪群预计指标包括：

1. 后备猪群的数量（建议参照公、母猪使用年限和淘汰率确定）。

2. 选择差（以后备猪群品质确定，建议公猪选择差80%，母猪选择差不低于60%)。

3. 育成率（按照后备猪群实际确定，推荐的后备猪育成率不低于90%)。

四、商品猪群预计生产指标

商品猪群预计生产指标包括：

1. 阶段饲养的分段方法（2阶段或3阶段育肥，建议采用大、中、小三阶段育肥法)。

2. 各阶段猪的育成率（推荐的育成率指标分别为仔猪95%、中猪98%、大猪99%以上)。

3. 转栏时体重及标准差（参考的三阶段育肥指标分别为：入舍7.5千克±0.5千克，仔猪出栏30千克±2.5千克，中猪出栏60千克±3.0千克，大猪出栏95千克±5.0千克；参考的两阶段育肥指标分别为：入舍20千克±1.5千克，仔猪出栏60千克±3.0千克，大猪出栏95千克±5.0千克)。

4. 各阶段饲养期。三阶段育肥：仔猪20天，中猪40天，大猪40天；两阶段育肥：仔猪45~50天，大猪45天。

五、商品猪每车装猪头数

火车运输时需要专门的上站汽车。汽车运输时双层车和单层车不仅装载数量不同，对装车台的高度要求也不一样。

夏季和冬季装车数量的差异也是猪场经营管理者必须考虑的问题。

按照上述五个方面的指标依次倒推，确定不同种类和各个阶段猪群的存栏量、不同种类圈舍的面积（附录五：猪场建设和管理常用的10个方面数据)。

(一）各个阶段猪群的存栏量计算举例

例1：当出栏商品猪每车装猪120头时，计算各龄猪群结构和参加配种母猪数量。

需要大猪群每批次出栏 120 头或 120n 头（n = 1，2，3，…… 即出栏车数）。

如果大猪群的育成率为 99%时，大猪群育肥初期转入量 = 120n÷99% = 121.2n（头），也就是中猪群育成猪必须达到 121.2 头或 121.2n 头。

当中猪育成率为 98%时，中猪群育肥初期转入量 = 121.2n÷98% = 123.7n（头），也就是仔猪群育成猪必须达到 123.7 头或 123.7n 头。

当仔猪育成率为 95%时，中猪群育肥初期转入量 = 123.7n÷95% = 130.2n（头），也就是从产房转入仔猪群保育床的断奶仔猪必须达到 130.2 头或 130.2n 头。

若母猪每胎产仔猪 9 头，断奶时成活 8.5 头，准胎率为 98%，则：

参加配种母猪数 = 130.2n÷9÷98% = 14.98 n≈15n（头）

也就是说，如果每批次出栏 1 车（120 头）猪，要实现全进全出，必须有 15 头母猪在 3~5 天内参加配种。

（二）不同种类猪群存栏量计算举例

例 2：计算按每个情期所配母猪生产的仔猪作为一个批次的全进全出猪场的不同种类猪群的存栏量。

若按每个情期所配母猪生产的仔猪作为一个批次，全进全出猪场全年出栏批次：

$$N = 365 \div 20 = 18.25\ (\text{批})$$

若每批出栏 1 车（120 头），按照例 1 指标计算结果，每批参加配种母猪 15 头，母猪繁殖周期 = 怀孕期+分娩哺乳期 = 114+1+35 = 150（天），则每头母猪每年可生产 2.43 胎（365/150），生产母猪存栏最低量 = 15×18.25÷2.43 = 112.65 ≈113（头）。

自然交配情况下公母比按 1∶15 计算，最少需公猪 = 113÷

15=7.5 ≈8（头）。

当公母比 1∶20 时：最少需公猪=113÷20=5.6 ≈6（头）

当公母比 1∶25 时：最少需公猪=113÷25=4.5 ≈5（头）

后备公猪备选猪群（最大值）= 8÷3.5÷20%÷90%=12.7≈13（头）

后备公猪备选猪群（最小值）= 5÷3.5÷20%÷90%=7.9≈8（头）

即后备公猪备选群体 8~13 头。

后备公猪每年补充量=8÷3.5=2.3≈2（头）

后备母猪备选猪群=113÷3.5÷40%÷90%=89.7≈90（头）

后备母猪每年补充量=113÷3.5=32.3≈32（头）

后备猪群存栏总量=每年补充母猪+每年补充公猪=32+2=34（头）

（三）产床数量的计算举例

例 3： 计算按每个情期所配母猪所生仔猪作为一个批次的全进全出猪场的产床需要量。

按照例 2 指标计算结果：

全年生产胎次=批次×每批次生产母猪数=18.25×15≈274（胎）

每胎次占用产床时间=提前进入的适应期+生产哺乳期+空栏消毒期=10+35+7=52（天）

每张产床每年使用次数=365÷52=7（次）

需要产床数=全年生产胎次÷每张产床每年使用次数
=274÷7=39.14≈40（张）

（四）不同种类圈舍面积的确定按照存栏量和规定的面积要求计算

例 4： 年出栏万头猪场的存栏量和面积的计算。

出栏商品猪的车数=10 000÷120=83.33≈84（车）

若：365÷84=4.345（天）出栏一车，但是，生产实际中只能取整数，即 4 天或 5 天出栏一车。则有

365÷4=91.25（车）或 365÷5=73（车）

显然，出栏 91.25 车［120×91.25=10 950（头）］符合要求，出栏 73 车不符合要求［120×73=8 760（头）］。

当我们按照每 4 天出栏一车安排猪群周转计划时发现，如果按照育肥期 100 天，35 天断奶的两阶段育肥期和 28 天断奶的三阶段育肥的各阶段育成率推算。则有如下两种商品猪和繁殖猪群、后备猪群结构。

第一种（两阶段育肥）：

商品猪大猪群存栏=出栏量÷育成率÷年育成批数

=10 950÷99%÷（365÷45）

=11 060÷8.1

≈1 365（头）

商品猪仔猪群存栏=11 060÷95%÷（365÷55）

=11 642÷6.64

=1 753.3≈1 753（头）

生产 11 526 头断奶仔猪需要繁殖母猪群生产的胎数

=11 642÷8.5=1 369（胎）

当猪场管理水平达到每头母猪每年生产 2.43 胎的指标时：

需繁殖母猪=1 369÷2.43=563.3≈564（头）

若管理水平只能达到每头母猪每年生产 2.25 胎的指标时：

需繁殖母猪=1 369÷2.25=608.4≈609（头）

即繁殖母猪群最少不得少于 564 头，可能在 564~609 头。

对应的公猪数依次为

564÷15=37.2≈38（头）和 564÷25=22.3≈23（头）

609÷15=40.6≈41（头）和 609÷25=24.4≈25（头）

按照平均数 586.5 头计算：

需要的公猪=586.5÷（15+25）/2≈29（头）

繁殖猪群存栏（最小值）

=繁殖母猪+公猪=564+23=587（头）

繁殖猪群存栏（最大值）

=繁殖母猪+公猪=609+41=650（头）

繁殖猪群存栏（可能值）=繁殖母猪+公猪

=586.5+29=615.5≈616（头）

预计后备猪群规模：按照母猪平均使用4年。则

每年需补充母猪（最小值）

=繁殖母猪÷4=564÷4=141（头）

每年需补充母猪（最大值）

=繁殖母猪÷4=609÷4=152（头）

按照选择差60%计算，需生产仔猪235头（141÷0.6）到253头（152÷0.6）之间，按照后备猪群年均2.2胎，每胎育成活仔猪7.5头，需母猪14.2~15.3头，公猪2~3头。

后备猪群种猪预计=（14.2+15.3）÷2+2.5=17.4≈18（头）

后备猪仔猪群预计=（235+253）÷2=244（头）

后备猪群预计存栏=18+244=262（头）

全场预计存栏=商品大猪群存栏+商品猪仔猪群存栏+

繁殖猪群存栏+后备猪群预计存栏

=1 370+1 753+616+262=4 001（头）

第二种（三阶段育肥）：

商品猪大猪群存栏=10 950÷99%÷（365÷40）=1 212（头）

商品猪中猪群存栏=11 060÷98%÷（365÷40）=1 237（头）

商品猪仔猪群存栏=11 286÷95%÷（365÷20）=651（头）

全场预计存栏=商品大猪群存栏+商品猪中猪群存栏+

商品猪仔猪群存栏+繁殖猪群存栏+后备猪群预计存栏

=1 212+1 237+651+616+262

=3 978（头）

不同的育肥方法存栏数量不同，各种猪舍建筑的面积相应的也有变化（详见附录五）。

第五节 引种注意事项

无论是种猪场，还是商品猪场，引种是必须做好的第一项工作。因为在我国市场经济体系功能尚未完善情况下，市场种猪生产供应企业鱼龙混杂，产品质量参差不齐，甚至出现以次充好、将商品猪作为种猪出售的恶劣现象条件下，引种不慎除了造成经济损失之外，更重要的是导致生产经营活动受阻或中断，如种猪场引进了商品猪、商品猪场引进父母代时引进了商品猪，以及在引种时带进了危害严重的传染病，均可能导致经营活动受阻和中断，或者使定位较高的祖代猪场变成了供应商品猪的低端猪场。要避免这些问题的出现，在引种时应当注意，并认真解决好以下几个方面的问题。

一、制订合适的引种计划

要根据本场基本建设工程进度和出栏计划，包括出栏日期、出栏数量，制订引种计划，设计引种方案，安排资金、车辆和人力。切忌贪图种猪价格便宜，一次性引进同一周（月）内出生的母猪，导致配种和产房周转困难。即使打算一次性引进，也应根据产房容量设计不同年龄段的猪群规模，将所引进母猪的出生日期（或年龄段）有意识拉开。公猪方面要根据配种组合的要求和同一批次母猪的数量制订引种计划，并按计划引进。

二、选择正规企业引种

在选择引种企业时，不能轻易相信广告，不能单独追求低价位。一般情况下，正规的大型企业由于管理严格，在技术或人员、设备方面投入较大，供应市场的种猪或商品猪苗成本要高于小型饲养企业，小型企业的成本高于专业户，专业户高于散养户，质量方面同样存在从正规的大型企业到散养户递减的规律。对于定位于生产原种猪或父母代猪的种猪场，要严格遵从到正规的大型养猪企业引种的原则。多渠道了解种猪生产企业信息时，应注意新闻媒体的正式报道，选择信誉好、诚实经营、业绩显著的企业。比较有关宣传资料时，要看企业编码、注册情况、企业信誉、是否达到动物防疫条件。对企业规模、性质的调查，尽可能收集主管部门、工商部门的信息。

三、签订合同要认真仔细

签订合同前要研究制定自己的最低要求，即制定谈判底线。签订合同时要坚守自己的谈判底线。对于一次引种量比较大的企业，若没有谈判经验，应当聘请具有谈判经验的专业人员协助。谈判中不要为小恩小惠所迷惑，不要贪图沾光和占小便宜，要从公平、公正的角度出发。不要惧怕已经打印好的霸王合同；对供种企业提供的打印好的格式合同中有关价格、供货时间、地点、体重、等级、公母比例、交付方式、付款方式、质量保证、售后服务等条款一定要逐条逐句逐字分析，不一致的条款要进一步交涉谈判，按取得一致的意见进行修改。谈判过程中还应注意在不突破底线的情况下适当让步，争取尽可能达成一致。总之，签订的合同应当是供种、引种双方的真实意向。

四、安排适当的引种季节

引种距离较远时，应考虑引种季节。一般情况下引种应在春、秋季，到南方炎热地区引种，一定要避开夏季，为了减轻南方高热地区生产的种猪对北方寒冷地区气候的应激，引种应尽可能选择春季；同样道理，南方高热地区猪场到北方寒冷地区引种，最好选择秋季。在交通条件明显改善的地方，如北京、天津、广东、山东、江苏、河南、海南等省市，300 千米以内的调运可以不考虑季节，即使夏季，遇到持续降雨的连阴天，气温处于 18~24℃的相对较低天气，仍然可以调运。

五、装车提猪时要认真细致

调猪过程中，供应种猪的生产企业往往是赶出来一群猪让购买者挑选。此时，购买者的首要任务是对群体的观察，重点是将群体中不符合品种特征的、有损伤的、体膘体况过差的、体重过小的个体予以剔除，装车时逐头检查乳头数和阴户（公猪的睾丸）发育情况，并剔除少于 6 对乳头及阴户（公猪的睾丸）发育不良或有缺陷的个体。

此外，还应注意：

1. 装车前对车辆彻底消毒。

2. 与场方一起核对繁育和免疫耳标号码，及时剔除号码不符的个体。

3. 索要所购种猪的系谱卡片、日量配方、免疫程序和免疫记录、过渡日粮、售后服务相关资料。

4. 装车前对拟装在同一车的猪喷洒气味掩盖剂，并在车箱底部多处投放少许饲料，以避免装车后打斗。

5. 出场时与场方一起核对运载猪只数量。

六、运送过程中的注意事项

高速公路的开通，缩短了运输时间，但是由于行进速度快，强风和急剧变速给猪的安全运输提出了新的更高的要求。

一般情况下，夜间运输与白天相比，对猪群的应激相对较小。晚春和秋季的调运最好选择早晨和晚间行走，以避免日射病的发生。

运输种猪车辆应提前保养，严禁带病出车。路途超过4小时行程时，应安排两名驾驶员交替开车，避免疲劳驾驶。开车前应安排驾驶员充足睡眠，以保证旺盛的体力。

装车应在采食1小时后进行，装车前应给待运输猪群饮用5克/千克电解多维和5毫升/千克柴胡注射液的预防应激药液；开车前，向车厢内投撒部分饲料，可以有效避免拥挤和减缓打斗。

雨、雪、大风天气调运时要加盖帆布篷。

开车前要告诉驾驶员，本次运送的猪是种猪，对驾驶员提出如下明确要求：

1. 在高速公路行车途中，遇到服务区一定要进入休息，以便于检查所运送猪群情况。

2. 运行时应按照最低限速要求行进，严禁高速狂奔。

3. 进入环行道应减速慢行。

4. 遇收费站、村庄、浇灌农田区等路面有突出物地段应减速缓慢通过。

5. 路途检查若发现所运送猪只急剧喘息、口吐白沫时应采取降温措施，可以饮用维生素溶液、葡萄糖溶液或生理盐水，可以向帆布篷、车厢外洒水，但不允许直接向猪体洒水。

七、卸车进场时的注意事项

运送种猪车辆，未经消毒严禁进入场区。

运送种猪车辆，在卸车前，除了对车轮车体进行消毒外，还应对所运送猪群进行喷洒消毒。

对因为补充种猪而运送的车辆，卸车点应在隔离舍附近，同样需要对车轮车体和运送猪群进行消毒。

调运的种猪在卸车进入猪舍或隔离舍后，应首先休息 10~15 分钟，同时，由运送人员和饲养管理人员共同检查是否发生运输损伤、办理交接手续。之后给猪群饮用 5 克/千克电解多维和 5 毫升/千克柴胡注射液的药液。服药 30 分钟后，投给过渡饲料。

卸车当天，饲养人员尽可能将同一车猪装进同一圈，避免不同车猪只组圈后打斗；必须由两车以上猪只组圈时，同样要用装车时使用的气味掩盖剂喷洒猪只，以避免打斗。同时，一定要加强观察，及时阻止打斗。发现富有攻击性个体时应及时剔除，转入体重较大群；受全群都欺负的弱势个体，及时调整至体重较小猪圈舍。不论是哪种情况的调整，在并入新圈前，都要用拟转入圈的粪尿或酒精、煤油等涂擦预备转入猪的躯体，以免发生新的打斗。

专家提示： 调运和卸车是最不值得一提的问题，却是经常出错并影响全局的问题！

第六节　种猪场及大中型猪场选址

猪场建设的第一个问题是选择合适的地址。科学地选择猪场位置不仅有利于延长建筑物使用年限，有利于经营管理，而且有利于保暖、采光及疫病的控制。

一、种猪场选址应当满足的基本条件

1. 地势高燥，便于排水，通风向阳；山区应选择相对容易隔离地段。

2. 水源充足，水质良好，符合国家饮用水质量标准。

3. 土壤基质良好，最好选择沙质土壤基质的位置，山区应注意选择土壤基质密实度一致的位置。

4. 未被污染和没有发生过任何传染病处。

5. 距离铁路、公路（国道、省道）、城镇（包括集镇）、学校、居民区、动物饲养场（饲养小区）、公共场所和河流、水源地 500 米以外。

6. 距离医院（包括动物诊所）、厂矿、屠宰厂、动物产品加工厂和尸体处理厂、病原微生物研究生产单位、垃圾和污水处理厂、危险品仓库和风景区 2 000 米以外。

7. 避开 10 千伏以上高压电路，国家主干光缆和天然气管道 20~50 米。

8. 公用设施方面要求水、电、通信、道路“四通”。

二、大中型猪场选址应当满足的基本条件

1. 地势高燥，便于排水，通风向阳处。

2. 水源充足，处理后的饲养用水水质符合国家畜禽饮用水质量标准（NY5027）。

3. 土壤基质良好，最好选择沙质土壤或基质良好的位置，山区应注意选择土壤基质密实度一致的位置，但是不要求在同一个水平面。

4. 土壤、大气、水体虽有污染但是在国家允许范围之内，近 3~5 年内没有发生过猪的烈性传染病处。

5. 距离铁路、公路（国道、省道）、城镇（包括集镇）、学

校、居民区、动物饲养场（饲养小区）、公共场所和河道、水源地 500 米以外。

6. 距离医院（包括动物诊所）、厂矿、屠宰厂、动物产品加工厂、垃圾和污水处理厂、危险品仓库和风景区 2 000 米以外。

7. 避开 50 千伏以上高压电路，国家主干光缆和天然气管道 50 米。

8. 公用设施方面要求水、电、路“三通”。

三、小型猪场和专业户猪场的选址

（一）小型猪场选址应当满足的条件

1. 地势高燥，便于排水，通风向阳。

2. 水源充足，水质良好。

3. 土壤基质密实度一致。

4. 土壤、大气、水体无严重污染，近期未发生过猪的烈性传染病处。

5. 距离铁路、公路（国道、省道）、城镇（包括集镇、或农贸市场）、学校、居民区、动物饲养场（饲养小区）、公共场所和河渠、水源地 500 米以外。

6. 距离医院（包括动物诊所）、厂矿、屠宰厂、动物产品加工厂、垃圾和污水处理厂、危险品仓库和风景区 2 000 米以外。

7. 避开 50 千伏以上高压电路，国家主干光缆和天然气管道 20 米以外。

8. 公用设施方面要求电、路“两通”，有供水条件。

（二）专业户猪场的选址应当满足的条件

1. 地势高燥、平整，通风向阳处。

2. 有供水条件，水质良好。

3. 土壤基质密实度一致。

4. 近期未发生过猪的烈性传染病处。

5. 距离道路、村镇、学校、居民区和水源地500米以外。

6. 距离医院（包括动物诊所）、厂矿、屠宰厂、动物产品加工厂、垃圾和污水处理厂、危险品仓库和风景区2 000米以外。

7. 避开100千伏以上高压电路，国家主干光缆和天然气管道20米以外。

8. 公用设施方面要求电、路“两通”，至少有浅水压井。

四、当前猪场选址中存在的问题及解决办法

生产实际中，已经建立的猪场由于种种原因限制，猪场选择位置多数未满足上述八个方面要求，作为养猪企业的经营管理者应当尽可能满足上述要求。

当前规模饲养养猪企业在猪场选址方面存在的普遍问题是随意性大，小型农户猪场则表现为就地建场。导致投资数百万元建设的规模猪场，仍然不符合兽医卫生标准，管理难度大，经济效益差；农户猪场则是在院落、村头、责任田中建设。本着实事求是、一切从客观实际出发的原则，解决猪场选址问题应当把握以下几个方面。

1. 新建猪场要聘请具有畜牧兽医中级以上专业技术人员参加设计，或由专业设计单位设计，避免不负责任、不按猪场建设选址、布局要求的随意设计，造成新建猪场防疫条件不合格。

2. 目前经营业绩较好、已经有了一定积累的养猪企业，应当重新选择合适位置，聘请中级以上畜牧兽医专业技术人员参加设计，重新建场，改善猪场的基本防疫条件，为提高动物疫病防控水平创造条件。

3. 小型猪场和养猪专业户，以及目前经营不很理想的规模饲养企业，在改善基本防疫条件时，应当围绕努力实现与周围环境隔离做文章，可以考虑联合建立新场，也可以考虑租赁、借用别的停产但选址科学合理的猪场进行过渡性生产，待有一定经济

积累时再建立符合科学选址要求的新场；也可以选择因为经营不善或改制等原因停产的物资仓库、废弃农场等进行改造。

4. 目前没有能力进行新建、改造，也没有能力进行租赁经营、没有条件借用场地的猪场和专业户，一是要降低饲养密度。二是要加强管理，重点做好进出饲养区车辆和人员、物品的消毒，适当提高饲养区和圈舍、走道的消毒频率。三是实行对周围农户散养猪的同步免疫。即按照本场（户）的免疫计划和免疫程序，对周围 500 米以内的猪群实施免疫，避免由于周围农户猪群发病导致本场（户）暴发疫情。

5. 选址不合理猪场应当停止在场区周围扩建猪舍。分布于散养猪很少的村庄内的小型饲养场和养猪专业户应当尽快搬离村庄或停止饲养，避免因排水污染、空气污染、噪声污染等引起村民不满。

专家提示： 确定猪场场址时，罗盘要用，但不可迷信阴阳先生！

第七节　猪场内部布局的一般原则

猪场建设科学与否，不仅影响着猪场固定资产投资规模、投资回收期和建筑物的寿命，而且对投入运行后的管理产生巨大影响。目前，部分大、中型猪场和多数专业户，由于猪场建设不科学，导致猪群疫病蔓延、债台高筑、难以继续经营的情况，应当引起养猪界同仁的高度重视。

科学合理的猪场内部布局有利于猪场日常管理和疫病的控制，同时也有利于延长建筑物寿命和节约场区面积。猪场内部布局在设计和建设时考虑的中心问题是保持合理间隔、便于疫病控制。应遵循的原则包括如下几个方面。

一、功能区分区设置原则

功能区分区设置原则即指生活区、行政管理区（包括后勤服务）和生产区应分别设置，相互隔离，三个区域在主风向线上平行设置，尽可能地减少生产区带有异味的空气对生活区、行政管理区的影响。三个区域相互之间应有一定间隔，并有建筑物阻断，设置的隔离带宽度不小于 50 米。选择钢网阻断的应当在钢网两侧栽种乔灌木结合的植物隔离带。

二、种猪优先原则

种猪优先原则即在猪场全场平面设计时，优先考虑种猪。设计时将种猪群（包括种公猪、种母猪和后备种猪群）的位置摆放于全场最佳位置，要求建设在主风向的最上风向处。在主方向线上，从上到下的排布顺序依次为：种公猪和种母猪、后备猪、产房、保育猪、商品猪。

三、产房中间设置原则

产房中间设置原则即指将产房置于整个猪场建筑物的中心，一方面便于怀孕母猪在怀孕后期的转移，同时也便于断奶仔猪的转移。一般情况下，燃煤供热房建设于生活区的下风向处，如果采用集中供热，则应当在符合兽医卫生要求的前提下，尽可能地缩短产房和供热房的距离。如果采用地热供热，则应首先确定生产区内产房的位置，而后考虑供热房在行政区或生活区的位置。

四、建筑物之间适当间隔原则

建筑物之间适当间隔原则即指生活区、行政管理区建筑物按照建筑行业规定保留一定间隔；生产区建筑物之间保留建筑物高度3~5倍的隔离带，单层建筑物之间净间隔不小于10米。隔离带内可以种植饲料作物或观赏植物，也可以建设鱼塘，实行水体隔离。生产区周围应建设深度1.2米以上隔离沟，生产期内隔离沟中应当充水形成隔离。平原地区猪场生产区周围应当在隔离沟两侧建立以高大乔木和带刺灌木组成的植物隔离带。

五、对称布局、便于管理原则

对称布局、便于管理原则是指在猪场周边和种猪舍、产房等核心建筑和主干道、净道、污染道等框架性设施位置确定以后，在生活、行政管理、生产等区域内的同类建筑物，如商品猪舍的布局时应当考虑建筑物设计的一致性和摆放的对称性。从而降低设计和建设成本、缩短设计和建筑时间，并为正常生产时的管理提供便利。

六、环保和兽医卫生设施“三同步”原则

猪场建设环保，兽医卫生“三同步”是指污水、污物处理设施，兽医治疗室，以及隔离观察舍要严格按照兽医卫生要求确定位置，并坚持做到同步设计、同步施工、同步使用。猪场污水应采取分级处理办法。生活区、行政管理区各自的污水应经过设在各区的下风向处一级处理池处理后进入三级处理池。生产区污水在各栋猪舍两端进行一级沉淀处理，而后进入生产区下风向处的二级处理池处理，然后与生活区、行政管理区的污水汇集于设于生产区外的三级处理池处理，达到当地环境管理部门规定的标准后排向区域排水系统。三个区的污物集中场均设置在本区的下风向处。兽医治疗室，以及隔离观察舍可以设置在生产区外，也可以设置在生产区内，但是与商品猪舍之间应有50米的间隔隔离，可以是植物隔离，也可以利用二级污水处理场的水体隔离。

七、附属设施位置的从属性原则

附属设施位置的从属性原则是指消毒（室）池、饲料加工、卸车和装猪台、水井水塔、配电室、洗浴间等附属设施在全场布局中处于从属地位，这些建筑选择具体位置时重点考虑其在生产管理中的作用，遵循兽医卫生要求，让位于主体建筑，从属于生产管理，在不影响整体美观的前提下，由设计人员自主安排。

八、建筑美学原则

建筑美学原则是指猪场建筑应当与周围环境协调，场内各个要素之间应当协调，并服从总体布局结构的要求。单元要素和单个建筑物，都应当在符合建筑力学要求和动物防疫要求的前提下追求美观。具体要求如下：

1. 功能区的隔离建筑应考虑造型。

2. 装车台、门卫室、消毒池应通过建筑造型、粉刷予以美化。

3. 栽种的植物隔离带既要考虑经济实用、符合当地生态环境要求，还要考虑美学要求，即适当安排景观植物。

4. 兽医室、储粪场、焚尸炉、污水沉淀池和处理场等兽医卫生设施除了布局时考虑美学要求外，还应通过建筑造型、绿化、美化等手段予以美化。

5. 供电线路、场内照明和供、排水的地面建筑也应在保证生产安全前提下予以美化。

专家提示：产房和保育舍是猪场建筑的核心。

第八节 猪场建筑物结构和产房建设

猪场生活区和行政管理区建筑物应当符合国家住宅工程建设的有关标准。

生产区建筑物除了应当符合国家土木工程建设的一般标准外，还必须考虑生猪饲养对建筑物的特殊要求。

一、生产区建筑物的一般要求

1. 猪舍和产房、保育舍、隔离舍等猪的生活场所应当做到坚固、结实和耐用，使用寿命不得低于20年，并且保证寿命期内能够抵抗暴风雨、冰雹、暴风雪的袭击。

2. 要求产房、保育舍、怀孕母猪舍采用全封闭建筑。即实现对温度、通风量和空气质量的人工控制。

3. 普通的商品猪舍和种猪舍、后备猪舍、隔离观察舍可采用半封闭式建筑。即部分面积为具有遮风避雨、遮挡阳光的有顶盖建筑，部分为漏天建筑。

4. 所有猪舍两端应当建双联沉淀池，以保证猪舍废水的初步处理。

5. 产房、保育舍和怀孕母猪舍要求内外墙光面，其余所有猪只生活区域的建筑至少为内墙光面。

二、不同种类猪舍的特殊要求

1. 产房：以出栏商品猪最小批量为单元隔断。内部摆放实行“双列三走道”，即中间为走道（100厘米），走道两侧各摆放1列产床，双列产床地面后端为排污沟（宽度25厘米），排污沟外侧为观察走道（60厘米）的排放方式。以单个产床面积和单元存栏母猪数之积为基数，结合三条走道、排污沟面积安排单元面积。产房地面以中间走道为最高平面，自中间走道边缘向南、北墙方向的产床摆放位置的地面为1∶500微微倾斜的地面，紧贴前后檐墙的观察走道为平面走道，观察走道与产床摆放区之间的排污沟应当有1∶200坡降（最好以产房长度的中间点为最高点向两端下降，以减少下挖施工量和避免地下水位过高的影响）。南侧檐墙地面120厘米以上设置2米×2米的正方形采光窗，北侧120厘米以上设置2米×1米的卧式窗。一端山墙开门的产房应在另一端山墙三角形墙面中心设置直径100～150厘米的换气窗，并在换气窗上安装排气扇；两端山墙开门的产房应在顶部均匀设置排气窗。

有条件的养猪场应实行集中供热解决产房保暖问题，无法实行集中供热的猪场，应当采取地下火道、夹壁墙或铁火炉等外排废气方式解决产房保暖问题。实行集中供热采暖时应在产房窗下安置散热片；实行地下火道和铁火炉采暖时，地下火道或铁火炉的排烟管应在产床下通过，建设地下火道应注意距离火炉近端和远端处散热的均匀性；实行夹壁墙采暖时应注意采暖火道置于夹壁墙下部，内侧应为高传热系数材料，以提高散热性能。不论是建设地下火道，还是夹壁墙，在建设时均应注意火道要有一定的坡度，转弯处实行圆弧形转弯，不允许出现直角转弯。

每个产房单元安装可调控水箱1个，以便于在饮水中添加药物（连接方法见本节供水供电部分，下同）。

2. 保育舍：以出栏商品猪最小批量所需要的保育床数量为单元控制最小面积。内部排放实行“双列三走道”，即中间为走道（100厘米），走道两侧各摆放1列保育床，双列保育床地面后端为排污沟（宽度25厘米），排污沟外侧为观察走道（60厘米）的排放方式。地面处理和采光窗、换气窗的设置要求与产房的相同。排烟管道在保育床下通过。每栋保育舍安装可调控水箱1个。

3. 空怀母猪舍：以周转期内不同批次空怀母猪最大叠加量安排总面积，单元面积以钢栏的宽度和长度，按照双列三走道安排。即中间为走道（100厘米），走道两侧各摆放1列钢栏，双列钢栏地面后端为排污沟（宽度25厘米），排污沟外侧为观察走道（60厘米）的摆放方式。地面处理和采光窗、换气窗的设置要求与产房相同。空怀母猪舍应安装可调控水箱。

4. 怀孕母猪舍：以单个怀孕母猪圈面积（3米×2米）与一周内出栏商品猪最小批量所需母猪数的乘积安排单元面积。内部按双列单走道安排。走道宽120厘米，走道两侧为宽25厘米的排污沟（纵向坡降1∶200）；在怀孕母猪圈出口处的排污沟应有可拆卸移动的盖板，母猪通过时加盖，平时不加盖。每个母猪圈内侧建一个内净60厘米×50厘米的流粪槽，流粪槽底距离怀孕母猪圈地面80厘米，在檐墙上挖流粪孔（孔高25厘米、宽与流粪槽宽度相等，内口下底与流粪槽底在一个平面，外口和内口高差为20厘米），夏季和春秋天天气晴朗时流粪孔敞开，冬季和春秋大风降温天气随时用砖头堵塞流粪孔或将舍内流粪槽用活动盖封盖。每个怀孕母猪圈地面1.5米以上配置采光窗1个，南侧为2米×2米的正方形采光窗，北侧为2米×1米的卧式窗；怀孕母猪圈地面呈檐墙侧高、走道侧低的缓倾斜状（横向坡降1∶200）。自动饮水器安装于走道侧隔墙上距地面60厘米处。大门开于一端山墙的在另一端山墙上部三角形墙面中心开直径100～120厘米换气窗（视怀孕母猪多少而定），换气窗的外侧安装面积相同的活动百叶窗（每月清洗1次）；大门开于南侧中间的，在北侧房顶的中心线两侧均匀分布两个排气窗。

5. 商品猪舍：以育肥期内存栏的各个年龄段商品猪总量确定圈数。每圈按中猪18头、大猪12头安排，采用“双列单走道”外带运动场排布。即商品猪舍内部中间为100厘米宽的走道，走道两侧为宽25厘米的排污沟（坡降1∶200）；排污沟两侧为400厘米×400厘米的商品猪圈。商品猪圈地面呈檐墙侧高、走道侧低的缓倾斜状（横向坡降1:200）。猪圈隔墙为高120厘米的双面净水泥勾缝二四砖墙，靠走道侧猪圈墙底部均匀隔留12厘米×6厘米粪尿废水通道（即横砖隔一留一）。每个猪圈内在猪舍檐墙下部开100厘米×80厘米通道口与舍外运动场相连，乳头式自动饮水器固定在通道口两侧。每圈中间摆放自动料仓1个。舍内圈靠近走道侧留宽80厘米上下开门1个。舍外运动场的面积和隔墙、地面处理要求与舍内相同，不同的是运动场地面要求靠近猪舍檐墙侧高，远离猪舍檐墙侧低；远离猪舍侧隔墙底部均匀隔留12厘米×6厘米粪尿废水通道。运动场外侧隔墙留宽100厘米可拆卸门1个（转群和出栏时做隔离栏使用），运动场的外隔墙外侧为宽25厘米的排污沟（纵向坡降1:200）；排污沟外侧为宽120厘米的观察通道。每栋猪舍安装可调控水箱1个。

三、附属建筑物的基本要求

1. 消毒室：建于猪场生产区大门口，多为一层水泥预制板平顶房，面积5平方米以上，建筑要求内外表面平整光滑，并且密闭性好；地面应使用耐酸碱材料和防渗漏进行处理，墙地脚线材料要求与地面相同，以避免消毒药液渗漏和对地面的腐蚀。室内每8立方米安装1盏紫外线灯。

2. 消毒池：门卫消毒池建于猪场生产区和行政管理区大门口。要求宽同大门，深度25~50厘米，长度为大型机动车轮周长的2.5倍。池底面和侧面应使用耐酸碱和防渗漏材料进行处理。

车间消毒池（专业户和散养农户可以用经消毒药液浸泡的消毒垫代替）应建于每一栋猪舍的大门口和兽医治疗室门口，要求宽同大门、深度25~50厘米、长度为运料车轮周长的2.5倍，池底面和侧面应使用耐酸碱材料和防渗漏材料进行处理。

3. 装车台：建在靠近商品猪饲养区围墙外。专业户每批次出栏猪较少，可以选择单层结构，规模猪场应当选择双层结构。要求两层的高度分别是140厘米和200厘米，走道坡度30°，走道侧墙高90厘米，地面应进行防滑处理。

4. 隔离舍：建筑要求同商品猪。

5. 兽医诊疗室：符合普通民用建筑要求即可，但是，试验台面、地面应使用耐酸碱材料和防渗漏材料进行处理，墙壁180厘米以下应当进行瓷片贴面处理。

6. 废水处理系统：猪场饲养区各饲养舍废水经各栋猪舍两端一级沉淀处理池后进入生产废水处理系统，然后进入二级处理池，经二级处理池化学处理后的废水进入三级处理池进行生物处理。猪场生产区的雨水应当排入三级处理池。一级处理池、二级处理池的底面和侧壁应当使用耐酸碱材料和防渗漏材料进行处理。三级处理池可以人工开挖，也可以选择自然坑塘进行改造。

7. 猪粪处理场：选择生产区下风向区靠近围墙处的平坦地段，地面进行一般硬化处理，周围应砌25厘米高的二四砖墙，一方面防止雨雪天气猪粪流失，另一方面便于封闭处理。

8. 无害化处理设施：有条件猪场应安装专门的病死猪尸体焚化炉。一般场可在猪粪处理场附近建立简易焚化炉，以柴草或废弃柴油焚化病死猪。简易焚化炉烟囱高度不低于10米。也可建设病死猪尸体处理窖，容积视猪场规模和管理水平而定，建筑要求同二级废水处理池。盖顶应设置有警示音响功能的减压阀和燃烧装置，以便定时点燃废气（图1）。

四、供水供电

养猪场生产区供水系统要求管网末梢压力不低于1千克/厘米^2。但是要求在每栋猪舍的总阀门后安装可以随时添加药物的可调控水箱，以保证某一特定时间段内利用饮水向猪群投喂内服药。

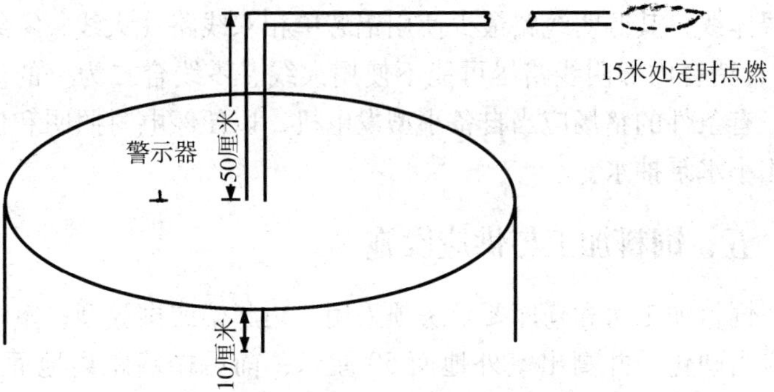

图 1　病死猪尸体处理窖顶盖示意图

可调控水箱与供水主管道并联，在水箱进水端串联一个控制阀和一只水表，添加药物时打开水箱进出水控制阀（K_1，K_2），关闭干道控制阀（K_3）。根据水表显示的进水量配置药液。在水箱输出端串联一个出水控制阀，并且在输水主管道与水箱进水阀和出水阀之间主干管道上再串联一个控制阀（K_3），保证在向猪舍供应含有添加药物饮水时主干管道暂停供水（图 2）。

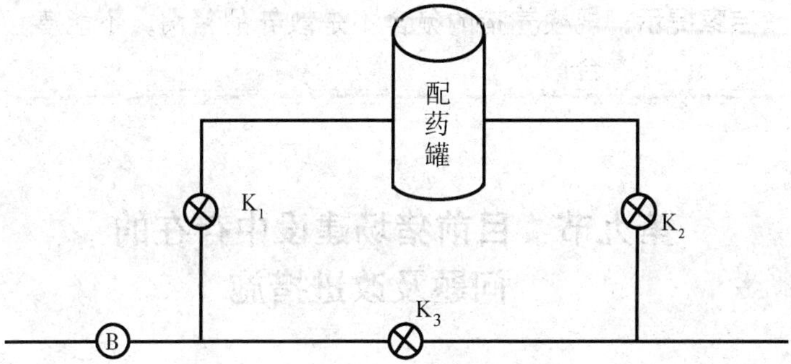

图 2　猪舍配药水箱及其连接示意图

Ⓑ. 水表　K_1. 水箱进水阀　K_2. 水箱出水阀　K_3. 主干管道控制阀

养猪场生产区供电系统要求同居民用电相同，猪舍外严禁使用裸体线，其照明线路最少使用铝芯单相双线路（火线、零线分开）；猪舍内照明线路尽可能不使用火线、零线合二为一的塑皮线。有条件的猪场应当自备小型发电机，以便停电时照明和使用单相小水泵抽水。

五、饲料加工与供应设施

饲料加工房和仓库要求房顶采用三角起架或拱券型；室内地面应当硬化，并高出室外地面 50 厘米；前后檐墙距离地面 220 厘米处按照每间房屋 1 个均匀布置 120 厘米×60 厘米的卧式窗，以便于防潮；最好使用推拉门，门口宽不小于 300 厘米、高 300 厘米，以便于装卸；门的上、下端缝和门板缝，以及门与墙体之间的缝隙应小于 3 厘米（最好以橡胶条密封），檐墙和房顶的缝隙要封严，以便于防止老鼠与麻雀；前、后檐墙距离地面 20 厘米高处按照每间房屋 1 个均匀布置 12 厘米×24 厘米的通气孔，通气孔外侧应当加防鼠网，并在通气孔中摆放防蚂蚁药品。

> **专家提示：**规模养猪的猪舍不是散养的猪窝，不能凑合！

第九节 目前猪场建设中存在的问题及改进措施

一、当前猪场存在的问题

由于政策、资金、场地及经营者的短期行为等方面原因，带来了当前已经建成和正在运营的猪场存在许多问题，从猪场建筑方面考察，主要表现有以下四个方面。

1. 猪场位置选择的随意性导致的建筑位置不符合公共卫生安全和兽医卫生要求。与居民区的距离太近，甚至夹杂于村庄或居民区之间。

2. 猪场设计的不规范导致场区内布局混乱，建筑物结构和间隔、隔断不合理，为猪病防治和日常饲养管理带来很大困难。

3. 缺少隔离设施和无害化处理设施，消毒设施不健全、不规范现象普遍，导致疫病传播迅速，控制传染病措施效果很差。

4. 缺少环境保护设施，导致废水随意排放，粪便随意堆放。既导致本场猪群反复发病，又是周围猪群疫病的传染源；既污染周围环境，又导致疫病传播蔓延。

二、拟建和正在建设猪场存在的问题

由于国家对畜牧业的发展采取了较为宽松的政策，加上养猪业规模饲养技术的成熟运用、生产与市场的衔接基本适应现阶段生猪饲养业水平，许多地方将养殖业作为农村经济发展的突破口和实现粮食转化、增加农民收入的主要途径，对养殖业项目，特别是兴建猪场实行鼓励政策，拟建和正在建设的猪场项目在土地使用、供电、用水、通信、贷款诸方面享受到当地政府所能够给予的所有优惠，导致了拟建和正在建设猪场仓促设计、仓促上马，存在许多隐患。常见的问题主要表现在以下四个方面。

1. 建设项目未执行项目可行性报告书方案，或随意修改。

2. 项目验收走形式，即使验收人员提出了改进意见，建设单位多又以种种借口不予落实。

3. 拟建猪场没有设置设计审查，导致带有设计缺陷项目上马。

4. 设计观念落后，尤其是设计人员思想上缺少环境保护工程和主体工程同时设计、同时建设、同时投入使用的观念，导致新上项目仍然不符合环境保护要求。

三、专业户猪场建设中存在的问题

专业户猪场建设中存在的主要问题是受场地、资金制约，凑合建场，导致猪场选址、建筑物布局和结构不科学，带来饲养环境恶劣、疫病控制困难、管理成本居高不下、经营效益低下等一系列问题。

四、猪场建设存在的问题及改进建议

（一）已经建成和正在运营的猪场

如果资本积累已经达到一定规模，应当考虑选择合适位置租赁或新建猪场，新建或对租赁猪场改造时，选择专业人员按照NY 5031—2001《无公害食品　生猪饲养兽医防疫制度》设计，并聘请兽医专家和环境保护专家对施工图进行施工前审核。

如果资本积累还达不到重新建场的规模，应当按照消毒—隔离—改造产房—改造猪舍的顺序，由易到难逐步对猪场建筑进行改造；待资本积累达到一定规模时，实行租赁猪场经营或重新建场经营。

（二）拟建和正在建设猪场

编制项目可行性报告时应当遵循 NY 5031—2001《无公害食品　生猪饲养兽医防疫制度》，提出的设计方案应当体现兽医卫生、环境保护和动物福利要求，落实单元产房和商品猪单元全进全出制度；项目论证应邀请畜牧兽医专家和环境保护专家，并认真听取他们的意见，及时修改方案中不符合兽医卫生要求和环境保护要求的设计；坚持施工前送审制度，将施工图纸送往畜牧兽医行政管理部门进行施工前审核，以免所建猪场仍然达不到国家要求。

（三）小型猪场和养猪专业户

首先，要努力做到猪舍与饲养者生活区的隔断，有条件的可建两面抹面的砖墙（沙土、土灰浆），无条件的可用篱笆隔断。其次，要完善消毒设施，在场门口或生产区门口（猪舍门口）建立小型消毒池（宽同大门、深度25~50厘米、长度为运料车轮周长的2.5倍）。再次，要尽可能建立隔离饲养圈舍，以保证所购商品仔猪的隔离观察需要；如果建立隔离饲养圈舍有困难，应租用或借用亲戚邻居猪舍对所购商品仔猪的隔离观察。最后，坚持不断积累，尽可能早日租赁或新建远离村庄的小型猪场。新建或租赁猪场实行自繁自养的母猪舍建设除了考虑建筑物符合兽医卫生和环境保护要求之外，还应达到全进全出最小出栏批次对猪舍的要求；实行购买商品仔猪育肥的专业户，商品猪舍面积应当满足全进全出饲养制度对商品猪独立装车（双层汽车或火车车厢）的需要；实行购买商品仔猪育肥的新建或租赁小型猪场，商品猪舍面积应当为独立装车（双层汽车或火车车厢）的最小单位或其倍数。

专家提示

1. 规模饲养全进全出是疫病控制的基本要求。
2. 皮特兰、司格等品种的使用和过高的近交系数均可导致抗病力的下降。
3. 猪场选址和设计、布局的缺陷将加大管理难度，降低疫病防控的效果。

附　录

附录一　猪发热性疫病的临床鉴别诊断

病名	体温	热型	临床特征
猪瘟	41~42℃	稽留热	流泪、公猪积尿，先便秘、后拉稀，躯体出血点
猪丹毒	40~42℃	慢性 40~40.5℃ 亚急性 40~41℃ 急性 42 ℃	体温不稳，肢关节肿，喜卧，嗜水，不流泪，臀肌颤，四肢僵
猪肺疫	40~41℃	稽留热	喘、犬坐状呼吸
弓形体	40.5~42.3℃	稽留热有时≥42℃	双耳、四肢下部、腹下紫红色
溶血型链球菌病	39.5~41.5℃	逐渐升温然后稽留	全身呈玫瑰红
附红细胞体	40℃左右	只在血尿时表现	先苍白后黄染
口蹄疫	40~41℃	稽留热	口腔、唇、蹄部有水疱，溃疡
水疱病	41~43℃	一过性	水疱出来自动退热，其他同口蹄疫
猪流感	40.5~41℃	暂时性	流泪、鼻涕、高热

附录二　猪繁殖障碍疫病的临床鉴别诊断

病名	病原	临床主要特征	发病季节和猪群
细小病毒	病毒	早期流产、死胎	后备猪、青年猪易感，木乃伊胎大小不一
乙脑	病毒	神经症状，流产	蚊蝇传播、夏秋多发，胎儿头盖骨肥大
伪狂犬病	病毒	流产、死胎、弱仔，有木乃伊胎	母猪呕吐，仔猪三个死亡高峰，商品猪可能免疫抑制
蓝耳病	病毒	流产、死胎、弱仔，有木乃伊胎	仔猪两个死亡高峰，商品猪免疫抑制
布鲁杆菌病	细菌	流产日龄不定	目前未见报道
温和猪瘟	病毒	早产和孕期延长	仔猪干尾、脱皮、免疫抑制

附录三　猪呼吸道疫病的临床鉴别诊断

病名	病原	临床特征	剖检
猪喘气	支原体	群体持续性连续多声干咳	肺的心、尖、膈叶对称性水煮样病变，连续多声干咳
肺线虫病	肺丝虫	早晚及降温时咳嗽	肺有支气管连通气疱
呼吸型链球菌	链球菌	喘气、咳嗽、中热	肺有特异的干酪样病变
猪肺疫	巴氏杆菌	喘气、吐白沫、高热	肺有大叶性出血
萎缩性鼻炎	波氏杆菌	鼻塞、歪鼻、吭	鼻甲骨弯曲变形
传染性胸膜炎	放线杆菌	咳、喘、高热	胸膜、膈、肺粘连
副猪嗜血杆菌	副嗜血杆菌	鼻孔流沫出血	白膜包心胸腔积水
猪流感	流感病毒	流泪、鼻涕、高热	

附录四　猪消化道疫病的临床鉴别诊断

病名	病原	临床特征
仔猪红痢	魏氏梭菌 C	2 日龄以下仔猪拉红黏性血便、死亡率≥60%
仔猪黄痢	大肠杆菌	2~5 日龄仔猪拉黄色稀便，传染性极强
仔猪白痢	大肠杆菌	5~30 日龄仔猪拉白色、黄色、黄白色带泡沫并有特殊腥臭味稀便，传染性极强
仔猪副伤寒	伤寒杆菌	30~180 日龄或≤60 千克猪拉灰色稀便，表面有油状物
流行性腹泻	冠状病毒	大猪 7 日耐过自愈，低日龄死亡率高，7~10 日龄仔猪病亡率可达 100%，喷射状水样稀便
传染性胃肠炎	轮状病毒	水样腹泻伴神经症状，常表现为顺腿流，低日龄死亡率高，7~10 日龄仔猪病亡率达 100%
猪瘟型腹泻	猪瘟病毒	便秘与腹泻交替出现，多转化为顽固性消化不良

附录五　猪场建设和管理常用的 10 个方面数据

1. 猪舍大门：宽 0.7~1 米，高 1.6~1.8 米。
2. 猪场药浴池：长 5~7 米，宽 3 米，深 0.5~0.7 米；

   猪舍内排污沟：长同猪舍，宽≥清粪锨宽 2 厘米，深6~60 厘米；

   猪舍外双联沉淀池：长 8~10 米，宽 3 米，深 1.5~2.0 米。
3. 猪场选址时需注意的最小间距：

   猪场—猪场、牛场、羊场、兔场、毛皮动物饲养场：150 米；

   猪场—禽场：200 米；

   猪场—大型家禽饲养场、养禽养猪小区：1 000 米；

   猪场—工厂、集镇、村庄等人口稠密区：500 米；

猪场—铁路、国道和省道、高速公路和快速通道：500 米；

猪场—乡村道路：≥200 米；

猪场—水源地：≥500 米；

猪场—屠宰厂、危险品仓库、风景区：≥2 000 米。

猪场——光缆：≥50 米；

猪场——供电线路：10 千伏以上 20 米，20 千伏以上 30 米。

4. 猪舍建筑技术参数

猪舍种类	舍内温度（℃）	照度（勒克斯）	采光区占地（%）	噪声（分贝）	调温风速（米/秒）
产房	22~23	110	10	50~70	0.3
保育舍	28~30	110	10	50~70	0.3
小育肥舍	16~18	60~80	8~10	50~70	0.3
中育肥舍	16~18	40~60	5~8	50~70	0.3
大育肥舍	16~18	20~40	4~5	50~70	0.3
种猪舍	16~18	110	10	50~70	0.3

注：各类猪舍内的相对湿度控制在 65%~75%。

5. 不同种类猪所需猪舍面积和料槽长度

猪种	最小占地面积（平方米/头）	建议每栏饲养（头）	槽长（厘米）
种公猪	3.25	网上单头单栏	35~45
空怀母猪（钢栏）	2.2×0.65	1	55~60
空怀母猪（圈养）	1.2×1.5	2~3	35~40
妊娠母猪（前期）	1.2×1.5	1	35~40
妊娠母猪（中期）	1.2×1.5	1	35~40
妊娠母猪（后期）	1.2×1.5	1	35~40
保育猪（10~15 千克）	0.2~0.3	8~12	18~22
育肥仔猪（10~30 千克）	0.3~0.35	8~24	自动料仓

续表

猪种	最小占地面积（平方米/头）	建议每栏饲养（头）	槽长（厘米）
育肥中猪（30~60千克）	0.55~0.6	40~60	自动料仓
育肥大猪（60~110千克）	0.9~1.1	120~180	自动料仓

注：采用自动料仓时每60头猪1仓。固定食槽的深度种公猪、育肥大猪为22厘米，各类母猪和育肥中猪为18厘米，保育和育肥仔猪为10厘米；食槽宽度种公猪为35~45厘米，各类母猪和育肥大猪均为35~40厘米，育肥中猪为30~35厘米，保育和育肥仔猪为20厘米。

6. 不同猪群每日需水量

猪种	饮水量［L/（头·日）］	总需水量［L/（头·日）］
空怀母猪	12	25
妊娠母猪	12	25
哺乳母猪	20	60
断奶仔猪	2	5
育肥猪	6	15
后备猪	6	15
种公猪	10	25

7. 不同种类和年龄段猪的最小换气量［立方米/（分·头）］

猪种	体重	冬季最低	正常	夏季
种公猪	≥130千克	0.11	0.8	7.0
空怀母猪	≥110千克	0.06	0.6	3.4
妊娠母猪	≥130千克	0.08	0.7	6.0
哺乳母猪	按空怀母猪和所带仔猪头数计算			
仔猪	1~9千克	0.6	2.2	5.9
保育舍猪	9~18千克	0.04	0.3	1.0
育肥仔猪	18~45千克	0.04	0.3	1.3

续表

猪种	体重	冬季最低	正常	夏季
育肥中猪	45~68 千克	0.07	0.4	2.0
育肥大猪	68~110 千克	0.09	0.5	2.8

8. 推荐的猪舍和功能区控制温度（℃）

猪种	适宜温度（℃）	最佳温度（℃）
妊娠母猪舍	11~17	12~14
分娩母猪舍	15~22	16~18
初生母猪舍	22~26	24
初生母猪产床	25~28	26
护仔箱	32~35	32
1~3 日龄（护仔箱）	30~32	
4~7 日龄（护仔箱）	28~30	
8~28 日龄（护仔箱）	25~28	
哺乳母猪舍（前期）	24~27	24
哺乳母猪舍（后期）	20~24	22
断奶仔猪圈	20~24	22~24
保育舍	8~22	20
后备猪舍	17~24	20~22
育肥猪舍	11~24	16~18

9. 推荐的猪舍空气卫生指标（克/米^3）

猪种	氨气	硫化氢	CO_2	细菌总数	粉尘
成年母猪	26	10	0.2%	≤10 个	≤1.5
哺乳母猪	15	10	0.2%	≤5 个	≤1.5
哺乳仔猪	15	10	0.2%	≤5 个	≤1.5
保育猪	26	10	0.2%	≤5 个	≤1.5
育肥猪	26	10	0.2%	≤5 个	≤1.5
种公猪	26	10	0.2%	≤6 个	≤1.5

10. 推荐的猪饮用水质量标准

类别	指标
砷（As）	≤0.05 毫克/升
汞（Hg）	≤0.001 毫克/升
铅（Pb）	≤0.05 毫克/升
铜（Cu）	≤1.0 毫克/升
六价铬（Cr）	≤0.05 毫克/升
镉（Cd）	≤0.01 毫克/升
氰化物	≤0.05 毫克/升
氟化物（以 F 计）	≤1.0 毫克/升
氯化物（以 Cl 计）	≤250 毫克/升
六六六	≤0.001 毫克/升
滴滴涕	≤0.005 毫克/升
总大肠杆菌	≤3 个/升
pH 值	6.5~8.5

附录六　猪饲料中允许添加的 12 类添加剂

（所使用的添加剂最低必须达到饲料级）

一、允许使用的氨基酸类添加剂有 7 种

L-赖氨酸盐酸盐，DL-蛋氨酸，DL-羟基蛋氨酸，DL-羟基蛋氨酸钙，N-羟甲基蛋氨酸，L-色氨酸，L-苏氨酸。

二、允许使用的矿物质、微量元素添加剂有 46 种

1. 钠类 4 种：硫酸钠，氯化钠，磷酸二氢钠，磷酸氢二钠。

2. 钾类 2 种：磷酸二氢钾，磷酸氢二钾。

3. 钙类 6 种：碳酸钙，氯化钙，磷酸氢钙，磷酸二氢钙，磷酸三钙，乳酸钙。

4. 镁类 4 种：七水硫酸镁，一水硫酸镁，氧化镁，氯化镁。

5. 铁类 8 种：七水硫酸亚铁，一水硫酸亚铁，三水乳酸亚铁，六水柠檬酸亚铁，富马酸亚铁，甘氨酸铁，蛋氨酸铁，酵母

铁。

6. 铜类4种：五水硫酸铜，一水硫酸铜，蛋氨酸铜，酵母铜。

7. 锌类5种：七水硫酸锌，一水硫酸锌，无水硫酸锌，氧化锌，蛋氨酸锌。

8. 锰类3种：一水硫酸锰，氯化锰，酵母锰。

9. 碘类3种：碘化钾，碘酸钾，碘酸钙。

10. 钴类2种：六水氯化钴，一水氯化钴。

11. 硒类2种：亚硒酸钠，酵母硒。

12. 铬类3种：吡啶铬，烟酸铬，酵母铬。

三、允许使用的维生素类添加剂有26种

α-胡萝卜素，维生素A，维生素A乙酸酯，维生素A棕榈酸酯，维生素D_3，维生素E，维生素E乙酸酯，维生素K_3（亚硫酸氢钠甲萘醌），二甲基嘧啶醇亚硫酸氢钠甲萘醌，维生素B_1（盐酸硫胺），维生素B_1（硝酸硫胺），维生素B_2（核黄素），D-泛酸钙，DL-泛酸钙，烟酸，烟酰胺，维生素B_6，叶酸，维生素B_{12}（氰钴胺），维生素C（L-抗坏血酸），L-抗坏血酸钙，L-抗坏血酸钙-2-磷脂酸，D-生物素，氯化胆碱，肉碱盐酸盐，肌醇。

四、允许使用的微生物添加剂有11种

干酪乳酸菌，植物乳杆菌，粪链球菌，乳酸片球菌，枯草芽孢杆菌，纳豆芽孢杆菌，嗜酸乳杆菌，乳链球菌，啤酒酵母菌，产朊假丝酵母，沼泽红假单胞菌。

五、允许使用的酶制剂有12种

蛋白酶（黑曲霉，枯草芽孢杆菌），淀粉酶（地衣芽孢杆菌，黑曲霉），支链淀粉酶（嗜酸乳杆菌），果胶酶（黑曲霉），脂肪酶，纤维素酶（reesei木酶），麦芽糖酶（枯草芽孢杆菌），木聚糖酶（insolons腐质酶），β-聚葡萄糖酶（枯草芽孢杆菌，黑曲霉），甘露聚糖酶（缓慢芽孢杆菌），植酸酶（黑曲霉，米曲霉），葡萄糖氧化酶（青酶）。

六、允许使用的抗氧化剂有4种

乙氧基喹啉，二丁基羟基甲苯（BHT），丁基羟基茴香醚（BHA），没食子酸丙酯。

七、允许使用的防腐剂和电解质平衡剂有25种

甲酸，甲酸钙，甲酸铵，乙酸，双乙酸钠，丙酸，丙酸钙，丙酸钠，丙酸铵，丁酸，乳酸，苯甲酸，苯甲酸钠，山梨酸，山梨酸钠，山梨酸钾，富马酸，柠檬酸，酒石酸，苹果酸，磷酸；氢氧化钠，碳酸氢钠，氯化钾，氢氧化铵。

八、允许使用的着色剂有6种

β-阿朴-8'-胡萝卜素醛，辣椒红，β-阿朴-8'-胡萝卜素酸乙酯，虾青素，β-胡萝卜素-4，4-二酮（斑蝥黄），叶黄素（万寿菊花提取物）。

九、允许使用的调味剂和香料有5种1类

糖精钠，谷氨酸钠，5'-肌甘酸二钠，5'-鸟甘酸二钠和血根碱5种调味剂；食品用香料类。

十、允许使用的黏结剂、抗结块剂和稳定剂有13种（类）

α-淀粉，海藻酸钠，羧甲基纤维素钠，丙二醇，二氧化硅，硅酸钙，三氧化二铝，蔗糖脂肪酸酯，山梨醇酐脂肪酸酯，甘油脂肪酸酯，硬脂酸钙，聚氧乙烯-20-山梨醇酐单油酸酯，聚丙烯酸树脂Ⅱ。

十一、所使用的药品类添加剂按照农业部农牧发〔2001〕20号“关于发布《饲料药物添加剂使用规范》的通知”中《药物饲料添加剂使用规范》的规定有13类

1. 10%或15%杆菌肽锌预混剂4月龄以下猪饲料允许添加4~40克/千克。

2. 4%或8%的黄霉素预混剂在仔猪饲料允许添加10~25克/

千克（以黄霉素有效成分计），生长、育肥饲料允许添加5克/千克（以黄霉素有效成分计）。

3. 50%维吉尼亚霉素预混剂在饲料中允许添加20~50克/千克（休药期1天）。

4. 5%喹乙醇预混剂在饲料中允许添加1 000~2 000克/千克（休药期35天，体重35千克以上猪禁用）。

5. 10%阿美拉霉素预混剂4月龄以内猪饲料允许添加200~400克/千克，4~6月龄猪饲料允许添加100~200克/千克。

6. 盐霉素钠猪饲料允许添加25~75克/千克（不论5%、6%、10%、12%、45%、50%，均按有效成分计，休药期5天）。

7. 硫酸黏杆菌素预混剂在仔猪饲料允许添加2~20克/千克（以硫酸黏杆菌素有效成分计，休药期7天）。

8. 2.5%牛至油用于预防疾病500~700克/千克，治疗疾病时1 000~1 300克/千克（连用7天），促进生长时50~500克/千克。

9. 5%杆菌肽锌和1%硫酸黏杆菌素在2月龄以下猪饲料允许添加2~40克/千克，4月龄以下猪饲料允许添加4~20克/千克（以有效成分计，休药期7天）。

10. 土霉素钙4月龄以下猪饲料允许添加10~50克/千克（不论5%、10%、20%，均按有效成分计）。

11. 吉他霉素预混剂用于防治疾病80~330克/千克（连用7天），促进生长时5~55克/千克（不论2.2%、11%、55%、95%，均按有效成分计，休药期7天）。

12. 10%或15%金霉素预混剂4月龄以下猪饲料允许添加25~75克/千克（按有效成分计，休药期7天）。

13. 4%或8%恩拉霉素预混剂猪饲料允许添加2.5~20克/千克（按有效成分计，休药期7天）。

本条所列预混剂百分含量是市场常见商品含量，不是规定的必须含量。

十二、其他 10 种

糖萜素，甘露低聚糖，肠膜蛋白素，果寡糖，乙酰氧肟酸，天然类固醇萨洒皂角苷（YUCCA），大蒜素，甜菜碱，聚乙烯聚吡咯烷酮（PVPP），葡萄糖山梨醇。

附录七 猪瘟疫苗及其性能

中国发明的石门通过系猪瘟疫苗对于世界养猪业的发展做出了巨大贡献。丹麦、法国、比利时等欧洲国家，引进了我国的猪瘟疫苗，结合净化措施，先后实现了在一个国家范围内消灭猪瘟的愿望。但是在中国，由于经济薄弱、饲养方式不同，以及动物疫病管理体制自身的缺陷等因素的限制，采用猪瘟疫苗免疫猪群 50 多年来，仍然没有消灭猪瘟，反而随着疫苗的广泛和长期使用，使猪瘟病毒广泛存在。“在中国，只要有猪生存的地方就有猪瘟”这种夸张的描述尽管有其片面性，但是却真实地反映出猪瘟存在的广泛性。好在抗原（也称疫苗毒）和该病毒自身结构稳定，不容易发生飘移和重组，还没有发现变异株。正是由于该病毒结构稳定，限制了我们的思路，多年来，我们的精力一直集中于种毒的提纯、净化，在基因缺失疫苗的开发方面投入很少。截至目前，市场供应的猪瘟疫苗仍然是石门系的兔化弱毒疫苗，不同企业疫苗的差别在于工艺的差异和抗原含量不同。

一、猪瘟细胞兔化弱毒苗

猪瘟细胞兔化弱毒苗在生产中简称普通猪瘟苗或细胞苗（下同）。该疫苗使用最经典的工艺制作，市场供应量最大，价格低廉，常见的包装规格为 50 头份/瓶，每头份抗原含量国家标准 150RID（兔体感染量的英文简写，也称白兔单位，下同），即每瓶疫苗的抗原含量为 7 500RID。但一些厂家在生产时，提高标准达到每头份 750RID，甚至更高。成品为略显黄色的干粉剂，装瓶后随着保存时间的延长结成蓬松的团块，遇水后很快溶解。使用时可用专用的猪瘟疫苗稀释液解冻稀释，也可用生理盐水或注射用水代替（经过两次蒸馏的水，简称双蒸水，下同）。抗原含量低、剂量标准是其主要特征。可用于妊娠期外的各种猪，小规格的剂型特征是其用于月龄内仔猪，不会导致免疫麻痹。主要生产企业为原来的国有生物制品企业，如改制后的中牧实业股份有限公司（成都）生物制品有限公司、乾元浩生物股份有限公司、广东永顺生物制药有限公司、中牧实业股份有限公司（内蒙古金宇）生物制品有限公司等。

二、猪瘟脾淋苗和猪瘟组织苗

猪瘟脾淋苗和猪瘟组织苗在生产中简称脾淋苗和组织苗。2002 年以后上市的猪瘟脾淋苗是猪瘟病毒接种到家兔体内后收采继代家兔的脾脏、淋巴组织，经研磨粉碎等工序而制成的兔化弱毒疫苗。抗原含量较猪瘟细胞兔化弱毒苗高，每头份疫苗的抗原含量在 5 000~7 500RID 之间，包装规格为 10~20 头份/瓶，每头份价格为猪瘟细胞兔化弱毒苗的 50~80（每头猪 15~50）倍。成品为淡黄色至淡红色粉剂或结构疏松的团块状剂，使用时必须使用专用的稀释液解冻稀释，若使用生理盐水或注射用水解冻稀释，可能会由于盐水质量或存放时间过长而降低其效价。由于此种产品是由家兔的脾脏和淋巴组织制成，传代所用家兔的这些组织内含有大量的干扰素及异源蛋白，当然也含有抗原，所以用于临床时，对于健康猪有猪瘟细胞兔化弱毒疫苗的免疫作用，对于隐性期或发病期个体有治疗作用。主要生产企业为新兴的生物制品企业，如福州大北农生物技术有限公司，广东永顺生物制药有限公司等，以及中牧实业（成都）股份有限公司。

2005 年以后上市的猪瘟组织苗（也称 ST 传代苗），是收采经睾丸传代后的继代家兔的躯体，经研磨粉碎等工序制成的兔化弱毒疫苗。抗原含量较猪瘟细胞兔化弱毒苗高但略低于猪瘟脾淋苗，常见的规格为20～50头份/瓶，每头份抗原含量为4 500～5 000RID，每头份价格为猪瘟细胞兔化弱毒苗的40～50倍（每头猪8～10倍）。成品为粉红-灰褐色粉剂或结构疏松的团块状，可使用专用的稀释液解冻稀释，也可使用生理盐水或注射用水解冻稀释。此种产品含有家兔的肌肉组织，也含有脾脏和淋巴组织，同样也含有抗原。因其抗原含量高，免疫时1头份即可，不像猪瘟细胞兔化弱毒苗那样需要加量。省事，价格又比猪瘟脾淋苗低，也很受养猪企业和专业户，尤其是短期育肥专业户的欢迎。主要生产企业有中牧实业（成都）股份有限公司、广东永顺生物制药有限公司等。

三、猪瘟细胞源传代疫苗

猪瘟细胞源传代疫苗在生产中简称传代苗。2008年以后上市的此种疫苗为全新的生产工艺。不论是猪瘟细胞兔化弱毒苗，还是脾淋苗或组织苗，基本的生产工艺相同。即将种毒在牛睾丸或血清孵化，然后在家兔身上传代，区别在于采集收获的原材料（血细胞、脾脏、淋巴、肌组织）方面的差异。但是随着国家强制免疫政策的实施，政府采购的加入使得猪瘟疫苗的需求量急剧上升，各疫苗生产企业的设备加工能力没有问题，但是SPF犊牛（无特定病原牛犊，下同）的生产是相对稳定的，部分非SPF牛犊睾丸、血清的非正常介入，带来了传代抗原被BVDV（牛流行性腹泻病毒）污染，致使接种猪群仔猪腹泻病暴发。介于这种实际，科研人员运用基因工程技术开发了细胞传代这种工艺，用标准细胞作为种毒扩增繁殖的载体，避开了牛睾丸或犊牛血清，为洁净无污染疫苗的生产开辟了新的途径。运用此种工艺生产的猪瘟疫苗称为细胞源传代猪瘟苗，或猪瘟细胞源传代苗。此种疫苗的突出优点是干净，即保证没有BVDV污染。抗原含量较高，通常只在使用说明书上标定抗原原液含量不低于多少毫升，一些使用单位测定的结果是7 500～15 000RID/头份，包装规格多数为10

头份/瓶、20头份/瓶。产品为白色或略显淡黄色的蓬松块状粉剂，随产品供应的有专用解冻稀释液。新产品优势明显，价格略高于脾淋苗（为脾淋苗的120%）。多用于规模养猪企业的繁殖和后备猪群。主要生产企业为广东永顺生物制药有限公司和瑞普（保定）生物技术股份有限公司。

四、使用建议

1. 对于多数散养农户和小规模专业户的育肥猪群，推荐使用普通细胞苗在25~28日龄间、60~65日龄免疫各1次，接种剂量为首次3~5头份/（头·次）（视仔猪体重大小和膘情），第二次6~8头份/（头·次）。

2. 对于环城镇周围的宾馆饭店下脚料饲养的商品猪群，育肥猪购买后首次免疫推荐猪瘟脾淋苗，30kg左右1头份/（头·次）、60kg左右2头份/（头·次）。若使用细胞苗，分别为6~8头份/（头·次）和8~10头份/（头·次）。在体重65kg时实施第二次免疫，前次接种脾淋苗的依然使用脾淋苗2头份/（头·次），接种细胞苗的依然接种10~12头份/（头·次）。以后每隔三个月接种一次猪瘟疫苗，剂量视体重大小在前次免疫剂量上增加（脾淋苗1头份/100kg体重、细胞苗1头份/20kg体重）。

3. 规模较大的规模饲养场种猪群和猪瘟免疫效果不理想（包括免疫麻痹猪群、母猪猪瘟带毒猪群，以及免疫抑制个体）的专业户猪群，可以考虑使用传代苗，推荐的剂量为1头份/（头·次）。

4. 猪瘟危害严重猪群实施超前免疫时，应在仔猪未哺乳前接种1~2头份/（头·次）猪瘟细胞苗，或广东永顺生物制药有限公司生产的专用超前免疫疫苗（也称0日龄猪瘟苗），接种后1~1.5小时后方可哺乳。实施超前免疫猪群第二次免疫在35日龄，第三次免疫在70日龄。

5. 为了提高猪瘟抗体滴度，可以使用连续两次接种的方法，但是相邻两次间隔为 3 周（18~21 天）。

6. 非疫情状态，不论何种猪瘟疫苗，均不得对妊娠母猪接种。

附录八　伪狂犬疫苗及其性能

目前，由于种猪群伪狂犬病毒存在的广泛性，该病的发病率在我国猪群上升到仅次于猪瘟的地位。做好伪狂犬病的预防免疫，已经成为养猪企业和农户的基础工作。而要做好免疫工作，首先要了解市场供应疫苗的特性。

一、全基因伪狂犬灭活疫苗

此种疫苗为伪狂犬病毒巴萨-61 株（bartha-k61）标准毒株的灭活制品，是最为经典的伪狂犬疫苗。该疫苗的突出优点是全基因抗原，使用后能够产生最为准确的抗体。但是因为本身是灭活疫苗，产生抗体和达到具有保护作用的抗体上升时间较长，通常认为接种后 4 周抗体方能够上升到保护滴度，形成有效保护至少需要 3 周。所以，该疫苗多用于无伪狂犬病原污染的洁净猪群，或者曾经发生过疫情但是得到净化处理的猪群。有时也用于多次使用基因缺失疫苗后保护效果不佳的繁殖母猪群。2010 年以前国内有 4 家企业生产（湖南亚华、武汉中博和科前、中牧成都），2010 年后由于我国种猪群伪狂犬病毒污染面积的急剧扩大，灭活的全基因伪狂犬疫苗销售日渐萎缩，生产企业相继转产，目前能够生产供应的仅有湖南中岸生物药业有限公司（兼并湖南亚华）和中牧实业（成都）股份有限公司两家企业。规格有 4 毫升和 20 毫升两种，使用量为小猪 2 毫升/（头·次）、大猪 2~4 毫升/（头·次）。

二、普通伪狂犬弱毒活疫苗（gE 缺失弱毒活疫苗）

此种疫苗为伪狂犬病毒巴萨-61 株（bartha-k61）标准毒株接种鸡胚孵化的 gE 基因自然缺失弱毒活疫苗。由于鸡胚孵化工艺的稳定和成熟，生产企业较多，适用范围和使用量也最大。最大的特点是接种后抗体产生的快，通常认为接种后1周可以检测到抗体，2周后抗体方能够达到保护水平。临床对不同年龄段的杜长大三元杂交商品猪、长大二元母猪和大长二元母猪检测时发现，首次免疫猪接种后第5天，即可检测到抗体；再次免疫猪群接种后第4天检测，即可见到抗体滴度较高的血样。其次，接种时副作用轻微，仔猪1头份/（头·次）、妊娠母猪群接种2头份/（头·次）均未见不良反应。规格多为10头份/瓶、20头份/瓶。国内主要的生产企业有哈尔滨维科生物技术开发公司、中牧实业股份有限公司、福州大北农生物技术有限公司、瑞普（保定）生物技术股份有限公司、广东永顺生物制药有限公司、武汉中博生物股份有限公司等。

三、基因缺失疫苗

基于对伪狂犬病毒不同基因在动物体功能的研究，尤其是对猪致病作用的研究，从事动物疫病防控的生物技术研发人员认为伪狂犬病毒基因链中gE位点是致病的最主要位点，去掉了这个位点的病毒的致病力明显降低。另外一些位点的作用虽然不像gE位点那么典型，但是也同样会直接或间接影响其在猪体内的增殖或致病力。如gG位点的糖蛋白可以分泌到细胞外，它的缺失有可能降低病毒的泛嗜性；gE、gI同病毒的复制有关，它们的缺失会降低病毒的复制速率；gTK位点是最主要的毒力基因之一，它的缺失不仅可以极大地降低病毒的毒力，还可以减轻感染潜伏期的病状。gB基因同病毒的毒力无关，但是广泛存在，因而在评价伪狂犬疫苗的免疫效果时，以gB抗体的高低作为判断依据。

相对于灭活的全基因疫苗而言，普通伪狂犬弱毒疫苗事实上就是gE一个基因缺失的弱毒活疫苗，人们习惯称为伪狂犬弱毒活苗。

相继开发的多基因缺失疫苗，包括：双基因缺失伪狂犬弱毒活疫苗（gE、gG 缺失疫苗，gE、gI 缺失疫苗，以及 gE 和 gA 缺失疫苗）和三基因（gE、gG 和 gTK）缺失伪狂犬弱毒活疫苗。

（一）双基因缺失伪狂犬弱毒活疫苗

生产中使用的伪狂犬双基因缺失弱毒活疫苗，多数是疫苗 gE 和 gG 缺失的。西班牙海博莱生物药厂、梅里亚等国际知名生物制品企业的产品均为此种结构，只不过在产品说明书上没有突出基因缺失。此外还有辽宁益康生物股份有限公司的 gE、gI 缺失，以及黑龙江省生物制品一厂的 gE、gA 缺失疫苗。四川农大的 SA215 同样是双基因缺失，具体缺失的基因位点未见公开报道。

多数企业愿意使用 gE、gG 这两个基因缺失的疫苗，因为它既有非致病性，又没有泛嗜性，即使猪场内有狗、老鼠存在，周围有牛、羊，使用起来也非常安全。gI 缺失的抗原增殖速率较低，接种后在猪体内增殖速率的降低，会有持续产生抗体的缓释功能。对于正在发病的假定健康猪群紧急接种，若使用 gE、gI 缺失的伪狂犬疫苗，可能由于抗体产生的速率较低而难以见到明显的临床效应，但不会激发疫情；用于年幼的商品猪群，则会因持续作用时间长而减少使用次数。

（二）三基因缺失伪狂犬弱毒活疫苗

华中农业大学陈焕春院士团队研究发明的 HB-98 株伪狂犬疫苗为 gE 、gG 和 gTK 三基因缺失。由科前动物生物制品有限责任公司转让许可中牧实业（成都）股份有限公司生产。目前，国内市场供应的伪狂犬三基因缺失疫苗只有这两家企业的产品。gE、gTK 两个位点的缺失，使得病毒的致病力进一步降低，可极大地减轻感染潜伏期的病状。gG 位点的缺失，降低病毒的泛嗜性，是使用时的安全性有了可靠保证。所以，三基因确实苗上市后，很受养猪企业和农户的欢迎。生产中对于发病猪群，通过 3

日龄内仔猪滴鼻的黏膜免疫、15~20日龄的肌内注射、35~40日龄的再次接种，获得了非常理想的效果。

对于2010年后出现的142~144位点突变新病毒（致使猪场大量狗死亡），在没有新的疫苗供选择的背景下，可使用三基因缺失疫苗多次免疫。

四、使用建议

1. 伪狂犬基因缺失弱毒活疫苗具有良好的安全性，可以用于各个年龄段猪群，也是猪群净化伪狂犬病的工具。

2. 后备猪配种前至少免疫两次伪狂犬疫苗（非净化猪群全基因和基因缺失苗各一次，净化猪群使用基因缺失苗两次）。

3. 种公猪、配种前的后备猪、繁殖母猪免疫时均为2头份/(头·次)。月龄内仔猪和45日龄前小猪均为1头份/（头·次)。45日龄后保育猪和小育肥猪视体重大小按照0.1头份/5千克增加（2头份封顶)。

4. 鉴于感染伪狂犬病毒后母猪多数有产死胎、弱胎、木乃伊和所生仔猪多在15日龄内发病且病死率较高的原因，建议在母猪妊娠的中后期（配种后40~95天间）加强免疫的办法确保初乳内足够高的抗体滴度，临床口述“产前20~40日”免疫多指妊娠后期免疫一次。

5. 受伪狂犬威胁严重猪群，为了降低仔猪发病率，可在仔猪出生当天使用伪狂犬三基因缺失疫苗（每瓶10头份的疫苗使用4mL稀释液稀释后摇匀）滴鼻，每头4滴（2滴/鼻孔)。

6. 受伪狂犬危害严重猪群，尤其是那些死狗猪场，可采取如下措施：

(1) 后备猪配种前接种1次全基因灭活疫苗［4mL/（头·次）］。

(2) 种公猪每年免疫全基因苗2次，间隔18~21天后加强免疫伪狂犬基因缺失苗1次。

（3）繁殖母猪群每胎次使用伪狂犬全基因苗1次，间隔18~21天后使用基因缺失苗加强1次。

附录九　口蹄疫疫苗及其性能

口蹄疫是一种人畜共患病，其病原是小RNA病毒科的口蹄疫病毒。世界兽医卫生组织（WEO）将其规定为A类动物疫病，我国将其定位一类动物传染病。世界各国政府对该病的防控都非常重视，是边境口岸必需检疫的动物疫病，国内对疫情的报告程序、途径都有严格的规定，媒体不得随意披露疫情信息。

病毒侵袭后引起急性、热型、极度接触传染的人和偶蹄动物疫病，又称人畜共患病。临床在体表以口（包括唇、舌、上腭、牙龈）、蹄部（蹄缝、蹄锺角、系冠结合部）发生透明水疱（人则在口、手、足发生透明水疱），体内以心脏的急性病毒性炎症（特有的心室肌黄色、灰白色不突起斑点，病死猪心耳瘀血和慢性、渗出性出血），以及妊娠母猪无先兆流产、哺乳仔猪和保育小猪无先兆死亡为主要特征的烈性疫病。

病毒分O、A、C、$Asisal_1$（亚洲－Ⅰ型或泛亚型），以及SAT_1（南非$_1$型）、SAT_2（南非$_2$型）、SAT_3（南非$_3$型）7个血清型，各血清型之间无较差保护。口蹄疫病毒基因组为单股RNA，约有8.5Kb（千碱基对），基因组的中部为一个大的阅读框，框内有P_1、P_2、P_3三个区，分别控制核衣壳的4个结构蛋白（P_1区）和参与RNA病毒复制的3种（P_2区）、7种（P_1区）的共11种蛋白构成，极易发生碱基对的飘移重组（理论上可以构成A_{11}^4共计7 920种病毒），病毒结构极不稳定，极易发生重组变异，这是临床使用口蹄疫疫苗效果不尽人意的主要原因。我国见诸报道的病毒为前四个血清型。猪群内长期存在的主要是O型口蹄疫病毒，部分为$Asisal_1$口蹄疫病毒，尚未检出A 、C型病毒；曾经认为2009年春节后在上海光明乳业奶牛群中检出的A型病毒是人为事故所致，但是表明A型同C型一样只感染牛、羊等草食动物。2010年以后的研究表明，猪群内流行口蹄疫病原最为复杂，O型口蹄疫病毒在不断变异之中。危害严重的既有传统的O型口蹄疫病毒（简称老病毒，中国毒），还有新的拓扑型-缅甸株病毒，也有 $Asisal_1$ 口蹄疫病毒。

病毒具有较为稳定的理化结构，生存能力极强。在pH值7.2~7.6的条件下。4℃环境中可以存活一年，22℃环境中可以存活8~10周，37℃环境中可以存活10天。加上能够附着在空气尘埃中通过气溶胶传播的特性，在寒冷的冬季有风条件下，极易形成大面积流行。见诸报道的是通过水流传播10千米，通过空气传播20千米。

2000年以后，该病冬春季发病流行的季节性特征，在规模饲养场逐渐模糊，可能同全封闭猪舍温度均衡、光照不足、消毒不彻底有关。2010年后规模饲养和散养猪群均有夏季病例，除了同饲养环境消毒不彻底有关外，许多专家认为同牛羊带毒有关。有资料报道，病愈牛羊带毒可达两年之久，在其带毒期内可持续排毒。

鉴于病毒能够感染人和偶蹄动物、结构的不稳定性、碱性环境下极强的生存能力、偶蹄动物感染后持续排毒、能够通过空气传播的五大基本特性，生产中所用疫苗全部为国产灭活疫苗，由国家通过各级动物疫病防控机构免费发放，实施强制性免疫。依据疫苗抗原毒株的差异和佐剂的不同，人们将其归纳为普通苗、合成肽和高效苗。

一、普通口蹄疫疫苗

普通口蹄疫疫苗全部为O型抗原，只是其不同时期的拓扑型稍有差异。早期的为国产佐剂，2010年以后有企业声称使用了进口佐剂。因为该病为一类疫病，保密的缘故使得抗原叫法非常混乱，2010年后供应的抗原拓扑型为O/GX/09-7株和O/XJ/

10-11株，性状均为淡粉红色或乳白色略带黏滞性乳状液。普通口蹄疫疫苗由国家指定的中牧实业股份有限公司兰州生物药厂和新疆天康畜牧生物技术股份有限公司生产，包装规格为50毫升和100毫升两种。说明书标定的接种剂量为10~25千克小猪1毫升/（头·次），25以上猪均为2毫升/（头·次）。但应注意，部分妊娠母猪接种后可能出现流产。

二、合成肽

2008年前后申联生物医药（上海）有限公司生产的口蹄疫疫苗因其佐剂为合成肽（多肽2570+7309），故称口蹄疫合成肽疫苗，简称合成肽或合成肽苗。该苗的抗原为O型，产品形态为乳白色黏滞性乳状液。由于使用了合成肽，不但副反应大为减轻，而且对感染后处于前驱期、明显期猪群有确实的治疗效果。使用范围扩大到15日龄以上仔猪群，生产中一些兽医甚至在妊娠中后期母猪群使用也未见流产，上市后很受欢迎。规格为50毫升/瓶，产品说明书标定的使用量是不论大小均为肌内深层1毫升/（头·次）。生产中兽医的用量是2周龄左右仔猪1毫升/（头·次），3~8周龄仔猪1.5毫升/（头·次），30~90千克的商品猪和母猪、种公猪2.0毫升/（头·次），治疗时极量3毫升/（头·次）。2012年后新疆天康畜牧生物技术股份有限公司生产的口蹄疫合成肽疫苗，使用时应严格执行产品说明书规定的剂量，不建议在妊娠母猪群使用。

三、高效苗

2010年后，随着疫情危害的严重性，农业部特批了兰州中农威特的最新毒株疫苗。该疫苗的抗原为O型的97/98拓扑型、BY2010拓扑型、亚洲-Ⅰ型的多价苗（O/MYA98/BY/2010株）。2012年根据病毒分离鉴别工作的进展，又特批了中牧实业股份有限公司兰州生物药厂的口蹄疫中国毒拓扑型（Catyay）、09-7拓扑型、缅甸98拓扑型和亚洲-Ⅰ型多价苗。这两种疫苗均为淡粉红色或乳白色黏滞性液体，规格分 50 毫升/瓶和 100 毫升/瓶两种。说明书规定的接种对象是 10~25 千克猪 1 毫升/（头·次），25 千克以上猪 2 毫升/（头·次）。生产中保育或 60 千克以下育肥猪、后备猪 1.5 毫升/（头·次），空怀母猪、种公猪均为 2 毫升/（头·次），也有兽医曾经在规模饲养猪群对 23 日龄的仔猪接种 1 毫升/（头·次），未见死亡或激发疫情。

四、使用建议

鉴于该病危害的严重性和不同疫苗的特性，对免疫接种提出如下建议。

1. 60 岁以上老年人和 5 岁以下儿童、妊娠妇女不得进入猪场饲养区，更不得参与接种、治疗等防控活动。接触猪群的所有防控工作人员，工作时应按规定穿着防护服，并严格执行进出猪舍的消毒规定。

2. 预防接种实行“一刀切”。即：除了 15 日龄下仔猪，依据生理状态和日龄，对场区内所有猪只选择相对应的疫苗，在“同一日内”接种。

3. 猪场和规模较大专业户猪群应在每年的 1、5、9 月开展三次免疫。散养农户至少在每年的 3、10 月开展两次免疫。

4. 一般商品猪群使用普通口蹄疫疫苗接种，剂量要严格执行产品说明书的规定，不得随意加大接种剂量。疫情稳定的种猪群使用合成肽疫苗，初次接种 1.5 毫升/（头·次），以后均按 2 毫升/（头·次）使用。疫情活跃的猪群预防免疫可以考虑使用高效苗，但应严格执行产品说明书的规定；控制疫情时最好使用申联生物医药（上海）有限公司的合成肽疫苗，疫情稳定后加强一次高效苗。

附录十　猪蓝耳病疫苗及其性能

猪蓝耳病的学名为猪繁殖呼吸综合征，病原为套式病毒目动脉炎病毒科动脉炎病毒属的蓝耳病病毒。病毒呈球形结构，有囊膜，直径在40~60纳米之间，表面有约5纳米大小的突起；核衣壳为对称的二十面体，直径25~30纳米，无凝血活性；病毒基因组长约15Kb，含有9个开放阅读框，其中80%（长约12Kb）的部分负责编码RNA复制酶和转录相关蛋白，其余部分负责复制病毒结构蛋白，从而使得病毒在一定条件下很轻易就完成了重组变异。病毒具有严格的宿主专一性，对猪肺泡巨噬细胞、外周间质细胞、肺间质巨噬细胞有专嗜性；有抗体细胞依赖增强作用，即：在中低滴度抗体存在的条件下，在细胞上复制能力反而得到加强。猪蓝耳病病毒对pH值和温度极其敏感，表现出理化结构的不稳定性。当pH值小于5或大于7时，感染力降低95%以上；干燥可以很快使病毒失去活性。对有机溶剂敏感，如氯仿处理后，其感染力下降99.99%。目前，世界上已经发现的病毒为美洲型（ATCC VR2332，也称普通株）和欧洲型（Lelystad virus，LV株）两大型。两型之间存在明显的抗原差异，很少有交叉反应。截至2013年年底，尚未见到在中国猪群检出欧洲株蓝耳病病毒的报道，也就是说，尽管变异严重，中国猪群的蓝耳病病原依然属于美洲型。

2000年以前，受病毒侵袭猪群主要表现为怀孕母猪产死胎、弱胎、木乃伊胎，7日龄内仔猪高死亡率（79%~100%）。2000年后，华东地区一些猪群相继出现的“猪无名热”“猪高热病”“猪无名高热病”，可能同相继感染美洲型蓝耳病毒或猪群持续带毒过程中美洲型蓝耳病毒变异有关。2006年夏秋季横扫华东18省市区的“猪高热病”，经农业部组织专家现场采样，分离到了美洲型变异蓝耳病毒株，最终将病原定名为高致病性猪蓝耳病病毒。其后的数年间，相继有文章报道了不同地区发现新的美洲型猪蓝耳病病毒的变异株，截至2010年年底，我国在世界兽医卫生组织Gen-bank登记的蓝耳病病毒已有26种。2009年秋季，鉴于全国范围使用高致病性猪蓝耳病灭活疫苗强制免疫的不乐观效果，国家改为使用高致病性猪蓝耳病的弱毒活疫苗强制免疫，才使疫情得到有效控制。但是，高致病性猪蓝耳病弱毒活疫苗的使用，标志着中国养猪业进入了后蓝耳病时代。

后蓝耳病时代的中国猪群，猪瘟、口蹄疫、伪狂犬的威胁依然存在，细菌病、寄生虫病的威胁仍未消除，一旦免疫的疫苗不对型，或者猪群内的蓝耳病病毒出现了新的变异，都可能招致毁灭性疫情的发生。昭示着养猪业面临的疫病风险更高，也昭示着蓝耳病预防控制水平成为猪场经营业绩的限制性因素。

一、普通蓝耳病疫苗

此类疫苗为普通株抗原（2332 株，也称 Ch-1R 株），包括灭活苗和弱毒苗两大类。

（一）普通株灭活苗

最先由哈尔滨兽医研究所引进国外技术研制成功，2005 年以前由哈尔滨兽医研究所和上海奉贤县兽医防治站小批量试产，后由哈尔滨维科生物技术有限公司申请批号后正式生产。此外，山东省滨州畜牧兽医研究所也研制了蜂胶佐剂的蓝耳病普通株灭活苗。由于学术界对猪蓝耳病防疫与否、使用灭活苗还是弱毒苗认识的不一致，技术转让不太活跃，目前市场供应的只有普通佐剂和蜂胶佐剂两种。

1. 普通佐剂蓝耳病灭活苗：由哈尔滨维科生物技术开发公司（哈尔滨兽医研究所转让专利）生产，规格有 20 毫升/瓶、100 毫升/瓶两种，说明书标定剂量为 2 毫升/（头·次）。

2. 蜂胶佐剂蓝耳病灭活苗：蜂胶佐剂由山东省滨州畜牧兽医研究所（现升格为山东省滨州畜牧兽医研究院）沈志强研究员发明，转让给山东滨州的山东花宏生物工程有限公司、山东绿都生物科技有限公司和山东滨州沃华生物制品有限公司生产，产品为略显暗红—灰褐色浑浊溶液，放置后会有沉淀，使用时应摇匀。规格为4毫升/瓶，说明书标定接种剂量为大、小猪均为2毫升/（头·次）。生产中20千克以下猪2毫升/（头·次），20~60千克猪3毫升/（头·次），60千克以上大猪4毫升/（头·次），繁殖猪群4毫升/（头·次）。

（二）普通株弱毒活疫苗

1. 普通蓝耳病弱毒活疫苗（CH1-R株）：此类疫苗为人工制弱病原，最先由上海海利生物技术股份有限公司生产，目前上海海利生物技术股份有限公司和哈尔滨维科生物技术开发公司、福州大北农生物技术有限公司、乾元浩生物股份有限公司、成都天邦生物制品有限公司均有产品投放市场。前者的规格为20头份/瓶，后者有20头份/瓶、100头份/瓶两种，均配有专用稀释液。说明书标定的接种剂量为小猪1头份/（头·次），大猪2头份/（头·次）。后者的规格为10头份/瓶、25头份/瓶，说明书标定的接种剂量为小猪1头份/（头·次），大猪2头份/（头·次）。

2. 自然弱毒株：该苗由瑞普（保定）生物技术股份有限公司联合南京农业大学姜平教授从中国北方带毒但不发病母猪身上采集、分离，在猪群内驯化制弱的抗原，同北方地区流行毒株的符合度达到92.9%，2008年投放市场。规格为20头份/瓶，均配有专用稀释液。接种剂量：大、小猪均为1头份/（头·次）。

二、变异株蓝耳病灭活疫苗和弱毒活苗

2006年华东18省市大面积“猪高热病”后，国家畜牧兽医行政主管部门和科技界对猪蓝耳病的变异给以高度重视，在半年时间内先后推出了不同株型的高致病性猪蓝耳病灭活疫苗，两年后又研制出了弱毒活疫苗。

（一）猪蓝耳病变异株灭活疫苗

1. 江西株疫苗（JXa_1株）：该苗的抗原来自于2006年疫情核心区的江西省，虽然在南方地区符合度较高。但由于该病受

“在中低度抗体水平下细胞复制能力反而加强”特性的影响，临床应用效果仍不理想，2009年后停止生产，疫苗的保质期为两年，2010和2011年间会有部分库存疫苗在市场流通。

2. 北方地区的山东株（SD_1）：该苗的抗原2006年采自于山东省，虽然同时采集，但由于初试时在广东石狮的失败，很快被农业部放弃，因其来自于北方地区，同北方地区猪群蓝耳病变异株病毒符合度较高，受到北方地区猪场的重视。但同样存在“在中低度抗体水平下细胞复制能力反而加强”的问题，临床应用效果也不十分理想，很快被江西株灭活疫苗和随后开发的弱毒活苗取代。

（二）猪蓝耳病变异株弱毒活疫苗

2009年下半年，国家在强制免疫中推广的是江西株（JXa_{1-R}株）弱毒活苗，之后随着政府招标采购的推行，自然弱毒株、华南株（也有称河南株、湖南株）蓝耳病弱毒活疫苗陆续在各地使用。

1. 华南株高致病性猪蓝耳病弱毒活疫苗（HN）：该苗由哈尔滨兽医研究所研发，转让数个企业生产。哈尔滨维科生物技术开发公司生产的抗原为HuN4-122株，产品为白色或浅黄色疏松团块，遇水迅速溶解，规格为10头份/瓶，配有专用稀释液。产品说明书标定接种剂量是大、小猪均为1头份/（头·次），生产中为25千克以下小猪1头份/（头·次），25千克以上大猪2头份/（头·次）。

2. 江西株高致病性猪蓝耳病弱毒活疫苗（JXa_{1-R}株或JXA1-R株）：该苗的抗原由江西株蓝耳病病毒人工制弱后获得，是各级畜牧兽医部门在强制免疫中的主打品种，在全国大面积使用。生产企业较多，如哈尔滨维科生物技术开发公司、齐鲁动物保健品有限公司、国药集团扬州威克生物工程有限公司、普莱克生物工程股份有限公司等，产品为浅黄色或白色蓬松团块，遇水迅速溶解。多数规格为 10 头份/瓶，配有专用稀释液。产品说明书标定大、小猪均为 1 头份/（头·次）的接种剂量，生产中为 25 千克以下小猪 1 头份/（头·次），25 千克以上大猪 2 头份/（头·次）。

三、使用建议

实践证明，接种疫苗是一种有效的防控手段，继续争论在猪蓝耳病的防控中使用疫苗与否已经没有意义。但是应当清醒地认识到，病毒“自身结构的理化不稳定性”和“中低度抗体水平下细胞复制能力反而加强”的两大特性，决定了必须谨慎、科学地使用疫苗。其次，“干燥可以很快使病毒失去活性”提示人们，该病的防控应从保持猪舍干燥环境着手。再次，“pH 值<5 或>7 时，感染力降低 95%以上”和“对有机溶剂敏感，如氯仿处理后，其感染力下降 99. 99%”等提示人们，圈舍消毒时，碱性和酸性消毒液的定期轮换喷洒，是降低感染率或延缓感染速率的有效方法。最后，通过加大运动量或改变日粮组成，或者在日粮中添加中兽药进而改变猪体液的 pH 值，或许会收到事半功倍的效果。接种免疫方面的建议如下：

1. 慎用弱毒活苗。无论何种猪场，抗原检测是决定弱毒活苗使用与否的前提条件。

2. 专门育肥的未感染猪群，能够实施有效隔离的可以不使用疫苗。对隔离信心不足的可以使用普通株灭活疫苗间隔三周连续两次接种，并且第二次接种剂量应大于第一次的剂量。

3. 拥有繁殖母猪群的猪场，种公猪、后备猪和繁殖母猪群均为抗体阴性时，对本场隔离有信心的，可以不使用蓝耳病疫苗；对隔离效果信心不足的，可以按照逐步升级的方法选择疫苗。即：普通株蜂胶佐剂灭活苗、普通株一般佐剂灭活疫苗、普通株弱毒活苗、自然弱毒苗的顺序。需要强调的是必须坚持所有猪群每年至少一次的病原监测，发现有普通株抗原阳性个体，立即使用普通株弱毒活疫苗；发现变异阳性个体，立即改用变异株弱毒活疫苗。

4. 曾经发生过蓝耳病疫情猪群，或周围猪场已经或正在发生疫情时，应立即采集血样进行病原监测，依据检测结果决定使用疫苗的类型。

5. 已经使用过变异株弱毒活疫苗的猪场，继续使用变异株弱毒活疫苗。育肥猪间隔三周连续两次接种，并且第二次接种剂量应大于第一次的剂量。繁殖母猪群“跟胎走”，均在母猪妊娠中后期接种（产前 20~40 日）2 头份/（头·次），疫情不稳定时可在妊娠中后期实施二次接种。后备猪配种前接种一次［2 头份/（头·次）］；种公猪每半年至少接种一次［2 头份/（头·次）］。

附录十一　探秘猪场死狗

2011 年 9 月以来，在河南中西部和西北部的一些猪场和村庄，吃了病死小猪的狗最短在 3~4 小时突然死亡，时间长些的也不超过 2 天；吃过大一些的病死“架子猪”肉的狗，多数在 7 天以内发病死亡。最初的病例集中在偃师市、巩义市北部的邙山岭上，一时间，出现了一些“无狗村”“ 无狗猪场”，引起了养猪户的恐慌。

一、流行区域和传播方式

疫情从巩义市、偃师市北部的邙山岭开始，陆续向外围扩展。2012 年春节前疫情集中在黄河南岸郑州市的巩义市、荥阳市、上街区、惠济区和中牟县，洛阳市的偃师市，黄河北岸焦作市的温县、孟州市、武陟县。春节沿后黄河南岸向东扩展至开封市的金明区、鼓楼区和通许县，黄河以北东扩至新乡市的原阳县（国道 107 以西地区），向南扩展至伊洛新区（原偃师市所辖乡镇），郑州市的登封市、新郑市、新密市，向西扩展至洛阳市的孟津县、济源市和焦作市的博爱县，向北扩展至焦作市的修武县、马村区、中站区，新乡市的辉县市、卫辉市、获嘉县和延津县。其间，南阳市的宛城区、新野县，周口市的黄泛区农场也发现了病例。4 月，除了与疫区相邻的安阳市的林州市有零星疫情发生外，疫区趋于稳定，太行山、伏牛山形成了有效屏障。5 月，收集到南阳油田、新乡市的延津县、安阳市的汤阴县和山西省晋城市、山东省滨州市（滨州、惠民）的零星病例信息。

收集到家猫的死亡病例 2 起（偃师市、武陟县），怀疑同家猫较少采食病死小猪有关。

偃师市和洛阳市东南相邻山区的发病猪场，其相邻农户的牛和山羊也有发病死亡报告。

收集到的信息表明，此次疫情以水平传播为主要方式。从邙山岭开始，先是东西向扩展，冬季跨过黄河后在太行、王屋山下逐渐向东、向北扩展，向西、向南扩展的势头很弱。

二、临床症状

发病猪群的共同表现是多数母猪妊娠期正常，部分妊娠期超过 1~2 天。15% 的母猪表现为妊娠后期（转产房前后）流产，略高于超期妊娠；多数流产胎儿没有常见的木乃伊。少数母猪表现为提前 1~2 日的早产，早产胎儿发育良好，有躯体发青表现。正产仔猪部分死胎的比例较高，占病例的 30%；进入冬季，全部死胎的比例上升很快，从初期的 5% 左右升至 25%。全部为活胎的仔猪多在 2~7 日龄间发病，有死胎的仔猪于 0~2 日龄间发病，二者的发病率、病死率均较高，严重的可导致产房和保育床无小猪。产程 3~5 小时，与其他母猪无明显异常。

0~2 日龄发病仔猪以不会吃奶为主要临床症状。随着发病日龄的推迟，可见战抖、抽搐、原地打转、站立不稳、后肢麻痹等临床表现。绝大部分病例伴有拉稀便（前期黏性黄色或白色稀便，后期水样稀便）、消瘦表现。5~7 日龄发病仔猪拉黄色稀便的病例用药及时、方案正确的，治愈率可达30%；拉白色稀便的多数转为水样稀便，多数预后不良，以死亡为终结。病程经过3~5天。

不论是流产胎儿或胎衣，还是正产死胎亦或死亡的哺乳仔猪，只要被狗采食，最短2~4小时发病，长的也不超过2天，并且死亡率最高，接近100%；采食胎衣的狗，多数在次日发病，病程2~4小时；采食保育或育肥群内病死猪内脏的狗，比采食死胎、死亡的哺乳仔猪的狗，发病要晚，多在采食后2~5天发病，病程数小时至2天，病死率同样较高。采食病死的保育猪、育肥猪肌肉的，多在7天左右发病，病程同样很短，死亡率也较高。采食不同日龄的病死猪，或胎衣、或内脏、或肌肉，均可致病致死，只是发病时间推迟，临床症状、病程经过、病死率几乎相同。

确定吃了死亡小猪的犬，发病陡然，病程很短，多数病例初期以后肢无力，走路左右摇摆，死前表现为后躯麻痹，同时伴有流涎、呼吸困难、口吐白沫（少数病例白沫中可见轻微的鲜红色）症状。部分狗发病初期还有发痒表现，下颌、面部、颈项、前胸被毛被自己撕扯光，亦可见前、后肢瘙破出血症状。

牧羊犬、德国黑背、爱斯基摩雪地犬、比利时犬等国外犬种和国内的藏獒最为敏感，发病率和病死率达100%。国内土种狗表现出明显的抗病能力。同一猪场，若饲养的有牧羊犬和土种狗，则土种狗很少死亡；饲养藏獒和土种狗的，也是只剩下土种狗；若饲养的为藏獒和牧羊犬，则全军覆没。全部为本地土种狗的猪场，早期也有全部死亡的报告，疑同采食量过大有关；后期发生的病例很少有本地土种狗的死亡报告。

猪场内的猫也表现出较高的敏感性，在发生狗死亡的猪场，饲养的家猫也有死亡，临床症状与狗相似。

牛和山羊临床以发痒、中热稽留、肺部炎症为主要特征。

三、剖检病变

剖检4~10日龄病死仔猪：心脏无异常。多数病例的肝脏有白色斑点或斑块，瘀血症状明显；部分病例肝脏黄染明显，呈土黄色，边锐，质地柔软；胆囊充盈，胆汁稀薄。脾脏质地柔软，表面呈灰白色的卡他性炎症病变。肺脏左右大叶有多少不等、大小各异的界限明显、边缘整齐的瘀血病变。肾脏质地柔软，死亡病例肾脏表面密布针尖状出血点，活体剖检时肾脏表面的针尖状出血点多少不等；前端和背侧有绿豆大小的白色斑块，进一步剖检白色斑块，可见明显的从肾脏中心向外侧的膨大管状空腔，内部充满无色透明液体，疑为圆环病毒特有的肾小管细管化病变；肾上腺充血呈鲜红色。胃内积拳头大小凝乳团，胃壁无异常，少有胃底黏膜。肠管空，无内容物，除肠系膜淋巴群充血鲜红、略有肿大外，未见其他明显异常。腹股沟淋巴结、髂骨前淋巴结和颌下前、后淋巴结，可见明显颗粒肿，脂肪浸润不明显，只在髂骨前淋巴结和腹股沟淋巴结表面脂肪浸润。

由于病程短、死亡率高，农民非常恐惧，病死狗很快被掩埋，很少有基层兽医的剖检报告。多数死亡病例表现为肝脏有灰白色的绿豆至拇指大小坏死斑点，也可见肝脏的点状出血；胃大弯皱褶可见出血性溃疡；肺大叶可见边缘整齐的瘀血斑块，或下部暗红、上部鲜红色的急性出血、瘀血现象；多数病例可见多处淋巴肿大、脂肪浸润和出血现象。个别死亡病例剖检仅见肺脏的肉样变、髂骨前淋巴结肿大和脂肪浸润。

四、实验室检验

两个省级动物疫病检测检验机构采集了同一猪场不同批次的病死小猪的病料（血液、脾脏、肝脏、肺脏和脑组织），分别运用PCR和ELASA方法进行了猪瘟、蓝耳病、圆环病毒和伪狂犬病毒的病原和抗体检测，结果如下：

一个检测机构对4日龄（2份）和10日龄（1份）病死仔

猪的血样和肝脏、脾脏、脑组织样品进行了检测，结果是：伪狂犬病原阳性 3 份、圆环病毒病原阳性 3 份，蓝耳病病原、抗体和猪瘟病原、抗体均为阴性。

另一个检测机构对同一个场的另外两份 7 日龄存活仔猪的血样进行了病原检测：伪狂犬抗体 gE 鉴别时阴性、阳性各一份，圆环病毒均为阳性，蓝耳病、猪瘟的病原均为阴性。

五、动物实验

巩义市兽医李朝阳先后采集病死狗的脑组织和脑脊液，以 1∶2和 1∶4倍稀释液和原液接种家兔，家兔均表现撕咬接种部位的症状。最短的可在接种 6 小时后出现症状。

六、结论

综合传播方式和流行特征，结合临床症状、解剖检查，以及实验室检验和动物实验结果，联系到中牟县某猪场董场长 1995 年的病例（当时该场仔猪出现以抽搐、战抖等神经症状，场内的藏獒吃到病死仔猪后死亡，经中国兽药监察所、北农大等单位确诊为伪狂犬病）的表现，可以认定此次疫情的主要原因为伪狂犬病毒感染。

七、分析和讨论

值得商榷和重视的因素很多，但应当着重从如下几个方面分析。

（一）排除疫苗抗原含量、活力因素

尽管收集到的资料表明使用进口疫苗（勃林格、美国辉瑞）的猪场损失严重，也不能判定是疫苗的原因，因为使用国产不同企业（武汉科前、中牧成都、福州大北农、哈兽研、吉林正业、滨州蜂胶、保定瑞普、广东永顺）、不同基因型（全基因灭活疫苗，gE、gE/gG、gE/gA、gE/gI 和 gE/gG/gTK 等基因缺失弱毒活疫苗）的疫苗的猪场均有疫情发生。如此广阔范围的猪群发生疫情，已经排除了疫苗保管、运输、储存、使用方法不当导致疫苗效价降低是此次疫情主病因的可能。

（二）对基因缺失活疫苗保护效果提出了挑战

一个共同的特征是发病猪群均使用了伪狂犬基因缺失弱毒活疫苗，而疫区内仍有许多猪场没有发病，这些猪场有的就不免疫伪狂犬疫苗，有的仅使用灭活疫苗。

（三）猪场小环境微生态失衡是一个值得怀疑的原因

不同检测单位从发病猪场已免母猪群伪狂犬抗体滴度较低方面分析，不排除养猪环境伪狂犬病毒污染严重的客观事实。这种推论的重要依据是疫区内猪场消毒一直沿用过氧乙酸、季铵盐、碘制剂交替使用的模式，不重视或根本不采用每周一次1.5%烧碱液消毒，消毒因素打破了猪生存场所的微生态体系平衡，使得对酸性环境有一定适应能力的伪狂犬病毒得以大量增殖而成为优势种，进而危害猪群和犬、猫、牛、羊。

（四）新病毒的危害

众所周知，伪狂犬病毒是颗粒较大的疱疹病毒科病毒，结构相对稳定，不像蓝耳病、流感、口蹄疫那样容易变异，但也不是绝对的不变异，在一定的条件下也会发生突变，只不过概率低些、速度慢些。当一个动物个体内存在多种病毒时，发生重组、突变更为方便。鉴于这种思考和临床表现，笔者在收集病料送检时反复要求检测单位比对病毒的基因序列，这项工作在一年后有了结果，2014年河南省猪病研讨会上闫若潜博士报告在伪狂犬病毒的142~144位点发生了突变，形成了新病毒。

（五）免疫压力应予足够的重视

如果“伪狂犬病毒发生了重组，出现了毒力更强的新病毒”理论成立，则充分证明免疫压力在病毒进化中的作用，同时也为养殖业过分依赖疫苗、过度使用疫苗的现象敲响了警钟。首先，十多年来猪群一直使用基因缺失弱毒疫苗，其不完整抗体所致的免疫压力加速了自然选择的速率，由于免疫压力而筛选出了新的伪狂犬病毒是意料之中，不必大惊小怪，也不应漠视不理。其次，因近几年口蹄疫、蓝耳病、圆环病毒的猖獗，在消毒剂的使用中，大量使用了对三种病毒最为敏感的过氧乙酸，酸性环境为伪狂犬病毒的大量增殖提供了有利条件。在猪舍微生态环境适宜于该种病毒的生存、增殖，体内有大量的抗体存在、也携带有新病毒的猪场，新病毒的诞生很容易实现。换言之，环境条件和免疫压力两种因素的共同作用，加快了病毒进化的速度，出现了新病毒，使得先前只在猪群肆虐的伪狂犬病毒开始危害犬类及其他动物。

附录十二　蓝耳病时代猪病防控思路

猪蓝耳病的全称为猪繁殖呼吸综合征（Porcine Reproductive and Respiratory Syndrome，PRRS），该病毒有欧洲株和美洲株两大亚群。我国流行的猪蓝耳病，其病原属于美洲株（也称普通株）病毒群，是单股正链有囊膜的 RNA 病毒，直径 50~65 纳米，与马动脉炎病毒（Equine arthertis virus，EAV）、小鼠乳酸脱氢酶病毒（Lactate dehydrogenate elevating virus，LDV）和猴出血热病毒（Simian hemorrhagic fever virus，SHFV）等，同属于尼多病毒（Nidovriales）目、动脉炎病毒科（Artertiviurs）、动脉炎病毒属。顾名思义，临床该病以引起猪的繁殖障碍和呼吸道疾患为主要临床特征。其最经典的体表病变是耳部的“一过性”“蓝灰色”（部分病例表现为会阴部、臀部、小腹下或大腿内侧的“一过性”“蓝灰色”）、“紫红色”变化（多数病例表现为会阴部、臀部、小腹下或大腿内侧的“持续性、渐进性”紫红色病变，病变的核心区域略显蓝褐色），这或许是中国人将其称为“蓝耳病”的根本原因。

一、目前猪蓝耳病的临床特征

目前，中国猪群的蓝耳病主要特征表现在五个方面：

（一）病毒自身结构变异严重

不同地区、不同年度流行的病毒结构不完全相同，甚至在一个猪群内、一个个体内都存在变异株、非变异株两种病毒，病原监测“双阳性”病例频频出现。

（二）临床表现不尽相同

经典的耳部、会阴部、臀部等处的“一过性”青灰色（也称暗灰色、汉砖青色、汉瓦青色）病变较为少见，代之以出现的是对应部位的紫红色（也称暗红色）病变，鲜红色（2009 年以后）病变；仔猪出生后 7 日内大批死亡病例下降，断奶前后和保育期发病率、病死率（以下简称“双率”）上升。母猪产死胎、弱胎、大小不一的木乃伊是变异前后的共同症状。

（三）多数以混合感染形式表现

临床病例多为五重以上感染病例，最多见的为猪瘟（HC）、蓝耳病（PRRS）、伪狂犬（PR）、圆环病毒（PCV_2）四种病毒病（H+3P）同传染性胸膜肺炎（APP）的五重感染（H+3P+APP），或四种病毒病同猪副嗜血杆菌（HPS）的混合感染（H+3P+HPS），其次是口蹄疫、猪瘟、蓝耳病、圆环病毒四种病毒病和附红细胞体（SE）的五重感染（WHPP +SE），再次是口蹄疫、猪瘟、蓝耳病、圆环病毒四种病毒病和弓形体（Tg）的五重感染（WHPP+Tg），在环境条件较差的专业户猪场，其他病原微生物如肺炎型、溶血性链球菌，支原体，巴氏杆菌，沙门氏菌，增生型结肠炎，以及寄生虫感染也经常发生，从而形成六重、七重，甚至八重、九重感染。

（四）临床危害正在不断变化

基础条件较好、管理水平较高的猪场，即使蓝耳病带毒，猪群依然能够健康成长；基础条件较差、管理水平较低的专业户猪群发病概率明显上升，其突出特征是季节性明显。舍内密度大（≤1 米^2/头）、舍间距小于 20 米、舍顶选材简陋（多为单层石棉瓦)、平顶猪舍或舍顶起架高度不够（≤3.5米)、场内布局不合理猪场，多数在夏季（尤其是入伏以后）的高温高湿条件下暴发疫情（俗称“高热综合征”或“高热病”、“无名高热”等)；同样，这些猪场，冬春寒冷季节，由于保温条件差，需要通过封闭猪舍保温，舍内空气质量极差，不仅氨气、硫化氢超标，空气中的病原微生物同样超标，动辄在猪场内或局部地区形成以混合感染、“双率”畸高为主要特征的疫情（俗称“衰竭综合征”）。

（五）病毒的毒力增强

2009年夏季以后出现的新的变异株，毒力更强，不仅可以导致心脏的升主动脉、肺静脉和大动脉管壁的点状、心室的蹭伤型出血，而且可以导致远端组织器官的微动脉破裂出血，临床多表现为内出血。常见的依次为体表无明显变化，仅见会阴部青灰色的附睾、阴茎的后半段或中段出血性瘀血，耳尖或全耳鲜红、暗红的出血性瘀血，关节积液严重、关节上部皮肤呈轻微的青灰色的股二头肌、肱二头肌出血性瘀血，后腹部出现青灰色的腹直肌出血性瘀血，尾巴末梢或全部暗红色的出血瘀血，剖检时可见所述部位的明显内出血。前述内出血病例的心脏多呈代偿性肥大，部分病例的心室有点状或片状蹭伤型出血，少部分病例表现为心脏的升主动脉、肺静脉、肺动脉，以及大动脉的胸腔段、腹腔段点状出血。当然，肺脏的病变也非常典型，肺泡积液、间质明显增宽呈网格状是最基本的共性病变。肺脏的出血性病变程度表现出一些差异，依次表现为肺左、右大叶的局部出血性瘀血、大叶的下部出血性瘀血、整个肺脏的出血性瘀血。其突出特征是瘀血区域边缘不整齐、同正常肺脏的交界部位多为鲜红色出血（表明出血的渐进性)，核心区域常呈现程度不同的蓝紫色变化。这种出血同猪副嗜血杆菌（HPS）导致的出血的区别在于，HPS的病变为边界整齐、清楚、均匀一致的瘀血；同巴氏杆菌（Pa)

导致的出血的区别在于，Pa的出血不论是点状或是片状，均呈鲜红色，即以急性出血为主，缺少渐进性出血、逐渐形成瘀血的过程。心脏的代偿性肥大（2006年以前的共性病变），心室点状或片状出血、大动脉的出血（2006~2009年夏季），附睾、阴茎、腹直肌、股和肱部肌肉的出血性瘀血（2009年夏季以后），以及肺叶的间质增宽、肺叶的局部出血性瘀血、整个肺脏的出血性瘀血，昭示着病毒的侵袭能力的逐步增强，危害逐渐加大。

二、蓝耳病时代已经到来

猪蓝耳病的出现会不会导致养猪方式的转变？什么时候、什么事件才能算作猪蓝耳病时代到来的标志？要说清楚这个问题，还得从猪蓝耳病的危害和特征说起。

（一）蓝耳病是当前中国存栏母猪面临的最严重、威胁最大的疫病

中国猪群猪蓝耳病病毒属美洲株，也称传统的蓝耳病，其危害首先表现在对猪繁殖性能的破坏，妊娠母猪在怀孕的中后期流产，产死胎、弱胎、木乃伊胎，新生仔猪出生后7日内的大批死亡（死亡率30%~100%）。在美国有“流产风暴”之说，疫病所到之处，母猪频频流产，繁殖成绩急剧下降。在中国，这一部悲剧演绎得同样惨烈。笔者曾经统计分析过生猪主产区河南省2001~2004年四年的繁殖成绩，每头存栏母猪的繁殖率只有9.11头，仅为每头存栏母猪每年繁殖20头商品猪指标的56.28%，下降了43.72%。部分母猪专业户和少数规模猪场的母猪群甚至一个冬春过后，繁殖的仔猪还没有母猪多。笔者曾经提出，现代科技和工业发展带来的养猪业技术进步已经被疫病危害吞食。显然，以破坏母猪繁殖性能为主要特长的蓝耳病起主要作用。

（二）变异后的蓝耳病病毒在中国特定养猪环境中危害各龄各类猪群

该病的临床最大特征是病毒打开了猪的呼吸道门户，为放线

菌、副放线菌、支原体、链球菌、巴氏杆菌等致病菌侵袭猪呼吸器官、尤其是肺脏创造了条件。部分病猪由于传染性胸膜肺炎、猪副嗜血杆菌、喘气病、链球菌病的持续感染，出现喘气、口吐白沫、关节积液，最终因肺泡的大部分破裂（肺叶严重瘀血，左右大叶的下部出现程度不同的蓝紫色）、实变（喘气病）而死亡。在中国，由于临床疫病的复杂，多数病猪为蓝耳病、伪狂犬、圆环病毒、口蹄疫、流感等病毒的不同组合的混合感染个体，发病后仅仅依靠抗生素治疗效果很差，或基本无效，多在病程的中后期继发猪瘟、猪肺疫而大批死亡，这也是 2006 年以来猪群连续数年疫情不断，保育猪、育肥猪大批死亡的根本原因。其次，保育猪和育肥猪肺部的感染，不论是放线菌、副放线菌，还是支原体、链球菌、巴氏杆菌，在猪体还有抵抗能力的情况下，都有一个渐进的过程，一般在发病 5~7 天后开始死亡，2 周后渐趋稳定。在这个过程中，随着肺脏气体交换能力的下降，心脏的压力越来越大，代偿性的心动过速使得心脏一直处于超负荷运行状态，心动过速，血液氧分压降低，直至超越其极限而致死亡。临床常见的表现是心室肥大，血液颜色深暗、黏稠。再次，如果病例有圆环病毒、口蹄疫感染的经历，或在发病后感染了圆环病毒、口蹄疫，心、肺功能同时下降，病程缩短，病情急剧恶化，不仅肺部出现明显的病变，而且受病毒攻击的心脏在代偿性肥大的同时，出现心包膜增厚、心包液增多、心室肿胀或片状蹭伤型出血、心耳渗出性出血等特异病变，发病后 3 天即可出现大批量死亡的现象，即使是 50 千克以上的育肥猪、100 千克以上的后备猪，以及 200 千克以上、抗病力极强的老母猪、种公猪也不能幸免。

（三）蓝耳病在中国猪群广泛存在

病毒结构不稳定、能够不断变异是蓝耳病病毒自身结构的最显著特征。研究表明，蓝耳病病毒有多个开放窗，能够不断发生飘移和重组，形成新的毒株。甘孟候、杨汉春等认为蓝耳病病毒能够通过空气传播，也有学者认为蓝耳病是一种高度接触传播的传染病，客观现实是最迟 2006 年 6 月蓝耳病已经在我国东部 18 省的许多猪场存在，当年夏季的所谓“高热病”风暴之后，相当多的被检猪群检测结果是蓝耳病抗体或病原呈阳性（发病或未发病猪群）。

（四）大量变异株的出现对疫苗免疫的思路提出了挑战

出于快速发展的热情和冲动，我们学习西方国家的规模养猪，但我们的投入能力、土地使用、管理水平等基本条件有限，许多方面被迫结合本场实际加以改造，这种改造有的做到了因陋就简、因地制宜，能够基本满足猪群在集中饲养条件下的环境需求，有的则是简单凑合，超越了集中饲养猪群对环境要求的底线，失去了规模饲养猪场设计的基本功能，使得猪的生存环境恶化到难以生存的境地，加上多种饲养方式并存、猪场密度过大、病死猪处置不当、假冒伪劣的饲料和兽药等特殊的背景条件，为蓝耳病病毒变异特性的发挥提供了足够的方便，使得美洲株蓝耳病病毒在中国出现了大量的变异株。截至 2010 年年底，国内公开及未公开报道的变异株：河南省 16 株，浙江省 8 株，山东省 1 株，吉林省 1 株，扬州大学叶俊平、盛喻等 2005/2006 年先后从江苏地区的病例中分离到 3 株、6 株，2007 年江苏省农科院邵国青等又分离到 4 株，尽管分布于不同地区的毒株有可能相同，但已充分说明中国猪群的蓝耳病病毒发生了极为强烈的变异。2010 年年底前，我国已经向世界基因银行申报的蓝耳病病毒株达 23 株，加上生产中使用的普通美洲株、jx-1 株、SD1 株、HN1 株、自然弱毒株 5 株，我国猪群目前存在的蓝耳病毒株已近 30 株，说明了病毒变异的复杂性和普遍性、严重性。病毒变异严重，株群结构复杂，有限的疫苗株已经难以提供具有针对性的有效的保护，未来我国蓝耳病的防控将进入长期、艰难、复杂时期，单独依靠疫苗免疫保护猪群不受侵袭的防控思路面临严重挑战。

（五）中国养猪业已经进入蓝耳病时代

如果说第一例蓝耳病病例的出现不能算作蓝耳病时代的开始，蓝耳病在中国大面积发生也没有引起饲养方式的转变，还可以不算作标志事件。但是，毒力增强的高致病性蓝耳病变异株的出现应该算作一个新时代的标志。因为高致病性蓝耳病变异株在临床已有截然不同的表现。一是毒力增强，病毒能够导致发病猪心室肌点状或大面积出血，心脏的升主动脉呈点状、弥漫性出血，主动脉出血，会阴部、腹直肌的肌肉组织，以及四肢关节相邻肌组织微动脉破裂出血。在导致肺部感染的同时，心脏的出血使得临床病例的脆弱性进一步提高，临床病例的病死率大幅度提升，该病对养猪业的危害已经上升到能够同猪瘟一争高下的地位。二是随着病毒毒力的增强，病例的临床表现已经从普通蓝耳病主要导致繁殖障碍和肺泡间质增宽转换成以急性死亡、大批死亡为主，不同日龄猪群均可感染、且幼龄猪“双率”畸高。三是临床特征的明显不同。普通蓝耳病病例体表病变主要表现为乳头顶部或基部颜色变红或发黑，会阴部或耳郭的“一过性”蓝紫色变化，眼睑发红或青紫色，其他部位无明显异常。高致病性蓝耳病由于毒力的增强，对动脉血管、尤其是微动脉的破坏能力大幅度提升，以及心脏受攻击后功能的异常（始亢进后下降），病猪耳郭不表现“一过性”的蓝紫色，而是从耳尖开始，逐渐向耳郭的内部蔓延、直至全耳郭的红紫色，会阴部、腹下、臀部、肩部皮肤表面因病程的进展依次呈现鲜红、紫红（或称暗红、玫瑰红）、核心区瘀血性紫红的躯体特征。前述三个方面的表现说明，中国猪群的蓝耳病虽然不是欧洲株蓝耳病，但其临床表现已经不同于传统的美洲株蓝耳病。有学者把分离的变异后新病毒其结构同美洲株 2332 相比较，基因同源性只有 63.3%、52.5%。显然，将这种基因结构差异悬殊的病毒，命名为蓝耳病变异株有点勉强，对该病的危害及其病原应当重新认识。

2006年“猪高热病”暴发后，主管部门迅速召集有关专家开展病毒分离、疫苗研制工作，并在半年的时间内生产出了高致病性蓝耳病疫苗，迅速供应基层使用，以期尽快控制疫情。事实表明，主管部门供应的JX_1株灭活疫苗的临床效果并不理想，2009年起，开始向基层供应弱毒疫苗。尽管抗原的毒株做了调整，但是临床效果如何，仍然存在变数，相关结论仍然值得商榷。在此，我们暂不讨论使用弱毒活疫苗后的变异问题，只从弱毒活疫苗使用中的散毒方面分析。我国动物免疫技术规程的许多规定，存在同客观实际相脱离现象是不争的事实，快捷、简便、高速、低劳动强度等是实际操作中必须考虑的因素，规程并未考虑。如规程规定的免疫操作中的消毒、进针方法、注射疫苗、退针等措施，在实际免疫操作中很难落实。否则，从20世纪80年代就禁止的“打飞针”现象，不会依然存在。同样，猪瘟免疫中的“打飞针”现象在高致病性蓝耳病弱毒活疫苗的免疫中同样存在，同样具有普遍性。同样道理，猪瘟接种中“人为散毒”的悲剧，在高致病性猪蓝耳病弱毒疫苗的接种中也同样存在。由于接种弱毒活疫苗过程中的“人为散毒”，高致病性猪蓝耳病弱毒活疫苗普遍使用后，那些尚未感染的猪群将变为病原阳性猪群，蓝耳病带毒将同猪瘟一样普遍。至此，我们可以说，中国已经进入了后蓝耳病时代。如果非要讲标志的话，2010年全国范围大面积接种高致病性猪蓝耳病活疫苗（人工减毒的弱毒疫苗和自然弱毒疫苗）应当算作一个标志性事件。

三、蓝耳病防控的若干反思及建议

冰冻三尺非一日之寒，同样，蓝耳病在中国的肆虐不能简单归罪于某一部门，或某一环节。剖析事件的成因，反思防控思路，只是亡羊补牢。笔者认为，我国猪蓝耳病的防控成效之所以差强人意，一个重要的原因是前期（2006年以前）麻痹大意

（学术界“防”与“不防”争论不休，管理部门频频围剿免疫活动），后期（2006年以后）求胜心切（仓促生产新疫苗，在有争议的背景下大面积推广应用）。

由于生物安全意识淡薄，动物疫病管理体制落后，跟踪国际猪群疫病动态方面投入力量不足，加上快速发展的冲动，多口岸、多渠道到国外引种的体制，为猪蓝耳病病毒进入中国打开了方便之门。如果在引进种猪后，能够进行重复检疫和认真细致的隔离观察，将带毒种猪销毁在观察区，同样能够堵塞漏洞。同样道理，如果基层规模猪场能够落实购买种猪的100%重复检疫，实实在在地落实猪群隔离观察制度，偶尔漏网进入我国的带毒种猪也很难在我国大面积扩散，更谈不上变异和毒力增强。所以说，前期普遍存在的麻痹大意，是导致该病毒在国内快速扩散的重要原因。

2006年夏季华东地区大面积流行的“猪高热病”是一记响锤，一声警钟！惊醒的人们快速做出反应，想很快消灭疫情。在极短的时间内研制出了高致病性猪蓝耳病灭活疫苗，运用3年后，又推出了高致病性猪蓝耳病弱毒活疫苗，期望应用后能够控制疫情。就2006年夏季疫情成因而言，全国众多专家学者发表了许多不同意见，笔者倾向于“多种因素共同作用的结果”这种分析。试想，蓝耳病是从国外进入我国的，国外的历史比我们长，为什么国外没有报道如此广泛、强烈的变异？我国猪蓝耳病变异为何比美国、加拿大还厉害？欧洲株就不变异吗？许多疑问最终都指向我国特定的养猪环境和养猪方式。那么，解决问题也得多方面分析，多种手段同时上，单一的免疫手段即使有点作用，也是杯水车薪，难以从根本上解决问题。面对众多的变异毒株，难道我们要同时生产30种蓝耳病疫苗？退一步讲，即使有了30种蓝耳病疫苗，养猪企业如何使用？难道要求所有猪群在免疫前都进行病原监测？否则，就违背了“特异性免疫”的免疫学基本原理，还怎能实现有效免疫？何况许多猪群存在混合感染，还要免疫 1 或 2 次猪瘟、伪狂犬、口蹄疫等疫苗。试想，按照如此思路，小猪从哺乳期开始就一直处于每周一次的免疫中，怎么摆脱免疫应激？何谈正常生长？

在此，笔者依据许多管理水平较高猪群“蓝耳病带毒仍然平稳”的实际，建议将免疫作为众多措施中的一种基本手段使用，将疫病防控工作的重心放在增强猪的非特异性免疫能力方面，重点放在“改进猪场设计、改善猪的生存环境、加强日常管理、努力创造猪生长发育的基本需求”方面，重点放在“不过度追求生产指标，努力满足猪的生存需求，培养猪的健康体质，提高和发挥猪自身抵御细菌、病毒等病原微生物侵袭能力”方面。并建议国家加大临床控制方面的研究力量和财力支持。

（一）增强猪的非特异性免疫力是后蓝耳病时代猪病防控的核心

围绕此核心目标，建议各规模饲养场和专业户从如下几个方面着手：

1. 转变观念：不再片面追求高生产指标（包括生长速度、猪料比、瘦肉率、每胎产仔数、初配日龄等），注重生猪福利，尽最大努力创造适合猪生物学特性的饲养条件（最容易做到的是将母猪定位栏改为单圈饲养，提供运动条件），或模拟自然状态养猪，扩大猪体质增强的空间。

2. 完善和改进饲养模式：重点改造产房和保育舍，至少做到产房和保育舍的“全进全出”，变“常年不断流水作业”为“间断轮流作业”，使产房和保育舍能够实现有一定的空栏期、能够密闭熏蒸消毒。有条件的地方可推行“分阶段饲养”“多点饲养”“间断饲养”。

3. 改进猪舍设计：围绕提高“通风换气能力”“隔热能力”“粪尿污水外排能力”“中断疫病传播能力”改进猪舍设计。

4. 适当导入中国地方良种猪的基因，有条件的猪场可通过加大选择差、提纯等手段提高繁殖母猪群体体质。建议终端商品猪中地方良种猪基因比例控制在6%左右；繁殖母猪至少选择4次（后备猪群配种前2次，第一、第二胎后各1次）；保证繁殖母猪群的所有个体均为“特、一级”母猪。

（二）培育良好体质是后蓝耳病时代猪群日常饲养管理的中心

健胃保肝应作为仔猪保健的第一要务。保健用药以开胃、保肝为主，强心、通肾为辅，可使用中成药方剂，也可使用中成药加维生素的中西兽药结合制剂，尽量不用庆大霉素、林可霉素、土霉素、氟苯尼考、磺胺类等西药，强壮其肌体，以正压邪，达到“邪不干正”之目的。

（三）临床控制中坚持辩证施治

具体病例处置中依据感染的病种、病程，区别对待、针对性处置，尽量采用中西兽医、中西药相结合的方法。

1. 受威胁猪群：对于尚未感染的受威胁猪群，如果处在山区，或者周围3千米以内没有散养农户，也没有规模猪场，免疫中可以不使用蓝耳病疫苗。当遇到疫情流行时，预防性免疫使用普通美洲株蓝耳病灭活疫苗；或不接种疫苗，只在饲料中以治疗量（1次/日）添加“人参强心散”“免疫抗毒散”“肝肾宝”“肝立舒”等中成药3~5天。

2. 已经受到污染猪群：猪群没有临床病例，也没有接种过蓝耳病疫苗，但检测抗体时发现有抗体阳性个体时，应使用普通猪蓝耳病疫苗免疫。如能在饲料中投以“人参强心散”“肝立舒”“肝肾宝”等中成药3~5天，预后效果更好。

3. 母猪群免疫：鉴于操作中的散毒危害更大、风险更高的实际，不论是预防性免疫，还是已经染疫猪群，在没有临床母猪病例的情况下，仍应坚持使用灭活疫苗。如果想使用猪蓝耳病弱毒活疫苗，可尝试使用近年来推出的蓝耳病自然弱毒株（R_{98}株）疫苗。免疫前后在饲料中投以“人参强心散”“肝肾宝”等中成药或西药“电解多维”3~5天，效果更好。

4. 发病猪群：当猪群发生蓝耳病疫情时，处置中必须坚持辩证施治。免疫和支持性治疗“两种手段一起上”“先免疫后治疗”或“先治疗后免疫”等策略，不可机械照搬，应当结合发病猪群的年龄、性别、病程阶段等具体因素决定。

（1）体重较大病程较短尚有免疫力的：“两种手段一起上”。接种疫苗的当天可给以退热、补充维生素营养药物，第二天结合临床表现，给以控制肺部炎症的支持性治疗，一般收效明显。

（2）体重较大病程较短但是已无免疫力和体重较小病程较短已无生命力的：“先免疫后治疗”。接种疫苗第二天，对剩余的未死亡病猪结合临床表现给以强心、补充维生素营养、退热等辅助性治疗，第3~5天对有治疗价值猪给以控制肺部炎症、补充维生素营养等支持性治疗。

（3）体重较大病程较长尚有免疫力和体重较小病程较短生命力较强的：先行抗病毒、控制肺部炎症等针对性治疗，辅以退热、补充维生素营养、开胃等支持性治疗，3天后再接种疫苗，接种疫苗后可继续在日粮中给以增强免疫力、控制肺部炎症、补充维生素营养的中西药3~5天。

（4）体重较大病程较长已无免疫力的：参照体重较大病程较短已无免疫力的方法处置。

（5）体重较小病程较长尚有生命力的：参照体重较大病程较长尚有免疫力的方法处置，但要控制用药量，并注意交替用药，避免因耐药贻误治疗。

（6）体重较小病程较长已无生命力的：放弃治疗。或接种疫苗后只在饮水中添加维生素营养药物，2天后对未死亡病例实施支持性治疗。

四、蓝耳病疫苗及其使用

在猪蓝耳病的防控中，我国学术界终于认可了“防”，却又要整齐划一地使用“活疫苗”。不分地域特征、不看猪群差异的“整齐划一”地使用“活疫苗”，这种做法不切合实际。笔者的观点如下：

1. 坚持处方化免疫：在具体的猪蓝耳病免疫活动中，各个地区、各个猪场和专业户应根据自已猪群的实际情况选择疫苗。普通株、变异株，灭活苗、弱毒苗、自然弱毒苗不应强求整齐划一。

2. 从安全角度考虑，妊娠中后期的妊娠母猪、月龄内仔猪的免疫，最好使用灭活疫苗（包括普通株和变异株）。因购买不到灭活疫苗而被迫使用弱毒苗时，一要降低剂量（妊娠母猪1头份，间隔3周接种两次，12~15日龄仔猪0.3头份、20日龄左右仔猪0.4头份即可）；二要坚持在固定地点接种，严格操作，接种后按摩针孔并再次消毒皮肤、消毒接种地点的地面。

3. 免疫后抗体滴度不理想猪群，可通过间隔3周再次免疫，或在兽医的指导下适当提高接种剂量的方法解决。

4. 由于混合感染较为普遍，发病猪群紧急接种时，最好根据染疫病种的需求，同时接种数种疫苗，以免频繁捕捉，反复应激。

5. 谨慎使用自家苗。使用干扰素控制无效，或已经使用过变异株弱毒活疫苗的猪群，再次发生疫情时，应放弃治疗，予以淘汰。当处于商品猪价格走高时期，若尝试使用自家苗控制，应严格控制在本场使用，并在价格走低时淘汰。

6. 西部地区，尤其是那些交通闭塞的边远山区，没有发生过蓝耳病疫情，也没有使用过疫苗的猪群，仍然不提倡免疫。如果靠近交通干线，感觉有威胁，可使用美洲株灭活疫苗免疫。

7. 中、西部地区已经发生过蓝耳病疫情猪群，应进行病原监测。当检测结果显示病原为普通株时，仍然使用普通株疫苗免疫：建议种公猪、繁殖母猪、后备母猪、月龄内仔猪使用普通株蓝耳病灭活疫苗，育肥猪实施 2 次免疫，月龄外的加强免疫使用普通蓝耳病弱毒活疫苗，妊娠母猪可在妊娠中期（通常在产前 20~40 天）免疫 2 次普通株蓝耳病灭活疫苗。当检测结果显示病原为变异株蓝耳病时，应考虑使用变异株疫苗。即使变异，也同样建议种公猪、繁殖母猪、后备母猪、月龄内仔猪群使用变异株灭活疫苗。同样，妊娠母猪在妊娠中期 2 次免疫，可有效提高乳汁中母源抗体的浓度。变异株弱毒活苗主要用于保育猪和育肥猪，种公猪、后备猪、繁殖母猪只在控制疫情时使用。

8. 东部地区未使用过变异株弱毒活疫苗的猪群，若猪群稳定，可按原免疫程序继续执行：原来使用普通株的（包括灭活疫苗和弱毒活疫苗），继续使用普通株疫苗；原来使用变异株灭活疫苗的继续使用即可，但是应坚持每半年 1 次蓝耳病病原抽样检测，依据监测结果及时调整免疫程序。

猪群不稳定的，应立即从发病群和繁殖母猪群抽样开展病原监测，若病原监测结果未见变异株阳性时，可接种普通株疫苗（灭活疫苗或弱毒活疫苗）。检测结果仅在发病的育肥猪群显示蓝耳病变异株阳性时，可接种自然弱毒株疫苗；若母猪群病原监测结果显示阳性，可对母猪群接种自然弱毒株疫苗，商品猪群接种人工减毒的变异株疫苗。

9. 东部地区使用过变异株弱毒活疫苗的猪群，可继续使用人工减毒的变异株疫苗。

附录十三　临床猪腹泻释疑

2010 年冬季开始，至今连续四年，除了河南本省及周边的安徽、山东、山西、河北猪腹泻病例求助电话外，也陆续接到四川、重庆、辽宁、吉林、广东、黑龙江、湖北、湖南、江西等地养猪场（户）关于猪腹泻病的求助电话。由于该病的病死率较高（40%~100%），河南省中部、东南部、北部地区的一些规模饲养猪场损失严重。由于猪腹泻只是一个症状，导致腹泻的原因非常复杂，提高临床辨识的准确性，及时正确采取措施，对降低病死率有至关重要的作用。

一、腹泻是猪对低温环境应激的生理反应

气温适宜状态下，健康猪粪便为条状，走动中排便，落地成条；站立不动时排便，落地成塔状。当环境温度陡然降低，或者长时期处于温度较低环境中，由于应对低温环境的需要，猪体的外周循环加强，胃肠道消化吸收功能因消化器官供血不足的影响会出现暂时性的迟缓，也即通常所讲的机体调节机能紊乱，从而影响水分的吸收而出现稀便或“一过性腹泻”。这种情况多见于对环境适应性较差的哺乳仔猪和保育猪。也就是说，低温导致的腹泻多见于哺乳仔猪和保育猪，多数“一过性腹泻”是猪对冷应激的正常生理反应。昼夜温差较大的春秋季诊断时，遇到小猪腹泻病例需首先排除猪舍温度过低和陡然降温的影响；冬季诊断时必需注意猪舍温度、湿度和风速。

在许多专业户猪场，由于因陋就简建设的产房隔热性能差，冬春季节的早晨和夜晚一直处在8℃以下环境，白昼晴朗天气也很少超过12℃。长期的低温环境，对于长白二元母猪是一种持续的低温刺激，对哺乳期母猪的消化功能有着严重的不良影响，突出的表现是伴随采食量的逐渐降低而致体质下降，易于感染各种传染病。其次是产奶量下降，断奶仔猪被毛无光泽、膘情极差、消瘦，甚至瘦骨嶙峋，断奶重差异悬殊。再次是直接表现消化不良性腹泻（俗称过料性腹泻）。这种产房内，睡眠区仅有电热板或红外灯罩的仔猪，处于腹背受热不均匀状态，同一个体腹背冷热相反的刺激促使仔猪频繁进出睡眠区；频繁受寒和低质量的睡眠、睡眠不足，导致机体的热平衡、动平衡和免疫功能的完善过程加长，为产房内的病毒和病菌感染敞开了门户，突出的表现是混合感染普遍，瘦弱个体首先表现趴卧母猪腹部睡眠，之后出现消化不良性稀便，继而形成腹泻症状、衰竭、死亡的过程。睡眠区同时配备有电热板和红外灯罩的仔猪群相对好些，但同样会由于哺乳而受寒，最容易见到的是咳嗽、喷嚏不断，弱小个体首先成为支原体肺炎的临床病例。

规模饲养猪场由于建筑物隔热效果好，并且拥有地下火道、暖气片等采暖装置，冬春寒冷季节产房的主要问题是通风不良。所以，冬春季产房内仔猪的冷应激所致腹泻发病率，远低于专业户猪群。

二、饲料质量及其添加物引起的腹泻同样是正常的生理反应

冷应激腹泻是猪对环境变化的极端反应，突然更换饲料后出现稀便、腹泻反应则是猪对日粮变化的正常反应。这种境况发生于所有猪群。

由于科技知识的普及，规模猪场和许多专业户都学会了逐渐更换饲料，因突然更换饲料而导致的腹泻近年来较少发生。常见的是饲料品质异常的问题。如饲料中蛋白质品质欠佳、霉败变质等。鉴于客观存在的品种、品系，以及家族间、个体间的差异，尽管人们采用了专门的哺乳仔猪饲料，也采用了逐渐过渡的换料方法，但是对于一个几十上百头、甚至几百上千头繁殖母猪的猪场，仍然难以杜绝由哺乳—采食饲料转换过程中消化不良个体的出现。这种家族、家系间，或个体间对更换饲料耐受性差异所表现的腹泻，需要通过校正选育方向（不追求过多的产仔数），提高选择差、优化交配组合、加大选育力度解决。

饲料质量不稳定，尤其是蛋白质原料的种类和品质，不仅对哺乳仔猪影响巨大，对保育猪的影响同样应当高度关注。若掺杂使假（如已经多次报道的羽毛粉、皮鞋粉、腐败的骨肉粉、三聚氰胺、铁砂等），不仅保育猪会有消化不良的“过料性腹泻性”，就是育肥猪、繁殖母猪群也同样会表现出来。注意，此类腹泻的一大特征是只有采食饲料的猪群发生，黏性发黑的稀便腥臭气味明显，未采食猪群一切正常，并且更换饲料后立即终止。

玉米主产区收获季节的连阴雨天常常导致玉米霉变，对养猪业危害最为严重的黄曲霉菌污染屡见不鲜。猪群采食黄曲霉污染饲料后最先表现的不良反应也是“过料性腹泻”。这种腹泻的特征是随着采食时间的延长，在瘦弱个体首先表现，1~2 天后，群体内腹泻个体快速增多，先发生个体的病情不断加重，会从过料性腹泻转为“水样腹泻”。另外，饲喂一周后，会发现幼龄猪阴门全部或部分鲜红，成年母猪有阴门发红、持续肿胀，甚至非正常发情的表现。

曾经公开报道的伊利奶中检测到黄曲霉毒素是由于牛采食受污染饲料所致，给人的启示是一些猪场的哺乳仔猪哺乳后立即拉稀，其母乳中是否含有黄曲霉毒素尚需检测数据支持，值得有条件的猪场关注并试探。

一般的规律是玉米主产区在玉米收获后 3~4 周、非主产区在玉米上市 1~2 周零星发生，大范围的流行则多见于冬春季节，这是因为在寒冷的环境条件下，猪体自我调节能力受到影响的结果。当然，对于那些管理粗放的猪场，由于饲料在饲养车间堆放时间过长，或者料槽清理不认真，夏秋高温季节也同样会发生黄曲霉污染型猪腹泻。

三、必须重视的药物性腹泻

虽然国家明令禁止在饲料中添加兽药，但是违禁在饲料中添加抗生素仍时有发生。即使那些国家法规允许使用的添加剂，剂量过大或使用时间太长同样会导致猪体发生异常的生理反应。如普遍使用的电解多维，按照说明书使用量连续使用两周后，可使猪的大便变得稀薄而难以成形；加倍量使用一周后即可出现稀粥样便。对于保育阶段的猪群，这种反应尤其强烈。再如保育猪和育肥猪饲料中添加多西环素200克/吨连续饲喂7天，或300克/吨连续饲喂5天，可使猪的粪便稀薄而难以在圈舍内见到条状或宝塔状粪便。

此外，在饲料中添加某些青绿饲料也可导致粪便稀薄。如饲喂君荙菜、灰绿藜及藜科牧草时，会由于pH值高的原因而导致消化不良性稀便。俄罗斯菠菜虽然不会直接导致腹泻，但因其pH值偏低而容易诱发病毒性腹泻。

同饲料品质导致的腹泻相同，此类腹泻仅发生在采食猪群，停止饲喂后很快恢复正常。

四、不可忽视的过量及低质量矿物质添加剂性腹泻

日粮中矿物质营养超标，或者矿物质营养纯度未达到饲料级，都可能在饲喂1~2天时发生个体不断增多、程度不断加重的腹泻。值得注意的现象是稀便颜色深暗但无黏性或腥臭气味。当添加的矿物质营养为假冒伪劣品时，腹泻个体常伴有腹痛症状。这是因为难以吸收的矿物质比重较大，在消化过程中沉积于盲肠所致。一个有参考价值的现象是此类腹泻使用任何抗生素都无效，只对胃肠兴奋药品有程度不同的反应。

五、令人恐慌的传染病型腹泻

传染病型腹泻包括细菌性腹泻、病毒性腹泻和寄生虫性腹泻。病原微生物（习惯指细菌和病毒）导致的腹泻多数为水样，初期混有少量胃肠内容物，后期为纯粹浅黄色或浅绿色。

（一）细菌性腹泻

细菌性腹泻若无黄曲霉中毒参与，多为消化不良性稀便，处置不及时于2~3天后转为水样腹泻。常见的仔猪大肠杆菌性稀便转腹泻，初开始为黄色黏性带有特殊腥臭气味和泡沫样稀便，3~5小时部分病例的稀便中混有浅白色的未消化物，出现黄白色相混稀便后3~6次即可转为浅黄色水样稀便。

仔猪和保育猪沙门菌病临床稀便为灰色，处置不及时也能够转为水样腹泻，同大肠杆菌继发腹泻的区别是水样稀便呈浅灰色。

多数因黄曲霉蓄积中毒后体质下降继发的细菌性腹泻可在1天内由消化不良的“粥样稀便”转为水样腹泻，“水样腹泻随时间延长逐渐显现浅绿色”。转换过程短、水样便中绿色逐渐显现，可以作为肝脏代谢异常的鉴别参照。

（二）病毒性腹泻

病毒性腹泻最常见的是保育和小育肥阶段的流行性腹泻和传染性胃肠炎，仔猪多见于伪狂犬感染。对于大育肥猪，除了传染性胃肠炎外，也可见于晚期猪瘟病例。之所以令养猪场户主谈虎色变，恐慌无比，就是因为小猪尤其是仔猪发病后病死率太高。

近两年许多研究人员在腹泻猪群采集的病料中分离出了新的病毒，甚至有学者认为当前猪群发生腹泻的主要原因是新病毒（库克病毒）作祟，多数学者和一线防控人员并不认可，能够被公众接受的是形成疫情、造成严重损失的病例，一半左右是由于流行性腹泻病毒所致。部分专家和一线防控人员认为猪瘟疫苗携带牛流行性腹泻病毒（BVDV）是该病毒危害严重的根源，成为细胞源传代猪瘟疫苗势头强劲的主要原因。临床需要注意是流行性腹泻和传染性胃肠炎病毒所致腹泻没有消化不良、稀便的过程，一旦发生就是水样腹泻；前者多发于哺乳仔猪和保育猪，后者可在各龄猪群同时发生。

伪狂犬病毒所致腹泻的危害主要集中在哺乳仔猪群。那些饲料中混有霉变玉米的猪场疫情严重，其突出表现是80%或更多母猪所生仔猪均在3~7日龄间发病，病死率40%~70%，病程4~10天。若母猪群蓝耳病带毒，或圆环病毒阳性，或为口蹄疫耐过猪群，病死率不低于80%，甚至接近100%。共性的特征是消化不良—稀便—腹泻—水泻（水样稀便），饲养员形象地表述是拉白粪—白色稀糊—水样稀便，或称“过奶—水样稀便”。同样，若水样稀便略显绿色，解剖检查时肝脏肿大、黄染、胆囊充盈的，多数同黄曲霉中毒有关。

猪瘟病例的后期，由于结肠、直肠溃疡的形成，出现腹泻是必然结果。但是笔者更倾向“拉稀”的说法，因为多数病例还未见水样稀便已经死亡。这是临床见到猪瘟病例粪便变稀时判定预后不良的主要原因。突出的特征：一是猪瘟病例的稀便为“粥样稀便”，很少有消化不良食糜；二是发生于便秘之后，并伴有中热稽留。可以作为排除伪狂犬性腹泻、低温应激性腹泻、黄曲霉中毒性腹泻，饲料品质性腹泻时的参考依据。

（三）寄生虫性腹泻

蛔虫、食道口线虫等消化道寄生虫也可引起猪的腹泻。这种腹泻有如下几个特征：一是零星散发，不会同圈猪、整栋猪舍都发病。二是消化不良症状不明显。三是不成形的稀便、粥样稀、腹泻的病理过程1~2周，甚至更长，患病个体生长速度减缓和消瘦。四是多见于中育肥、大育肥猪群，若无并发症，很少发展到水样稀便阶段。五是蛔虫性腹泻体温变化不明显，食道口线虫性腹泻伴有低热或弛张热。

六、处置不当的继发性腹泻

从生态学、中兽医学的视角观察猪病，会发现许多猪病的发生，是气候、环境因子作用于猪体后的正常反应，作为兽医只能是因势利导，在猪同疾病搏斗的过程中助猪一臂之力，在此关键时刻，若帮了倒忙，则病情不断加重。

对低温环境置之不理或应激处置不当。前者多见于管理粗放的专业化猪群，后者多见于拥有相当技术力量的规模饲养场，遇到稀便或腹泻病例时未从调整环境温度着手，一味使用抗生素或抗病毒药品，结果是不但没有减轻症状，反而由于肝肾负担加重而使病情恶化。

对饲料蛋白质品质不良的判断错误和对黄曲霉毒素中毒的误

判。这两种情况通过更换饲料就可以解决，反倒因为大剂量使用抗生素或抗病毒药品而复杂化，劳而无功帮倒忙。

面对大肠杆菌和沙门菌病例用药不当。前者主要是由于耐药性的原因，后者常见用药不当。部分病例转换成水样腹泻是由于使用了假冒伪劣药品，因为未达到有效给药剂量，也使得病情没有明显好转，或在用药的过程中日渐加重。

对寄生虫病的判断失误，使用驱虫药就可解决的问题因使用抗生素而恶化、复杂化。

上述六种失误的出现，其共性特征是用药后不但无效，反而使病例从原来的消化不良性（大猪的过料或仔猪的过奶）稀便很快转换成水样稀便，病死率急剧上升。直接结果是造成养猪场户的经济损失，客观上也使得病毒性腹泻危害被夸大、放大。

七、机能衰竭性腹泻

在多病原感染猪群，不论是饲料蛋白质品质不良或霉变，还是低温应激或寄生虫，都能导致猪消化不良或大便稀薄，若处置不及时或方法不当，3~5 天后会因体质急剧下降转变为水样腹泻。此时的水样腹泻同病毒所致腹泻，虽然在粪便的稀薄程度上相同，但猪的体质相差甚远，戗毛、消瘦、步态踉跄，极易因衰竭而死亡。

一般情况下，腹泻病例都有可能因脱水而使猪处于体质衰竭状态，进入衰竭状态的另一个标志是行动迟缓、卧地不起。病毒性腹泻因为一开始就是水样腹泻，更容易进入脱水状态，临床可见仔猪膘情下降并不明显，但是病猪步态已经表现出明显的不稳定，甚至反应迟钝、站立不动。那些肛门和会阴部鲜红、明显消瘦、行动迟缓、卧地不起的病例，是严重衰竭、濒临死亡的病例。

猪瘟病例一旦出现腹泻症状是预后不良的标志。

附录十四　仔猪腹泻的临床鉴别及控制

2010年冬季开始，河南省中部、东南部、北部地区的一些规模饲养猪场，发生了以仔猪腹泻为主要临床症状的疫病，给养猪业带来了巨大损失。目前，多数猪场虽然进入稳定生产阶段，但仍有一些规模饲养猪场发病，并有向专业户猪群扩散蔓延的趋势。由于该病的病死率较高（40%~100%），风声鹤唳，在养猪场（户）主之间传播得非常快，各种猜疑在民间流行，突出的传说有“是一种新病毒”“毒素性腹泻”“细菌性腹泻”几个版本，已经严重影响到养猪人的投资信心。

一、临床表现

此次流行疫情以腹泻为共同特征。但仔细分析临床病例，可见表现并不相同。常见的有如下几种：

（一）只在哺乳仔猪群发生的腹泻

病例集中在哺乳仔猪群。即使在哺乳猪群，发病日龄差别也非常明显，3~7日龄发病、9~15日龄发病、断奶前后发病。其次，多数猪群的表现是先出现消化不良性白色稀便（15日龄下仔猪），2~3次之后很快转化为水样腹泻，1~3天后大批死亡。低日龄发病猪群中常见神经功能异常（站立不稳、先天性哺乳机能不全、战抖等）病例。

（二）在哺乳仔猪群、保育猪群同时发生的腹泻

病例集中在产房和保育舍，多发于仔猪体重差异悬殊、部分个体发育迟缓、消瘦猪群。先期表现为消化不良性白色、黄色或黄白相间稀便，之后出现水样腹泻、3~5天后出现死亡，病死率20%左右。产房和保育舍保温性能较差，消毒和隔离制度落实不到位，人员流动失控，产房和保育舍空气质量差、持续不断流水作业是其共同特征。

（三）先哺乳仔猪、后扩展至保育猪群和先保育猪群、后扩展至哺乳仔猪的腹泻

前者初始病例现于产房，之后扩展至保育舍。后者初始病例现于保育舍，之后扩展至产房。临床症状、特征与同时发病猪群相近，但病程经过较长。病死率差异显著，处置措施恰当的猪场病死率在5%~15%，反之可达60%。

（四）在哺乳、保育和育肥猪群均有病例的腹泻

此种病例以初期拉黄色、黏性、带有明显腥臭气味（或消化不良性）稀便，2~3天后转为灰色稀便，再经1~2天后转为水样腹泻、5天后才发生死亡为主要特征，病死率10%左右。

（五）不分年龄段的腹泻

腹泻病例分布于猪群的各个年龄段，甚至包括大育肥猪和经产的繁殖母猪。此种病例初期以“过料性”稀便开始，3天左右转为水样腹泻。母猪和育肥大猪很少死亡，死亡病例集中于保育猪和哺乳仔猪，日龄越低，病死率越高。

（六）仅在育肥群发生的腹泻

病例集中于育肥猪群，以“过料性”腹泻为主要症状，病程7~15天，病例集中于50千克以上育肥大猪或母猪群，母猪妊娠前期、末期流产表现突出，因而有“屡配不孕”和“早产”严重、疫情经过相对平稳之说。发生过蓝耳病猪群病死率2%~3%，发生过圆环病毒或口蹄疫猪群病死率5%~8%，发生过蓝耳病同后两种中的一种或两种混合感染育肥猪群的病死率10%左右。此外，病例多见于猪禽混养的中型猪场，管理水平较高的大型猪场则见于家禽流感疫情之后，也是此种腹泻的一种值得重视的临床表现。

上述六种临床表现说明，从2010年冬季开始、2011年冬季再次流行的以腹泻为主要临床表现的疫情同天气的寒冷有关。

二、剖检病变

不同病例剖检的差异很大。除了消化系统的组织器官发生明显的异常外，临床常见免疫器官的明显异常。

(一) 消化系统病变

胃空，无或仅有少量食糜，收缩至拳头大小，内积少量黄色黏性液，胃大弯皱褶顶部多见无血或出血性圆形、条状溃疡。

十二指肠充血呈浅红色，无食糜。

回肠充气和水吸收不良，多积大量黄水且伴有气体（死亡病例可见回肠瘀血的暗红色）；盲结肠增厚或溃疡（部分病例伴发盲结肠病变，部分病例的盲结肠形成典型的扣状溃烂斑）。

肝脏肿大，颜色深暗，凸面有时可见不规则的失血斑。保育猪和育肥病例有时可见“奶油斑”。胰脏多无明显异常，部分病例的胰脏充血呈粉红色，死亡病例多因瘀血呈均匀的浅红色。

(二) 淋巴结

肠系膜淋巴结因病例的不同阶段表现为非出血性肿大、充血性肿大、出血性肿大、瘀血性肿大（多见于急性或死亡病例）。髂骨前淋巴结肿大并伴有充血性、出血、瘀血，部分病例表现为不同程度的脂肪浸润（表面浅黄、实质浅黄），或见表面灰褐色，偶见深灰色。

肠系膜淋巴结出血性肿大和瘀血性肿大病例，多伴有颌下淋巴群的出血、瘀血病变，部分病例的颌下淋巴结呈典型的脂肪浸润；腹股沟淋巴结最常见的是水样颗粒肿，颜色透亮洁白，部分病例为不均匀的浅黄色至灰褐色，也可见充血性的粉红色、出血性的鲜红色、瘀血性的暗红色，极个别表现为灰褐色。

少数低日龄死亡病例伴发肺部的“间质增宽”“局部边界清楚的肝变”“大红至暗红”的蓝耳病病变，断奶前后和保育期死亡病例也可见支原体感染的“熟肉样变”。

（三）肾脏病变

低日龄病例仅见肾被膜的脏层同肾脏紧密相连，难以分离；月龄前后仔猪则表现为肾脏表面针尖状出血点，或豇豆大小略显灰白的透明疱；保育猪和育肥猪表现最为复杂，有肾表面针尖状出血，也有豇豆大小灰白色透明疱，还可在肾脏前端、侧表面见大小不等的“蹭伤型”“挫伤型”瘀血。

肾上腺肿大，充血呈鲜红色。

（四）血清学检查

不同病例的血清学检查结果差异悬殊。常见的类型如下：

1. 免疫猪群的猪瘟抗体（$2^{6\sim8}$）、伪狂犬抗体水平在保护水平，但是未免疫的蓝耳病、圆环病毒单独或双重抗体呈阳性。

2. 免疫猪群的猪瘟抗体水平在保护水平，但是伪狂犬（接种过 g^{E} 缺失基因工程弱毒疫苗）抗体很低，免疫后 4 周平板乳胶凝集试验多数为“+”或“++”水平，ELASA 检测阳性、阴性同在。

3. 伪狂犬抗体平板乳胶凝集试验“+++”、“++”合占一半，但是猪瘟抗体畸高（$2^{9\sim11}$）畸低（$2^{1\sim4}$），表现不整齐。

4. 伪狂犬抗体平板乳胶凝集试验“+”、“++”之和小于 40%，并见 20%左右的“-”，猪瘟抗体普遍较低（小于 2^{5}），甚至出现 0 抗体血样。

5. 免疫猪群的猪瘟抗体（$2^{6\sim8}$）、伪狂犬抗体水平在保护水平，但是未免疫或免疫蓝耳病疫苗的蓝耳病抗体呈阳性、阴性同在。部分病例的血样病原学检测结果显示猪瘟（ELASA）、蓝耳病（PCR）和伪狂犬（ELASA）病原阳性。

四、病因剖析

综合临床表现、解剖病变和血清学检验结果，笔者认为，此次以腹泻为主要特征的疫情形成，是多种因素共同作用的结果，既有养猪大环境不断恶化的作用，也有养猪场（户）自身条件限制、管理水平低下的原因，属多病因疫病。其一，学术界和临床兽医连续数年呼吁的猪瘟疫苗带毒（BVDV）问题并未得到管理部门的重视，大量的携带BVDV猪瘟疫苗随着强制免疫在大范围内使用，为哺乳仔猪发生病毒性腹泻埋下了伏笔。其二，我国猪瘟疫苗的国家标准只有下限、没有上限的状况没有改变，养殖场（户）在猪瘟免疫中有意或无意识地大剂量使用猪瘟疫苗的做法，促成了相当多数量的母猪发生免疫麻痹、免疫抑制。这种人为原因造成的免疫抑制比疫病因素导致的免疫抑制更为可怕，因其往往导致全局或区域性的疫情。其三，预防性用药的盲目性使得某些猪场成为此次疫情的暴发点。突出表现是“保健用药”中抗生素、微量元素和维生素的盲目、超量添加。如青霉素、土霉素、多西环素、壮观霉素、喹诺酮类等，致使大肠杆菌、沙门菌等肠道常在菌对这些药品的敏感性降低。部分病例最初就是药物性腹泻，但其不知道更换饲料，终因体质衰弱而暴发病毒性腹泻。其四，饲养者贪图便宜的心态和混乱的兽药市场，将部分发生疫情的猪群推向了重灾区。一些猪场之所以死亡率极高，一个重要的原因是长期饲喂添加有喹诺酮类兽药的饲料，对早期病猪又采取了肌内注射“沙星”（喹诺酮类药品的商品名）治疗的措施，由于沙门菌耐药性而使治疗失败，丧失了控制疫情的最佳时机，使得发病个体衰竭后继发病毒性腹泻，继而成为蔓延全场的疫情。其五，部分猪群存在流行性腹泻和传染性胃肠炎病毒。其六，饲料黄曲霉菌超标。其七，猪的饮用水污染。包括猪场用水质量低劣和盲目、大剂量添加消毒药品。其八，饮用凉水、遭受冷空气袭击等应激因素的刺激。

五、鉴别诊断

临床鉴别诊断可参考如下几个方面：

（一）初生仔猪腹泻

对于初生仔猪腹泻，或发生黄、白痢后转为水样腹泻的病例，应着重考虑病毒性腹泻。

1. 3 日龄内仔猪在发生水样腹泻，临床检查应首先检查腹部。若有腹股沟淋巴结肿大，并且透过皮肤隐约青灰色，或小腹部皮肤颜色灰暗，强光下见皮下密布青灰色针尖状小点，或最后几对乳头鲜红、发黑、乳头基部有黑色环时，应考虑先天性免疫抑制。

2. 3~7 日龄间发生以水样腹泻、病死率在 50% 以上，且仅在月龄内的低日龄仔猪群发病为临床特征，应考虑母猪使用了大剂量猪瘟疫苗（2 头份以上的高效苗、6 头份以上的脾淋苗、10 头份以上的细胞苗）导致的免疫麻痹或免疫抑制。前者仔猪腹股沟淋巴结病变不明显，后者倒提检查腹股沟淋巴结时可见肿大和青灰色病变。

3. 9~15 日龄发病、以拉黏性稀便（白色或黄色）、1~2 天后转为水样腹泻的典型病例，应考虑母猪携带大肠杆菌和 BVDV，母猪带菌带毒致使产房污染。此种腹泻可蔓延至保育猪猪群。

（二）BVDV 腹泻

BVDV 污染致使断奶前后发病有两种情况：一种是产房污染致使仔猪发生黄、白痢，体质虚弱后继发病毒性腹泻；另一种是产房污染直接导致仔猪发生病毒性腹泻。

1. 产房污染直接感染 BVDV：发病初期即呈水样腹泻的特征明显。早期病例表现为神经系统功能常在的喷射性腹泻，可见圈舍墙壁、器械上的粪便痕迹；中晚期病例则表现为失控性腹泻，即饲养员讲的“顺腿流”；晚期和死亡病例大多消瘦如柴，肛门发红。

2. 产房污染间接感染 BVDV：发病日龄相对较高，多在断奶前后或保育猪群。发病初期以黄、白痢，或应激性稀便为主要特征，经 3~5 天后体质下降才表现水样腹泻。

（三）感染伪狂犬或伪狂犬免疫失败导致的腹泻

此种腹泻的临床特征是仔猪群在发生腹泻的同时，存在神经系统障碍，仔猪或母猪有呕吐症状。其腹泻初期以“过料”（哺乳仔猪可见白色的未消化凝乳快，采食饲料后可见未消化的饲料）为主要特征，后期可见稀便中带有潜血，严重的可见深红色水样稀便。

（四）猪瘟型腹泻

此种腹泻分两种：一是母猪猪瘟带毒导致仔猪在哺乳期感染猪瘟的腹泻，二是母猪超剂量免疫或妊娠期大剂量免疫猪瘟导致的仔猪先天性猪瘟而表现的腹泻。

1. 先天性猪瘟腹泻：发病日龄较早，多发生在7日龄以内仔猪群。发病即呈清水样腹泻，死亡率较高，有体表充血瘀血而呈鲜红、暗红色死胎伴生为其主要特征。

2. 后天性猪瘟腹泻：发病日龄较晚，多发生在7日龄以上仔猪群。有温和型猪瘟的中热、昏迷嗜睡、潮红、小公猪尿鞘积尿症状，并以出现在便秘后为特征，稀便中因有未消化的奶瓣常呈白水样。

（五）蓝耳病、圆环病毒型腹泻

此种腹泻多表现为免疫抑制，多数预后不良，无治疗价值，建议放弃治疗。

（六）沙门菌腹泻

此种腹泻也分两种：一是直接沙门菌感染后转病毒性腹泻，二是黄、白痢转换沙门菌后再转换成病毒性腹泻。

1. 直接感染沙门菌仔猪的腹泻，临床初期主要表现拉灰色消化不良性稀便，使用各种喹诺酮类药物无效，3天后部分猪开始转为灰色水样腹泻。

2. 黄、白痢转换型：此种病例发病1～2天内，以拉黄白色（部分病例粪便带有泡沫）腥臭黏性稀便为临床特征，3～4天间开始出现灰色水样稀便，再经 1~2 天，转为纯粹的水样稀便。

（七）饲料黄曲霉污染型腹泻

饲料黄曲霉污染型腹泻的最大特征是群内整圈、整舍发病，饲喂不同批次的饲料表现尤为明显。不论大小猪均可发生，大小母猪均有阴门鲜红表现，初期拉消化不良性稀便，体温微热或无异常，病程长，7 天内很少病死，7 天后可见脱肛、子宫垂脱等伴发症状。转为水样腹泻后低日龄猪病死率急剧上升。

（八）消化道线虫病型腹泻

此种腹泻仅见于少数个体，体温多无变化，采食量也未见异常，但可见“嚼牙”嗜食异物，渐进性消瘦，以及拉稀便小猪“犬爬状”伏地的肚疼症状，有时可见随粪便排出的线虫，若未继发病毒性腹泻，很少病死。

（九）异物性腹泻

异物性腹泻见于保育和育肥猪饲料中混有大量铁砂病例，也见于吞食塑料编织袋病例，以及吞食石棉瓦病例。此类病例的共同特征是离群独处、有腹痛表现，疫情的初期仅见个别病例，5~7 天后同圈猪、邻圈猪相继发病的水平传播特征明显。

（十）应激性腹泻

其一，临床常见的断奶前后仔猪和保育猪的先稀便、后腹泻（发病初期小猪精神状态良好，也无体温升高，采食量也正常），多数为饲料中添加药物所致（最常见的是饲料中超大剂量添加多西环素，或饮水中持续数天的大剂量电解多维、大剂量小苏打），稀便是仔猪对药物自我保护反应，通常经 5 天左右，部分小猪逐渐适应，部分小猪转为病毒性腹泻，即排水样稀便。其二，饮用温差超过 8℃的凉水，也可导致断奶前后和保育舍小猪出现应激性稀便，多数在 1~2 天自行痊愈，个别体质瘦弱个体可转化为病毒性腹泻。其三，饮水污染（铁锈中毒、重金属离子超标、大肠杆菌超标、Cl^-超标等）或饮用超浓度消毒剂处理的饮水，也可导致小猪先稀便、后腹泻的发生。其四，初冬和早春的寒风刺激，也可导致小猪应激性稀便，严重的也可转为腹泻。前述诸种腹泻的特征是一旦消除应激性因子，腹泻会逐渐减轻，多数猪逐渐自愈。

六、处置建议

病因的复杂性决定了腹泻疫情的控制应具体情况具体分析，采取针对性措施。但是应看到，只要繁殖母猪群未受BVDV病毒污染，没有发生免疫抑制，多数拉稀病例通过采取针对性措施就能够痊愈，损失并不严重。反之，则有可能因病毒性腹泻而成为损失巨大的疫情。作者的处置建议如下：

1. 繁殖猪群使用传代猪瘟细胞疫苗免疫，并严格控制接种剂量。建议首次接种1头份，以后以0.2~0.5头份/次逐渐增长，至2头份/次封顶。从源头避免BVDV进入和免疫麻痹。

2. 坚持后备母猪配种前选择制度，及时淘汰猪瘟或蓝耳病病原阳性母猪。

3. 坚持后备母猪配种前接种2次细小病毒、乙脑、伪狂犬、猪瘟、口蹄疫疫苗。

4. 繁殖母猪群坚持伪狂犬疫苗“跟胎走”免疫。即：产前20~40天接种伪狂犬基因缺失苗2头份，空怀期免疫1次伪狂犬灭活疫苗（4毫升）。

5. 蓝耳病染疫猪群依据病原检测结果决定繁殖母猪和后备猪接种疫苗的类别：非变异株侵入猪群繁殖母猪产前20~40天接种普通株弱毒疫苗2头份，变异株侵入猪群繁殖母猪产前20~40天接种变异株弱毒疫苗2头份。深山区未染疫猪群可以不免疫，有侵入风险母猪群视体重和接种次数接种普通蓝耳病灭活苗3~6毫升/次。

6. 坚持前三胎淘汰制度，淘汰大肠杆菌阳性母猪，淘汰泌乳力低下和母性差的母猪。

7. 若非疫情严重，不建议仔猪10日龄内采食饲料。

8. 寄养仔猪时努力做到先出生仔猪寄养到后分娩母猪窝内，差距不超过5天。

9. 规范接生操作：包括产房接生人员剪指甲、双手和手臂消毒、母猪阴部和乳房消毒（强调消毒后用温开水擦洗乳头）、以仔猪出生顺序从后往前固定乳头、断脐时向仔猪方向回捋脐血、抛弃第一滴初乳等。

10. 哺乳前投喂微生态制剂时应仔细阅读产品说明书，不投喂过期、变质微生态制剂。并注意投喂器械的消毒。

11. 控制产房温度在22~24℃，育仔箱温度在34~36℃开温，降温速度按0.5~1℃/日掌握。

12. 猪场用水应符合饮用水质量标准。

13. 更换饲料应做到逐渐过渡。切实做到不购买添加兽药饲料。

14. 不饲喂霉败变质饲料。并做到夏秋季不在产房和保育舍堆放饲料，每日清洗仔猪和保育猪料槽。

15. 做好发病猪群的针对性处理工作：

（1）发现水样腹泻仔猪立即隔离。

（2）出现腹泻病例时坚持每日1次带猪喷雾消毒，建议戊二醛、季铵盐类和过氧乙酸交替使用。

（3）给假定健康仔猪和母猪肌内注射干扰素。

（4）黄、白痢发病仔猪可参照下述方案处理：

1）肌内注射干扰素1次，3~4头/支。

2）肌内注射兽用长效头孢20~50千克/（头·次），或后海穴注射大观霉素0.1毫升/千克，1次/日，连用3天。

3）补中益气散5~10克，灌服，首日2次，第2、3日各1次。

（5）沙门菌发病仔猪可参照下述方案处理：

1）肌内注射干扰素1次，3~4头/支。

2）后海穴注射四环素类0.1毫升/千克，1次/日，连用3天。

3）补中益气散5~10克，灌服，首日2次，第2、3日各1次。

（6）黄曲霉中毒仔猪可参照下述方案处理：

1）更换饲料。

2）制霉菌素每头1/4片，口服，1次/日，连用3天。

3）维生素B_1、B_6各1/4支灌服，每日2次，连续3天。

4）肌内注射干扰素1次，3~4头/支。

（7）患寄生虫病仔猪可参照下述方案处理：

1）口服驱线虫药物，皮下注射伊维菌素驱虫。

2）口服肝肾宝3毫升/千克，2次/日，连用3天。

3）维生素B_{12} 1/2支灌服，每日1次，连续3天。

（8）伪狂犬病例猪群应对假定健康的3日龄仔猪使用伪易灵或伪狂静滴鼻（10头份疫苗，4毫升稀释液稀释），2滴/孔（共4滴）；7日龄仔猪肌内注射干扰素1次，3~4头/支；19日龄仔猪肌内注射伪易灵或伪狂静1头份/头，40日龄前后再次接种疫苗。患病可仔猪参照下述方案处理：

1）肌内注射干扰素1次，3~4头/支。

2）肌内注射双黄连注射液0.1毫升/千克（下午）、注射柴胡注射液0.1毫升/千克（上午），1次/日，连用3天。

3）停药1天后，肌内注射伪狂犬基因缺失疫苗1头份。

附录十五　提高猪的非特异性免疫力

2002年以来，我国养猪业进入以规模饲养为突出特征的快速发展时期，与此同时，疫病对猪群的危害日趋严重。现代兽医学研究表明，伪狂犬病、蓝耳病、口蹄疫、流行性腹泻、圆环病毒等病毒在猪群中广泛存在，“有猪的地方就有猪瘟”，这句话又表明猪瘟在中国猪群的广泛存在，因而就有了大量的混合感染，就有了猪病防控领域内“亚健康”“亚临床”新名词，就有了猪群“健康状况处于脆弱平衡”的平衡理论。显而易见，越来越多的疫病在威胁着猪群健康，越来越多的混合感染使得疫病对养猪业的危害程度日趋严重，只是在不同的地方、不同的季节、不同的猪场，混合感染的组合有所不同罢了。2006 年后，面对疫病危害日益严重的局面，国家动员众多专家学者献计献策，先后采取了“强化畜牧部门”“强化基层防疫队伍建设”“强化财政投入”“强化饲料、兽药等畜牧业投入品的生产经营管理”、“强制性计划免疫”等手段，期望扭转这种被动局面。然而，2011 年进口 150 万吨猪肉的事实再次表明，巨大的社会投入效果并不理想，防控工作的基本思路需要反思。

一、集群饲养抑制了猪的天性，为病原微生物的侵袭提供了方便

近 30 年我国养猪业或整个畜牧业最大的成果就是国家通过典型示范、加快相关行业发展等手段，引导农民逐步扭转猪的饲养方式，实现了由散养到规模饲养的改变，在猪肉供应方面，告别了千家万户散养占绝对优势地位的局面，规模饲养猪场、养猪专业户遍布祖国的四面八方，极大地促进了配合饲料、浓缩饲料、预混料的运用，单头猪的育肥期由 1 年以上缩短至 5 个月左右，育肥猪料重比大幅度提高（由 5∶1提高到 3.5∶1），极大地提高了饲料资源的利用效率，保证了全国人民不断提高的肉食品需求。与此同时，也带动了种猪、现代化猪场设备、饲料和兽药等生产销售行业的发展，极大地节约了社会资源。同时也应看到，我国规模养猪是在“土地承包经营”背景下，广大农民在“发家致富”冲动下自觉模仿规模猪场的产物，受科技知识、土地供应、资金投入等因素的制约，这种自发形成的规模饲养猪场，多

数带有随意性，土法上马、因陋就简的猪场建筑，以销定产、相对集中的猪场布局，“产供销一条龙”“自繁自养”“杜长大三元杂交”的模式，早期由于杂交母本含有相当比例的地方品种基因、集群规模较小、猪场相对较少，具有一定的适应性和生存能力。随着集群规模的加大，猪场数量的增多，近交、回交、母本猪群的引进更新，其弊端日渐显露。这是因为规模饲养改变了猪的生活环境，并且猪场设计时考虑更多的是便于人对猪的管理、节约投资、快速生长、多长瘦肉、降低成本，新生活环境没有充分考虑或者根本就没有考虑猪的生物学特性和行为学特性，这种片面追求生产性能而忽略猪的生存需求的做法，是在削弱猪的环境适应能力和抗病力。例如，被表厚度的下降，极大地削弱了猪对严寒环境的适应性，随之而来的是抗流感能力的下降，为猪流感的频繁发作埋下了伏笔。再如，春秋温度适宜期，断奶小猪强制性地快速生长降低了猪的抗病力，野外生存或散养条件下对猪不构成威胁的链球菌、附红细胞体就经常导致局部疫情。

极其突出的问题是规模饲养将猪群集中之后，简陋或设计不合理的饲养环境为病原微生物在猪群内部的传播提供了方便，使得猪群呼吸道疫病危害日趋严重，成为提高饲养效率的“拦路虎”。其次，饲料质量的参差不齐尤其是霉变饲料的危害使得个体体质下降，在导致消化道疾患危害加大的同时，也影响各种疫苗的免疫效果。再者，集中饲养后的打斗、蹭伤和蚊蝇危害，使得通过伤口感染的血源性疫病危害程度逐步上升。另外，恶化的生存环境与多重感染的叠加效应，成为酷暑季节和冬春封闭状态下病原微生物侵袭的最佳时间段，也是猪群疫病高发的集中期。

二、品种雷同化为疫病危害的放大提供了基本条件

多数猪场、许多专业村和专业户，甚至几个县市区、许多省的猪群都是“杜长大三元杂交”的模式，容易导致某些特定病原微生物引发猪群疫情的泛滥，2006 年华东 18 省市的所谓“高热病”已经充分证明了这种推论。

三、生境条件的恶化降低了猪抵御疫病的能力

微观生活环境简称生境，规模饲养后猪的生境恶化的突出表现是粪尿、污水等生产过程中废弃物对生境的污染，以及通风换气不够带来的空气质量下降。

（一）养猪区域的环境污染

高度集中的饲养小区、养猪专业村，由于猪群的相对集中，造成了局部地区的空气、土壤、水质的污染，恶化了猪群和人类生存的自然环境。

（二）圈舍内密度过高

极高的舍内存栏密度导致猪与猪之间频繁接触、打斗，为空气传播、接触传播疫病的发生提供了方便。

（三）过于简陋的猪舍

简陋的猪舍冬季无法满足取暖需求，夏季无法满足降温需求。使得冬春和酷暑季节成为疫病高发期。

（四）传热系数过高的地面

没有垫料的水泥地面、铸铁漏粪板、水泥漏粪板的普遍应用，因极高的热传导系数提高了各个年龄段猪关节炎病的发生概率。

（五）蹩脚的设计

坡降不足，使得猪场的产房和保育舍积存粪尿；由于缺少或没有通风换气设备，致使空气污浊，空气中氨气、硫化氢、病原微生物等有害物质浓度严重超标；显而易见的是产房内哺乳仔猪和保育舍小猪受蓝耳病、伪狂犬病、圆环病毒危害严重，育成率极低。

（六）缺少废弃物处理设施

冲洗废水的随意排放、猪粪的随意堆放，开放和半开放的育肥猪舍，圈舍内的水泥地面、场区内外的积存大量粪尿和废水，诸多因素同猪的结合，形成了完整的蚊蝇生态链，在为人类贡献猪肉的同时，也养育了大量的蚊蝇，成为保育和育肥猪夏秋季多发血源性疫病的主要原因。

（七）没有病猪隔离舍

许多家庭猪场或专业户，猪场缺少病猪隔离舍，一旦发病无法做到隔离治疗，从而使得少数猪发病后在治疗过程边治疗、边发病、边污染，在拖长疫病周期的同时，提高了发病率，加大了损失，严重的甚至酿成全场流行的疫情。

（八）没有病死猪处置设施

由于缺少病死猪处理设施，许多猪场的病死猪是通过掩埋、养狗等方式处理的，少数地方甚至随意抛弃或出售，形成了许多新的疫源地，或通过流通污染养猪环境，致使点散发生的疫情很快演变成局部疫情或区域流行疫情。

（九）不重视消毒工作

由于对消毒的意义和目的认识的偏差，一些猪场存在消毒设施不完整，或者有消毒设施但是没有真正发挥作用，或者随意选择消毒药品、随意改变消毒液的配置浓度，或者没有制度化，广泛存在的无效消毒和形式消毒为疫病的传播、流行敞开了方便之门。

上述九种常见的广泛存在的弊端，致使猪的生境条件急剧恶化，降低了猪抵御疫病侵袭的能力。

四、提高猪的非特异性免疫力成为特定背景下战胜病魔的必由之路

对于已经陷入猪瘟、伪狂犬、蓝耳病、圆环病毒、口蹄疫、乙脑、狭小病毒、流行性腹泻等 10 多种病毒病，以及支原体、放线杆菌、副放线杆菌、弓形体、附红细胞体、巴氏杆菌、衣原体、链球菌、猪丹毒等 10 多种细菌病包围，多数病例为混合感染，动辄形成局部或较大范围疫情，母猪繁殖成绩急剧下滑的中

国养猪业，战胜病魔的根本办法是创造良好的生境条件，让猪能够正常生长，并且使猪不接触或尽可能少地接触病原微生物。

生境条件改善后，猪自身的抗病力和非特异性免疫能力才会大幅度提高，即使有一些病原微生物，多数猪通过自身清理病原微生物、修复损伤组织器官而耐过，就不会构成大的疫情。

（一）需要投资或历时较长的措施

1. 猪场设计思路的修正：从便于管理、节省基建投资转向满足猪的生存和生长、繁殖需求，即注重猪的福利，重视环境保护。

2. 适当调整猪种选育目标：在综合选种指数中提高抗逆性、抗病力指标所占比重，摈弃片面追求生长速度、瘦肉率的做法。

3. 生产企业不片面追求生长速度和瘦肉率。

4. 控制病死猪：病死猪在场内“无害化处理”，严禁未经处理的病死猪进入流通领域。依据猪群密度就近建立病死猪处理厂，并配套建设收集体系和监督机制。各级财政部门在支农项目中设立病死猪无害化处理补助基金，通过财政补贴的方式引导农户开展病死猪的无坏害化处理，逐步优化养猪环境。

5. 降低猪场密度：将东部地区的猪场向中西部人口稀少的丘陵山地转移。

6. 搞好猪场内部卫生：尤其应当做好猪舍内粪便的清理和粪便的集中、无害化处理工作。国家应考虑从政策层面鼓励东部地区猪场开展猪粪粘接成块，然后运达西部培肥荒漠地力。

7. 加快“废水、粪尿的封闭无害化处理”的推广步伐，通过奖励、贴息贷款等形式推广猪场废水、粪尿的封闭无害化处理。

8. 大面积同时消毒：养猪密集区可通过“社会消毒日”也可尝试“飞机喷洒消毒剂”，实现同时消毒，提高消毒效率。

（二）稍加努力就可见效的措施

1. 降低舍内密度：根据季节变化，暑热天到来之前，及时出栏体重 90~110 千克的育肥猪，降低舍内密度。

2. 严格控制微量元素添加剂的用量。一是饲料中不超量添加。二是注重微量元素添加剂的质量，严防伴生元素的超标。

3. 处方化免疫：各个猪场根据自已猪群的组成、种猪来源、养猪时间长短、疫病本底和周围猪群主要疫病流行情况，决定使用疫苗的种类；根据猪群免疫抗体消长规律，决定免疫时的接种剂量和间隔时间。形成本场不同猪群的相对稳定的免疫程序，然后依照程序免疫，克服免疫的随意性和盲目性。

4. 严格控制饲料质量：强化饲料质量管理，做到不让霉变玉米进场，不让假冒伪劣饲料进场，加工时严格按照配方配制饲料。场内仓库除满足防盗要求外，还应满足防雨、防潮、防热、防鼠雀要求，并做到先进（库）先出（库），尽可能缩短在场内存放时间。

5. 改进预防性药物的使用方法：改“同一品种药品长期低剂量拌料”为“脉冲式交替用药”，即按照呼吸道病、血源性疾病、病毒病三大类分类预防性用药，每次用药只考虑一类预防性药品，按治疗量用药 3 天，每月各 1 次，从而实现 1 个月内 3 次用药，药物种类各不相同，以减轻肝脏和肾脏的压力。下月再次投药时，更换三类控制药品，在有效提高用药敏感性的同时避免产生耐药性。注意药物间的配伍（如磺胺类同增效剂、苏打的配合使用，抗病毒药品同维生素的配合使用等），克服其副作用。

6. 改善通风换气条件：全封闭的产房和保育舍，塑料大棚猪舍，以及使用塑料膜封闭运动场的猪舍，均应加装可控天窗，安装风机，提高通风换气能力。

7. 添加水箱：不论何种规模猪场，均应落实每栋猪舍配备一台可控水箱。最好安装在舍内，安装于舍外的应冬季应采取防冻措施，暑期应有防晒设施。

8. 提高采暖水平：有条件猪场的产房和保育舍改造时，应采用水暖、地暖或地下火道，避免在舍内燃烧。

9. 冬季适当使用垫料：开放或半开放的育肥猪舍，冬春寒冷的二九到六九期间，应投放秸秆杂草，或锯末、花生壳、稻糠等，以降低热传递系数，减少热丢失。

10. 推广小产房、小保育：以本场育成率倒推，以 1 辆商品猪车为单位，推算出的同期分娩母猪数为 1 个产房，并以此数值为相互隔断的独立产房。推算出的最少仔猪数为一个相互隔断的独立保育舍。每批次母猪或保育猪转舍后，应空置 1~2 周，并在空置期内彻底清扫 2 遍后，始末各喷雾消毒 3 天（次/日），中间隔日 1 次轮换使用不同的消毒剂，熏蒸消毒 2~3 遍。为实现同一猪场内不同批次的"全进全出"创造条件。

11. 饲喂全价饲料：坚决摒弃催眠剂、瘦肉精、激素等药品，靠全面的营养加快生长，靠品种改良提高瘦肉率。

12. 加大运动量：通过训练，使猪形成听口令或声音信号定时游走、嬉戏。

13. 完善各项消毒设施和消毒制度，做到定期消毒，定期评价消毒效果，真正发挥消毒在猪病预防控制中的作用。

14. 适当添加中兽药：依据季节变化，定期在饲料中添加开胃、驱虫、清热败火、扶正祛邪的中成药。

15. 舍端添加交替使用的"二联废水处理池"。做到经常清理，交替使用，真正发挥作用。

16. 使用新型隔热材料，提高猪舍隔热效果。在产房、保育舍的建设中，尽量选择热阻系数较高的屋顶和墙面材料。即使空怀舍和育肥舍，选择舍顶材料时也应注意尽可能使用隔热效果和强度足够的材料（使用彩色塑钢瓦应注意使用白色的，泡沫厚度应在 8 厘米以上），淘汰单层石棉瓦舍顶。

附录十六　益气健脾提高猪的非特异性免疫力

提高猪的非特异性免疫力要做的工作很多，但应明确其重点在母猪，关键在扶正。母猪非特异性免疫能力的提高会有效提高仔猪的生命力，为其一生健康生长奠定基础，从而提高其育成率和生长速度。

一、临床现象归纳及其病因分析

从临床危重、濒死或死亡病例脾脏病变（脾头、上端或整个脾脏肿胀，表面苍白，暗红色瘀血，边缘有锯齿状或脾梁、胃侧有米粒样突起，局部或全部梗死、坏死等），心脏病变（如心室肥大、心脏出血、瘀血等）普遍，多数病例有肺泡间质增宽，以及不同程度的出血、瘀血（随病程的延长而呈渐趋加重表现），肝脏肿大（颜色加重或局部失血苍白、不同程度的脂肪沉积、硬变，胆囊充盈、胆汁增多、黏稠等）、肾脏肿大出血（肾表面点状、片状、针尖状或蹭伤型出血、白色斑点，积尿）的现象，部分病例有胃（胃大弯皱褶充血、溃疡，胃底充血、血瘀，胃底点、斑状溃疡，穿孔等）、肠道（小肠臌气、积水，结肠溃疡，肠系膜淋巴群肿胀、充血、瘀血）等器官的病变分析认为，脾弱气虚、脾胃不和，运化迟滞是猪体质下降的根本原因，之所以经常出现肺部病变，是肺气不足和运行不畅的表现，实为脾胃不和导致的体质急剧下降的结果，而心脏的一系列病变则是肺气不足、肺功能下降的衍生表征。这种结论不是凭空臆造，而是现代生物科技知识同祖国传统中兽医理论相结合的结晶。

同人类相比，猪体解剖结构的一大特征是没有汗腺，不会出汗，其呼吸系统不仅要承担猪体同外界环境的气体交换，同狗一样，还要承担散热功能。从而表现出十分的重要性和极其强大的可塑性。例如，气温适宜情况下安静的猪的呼吸次数为15~25次/分；但据笔者观察，夏季或剧烈运动后，其呼吸频率能够达到 60～75 次/分。而进入室外温度 35℃以上的酷暑季节，则可达到 90～124 次/分。这种高频率的呼吸行为依赖强大的肺脏和心血管系统的支持，也依赖胎儿期、幼年期大运动量对仔猪的锻炼，只有这种锻炼才能够使得个体的呼吸系统和心血管系统形成足够的可塑性，生命才能旺盛，才有足够的生命力，也就是中兽医所讲的气足。反之，妊娠期运动量不足的母猪所生的小猪和幼年期运动量不够的小猪，则处于“先天”或“后天”气虚状态。

极高的繁殖性能是猪的一大特征：长年发情、妊娠期短、一胎多仔。从进化论角度分析，这种强大的繁殖力表明其种群的延续需要面对较高的自然选择强度。换言之，大量仔猪会在严酷的自然选择中遭到淘汰。在自然环境中，妊娠母猪和哺乳期仔猪为逃避天敌少不了快速奔跑。驯化后的家猪恰恰在此方面存在巨大缺陷，人工培养的高生长速度和高瘦肉率的良种猪，这方面的缺陷更加突出。规模饲养中限位栏的使用使母猪的这种缺陷扩大到极致，产房、产床等现代化仔猪繁育技术的运用，在导致母猪运动量不够的同时，也使仔猪的这种缺陷极度放大。运动量不够和产房温度相对稳定又剥夺了仔猪后天获得锻炼的机会，仔猪的高存活率在为人类创造福利的同时伴随着群体体质的下降，这种“先天性气虚”和“幼年期人类的错误干涉”的直接后果就是仔猪的抗逆性和抗病力逐代降低，这种渐进性的不易察觉的负面积累超过了某一阈值后，即表现出对自然环境的不适应而暴发大批死亡的疫情。

鉴于我国猪群特殊的养猪环境，生命力不足，或者说“先天和后天气虚”体质（有时也称“胎气不足”）是目前规模饲养猪群普遍存在的现象，肺脏和心血管系统脆弱是其临床的突出表现，支原体、链球菌、巴氏杆菌、口蹄疫、伪狂犬、蓝耳病、猪瘟、圆环病毒、细小病毒等能够通过呼吸道传播的疫病肆虐，群内感染率高，遇到高温高湿、低气压、雷电、风暴、冰雹、大风及其带来的陡然降温、降雪等以往不对猪构成生命威胁的天气变化，甚至断尾、转群、并圈、更换饲料等正常管理措施的实施，以及停电、断水等偶然事故，都可在场内或局部地区诱发疫情。

从中兽医角度讲，“脾主运化，为气血生化之源，后天之本”。“脾居中央，灌溉四旁，五脏六腑，皆赖其养”。“脾气健旺，则五脏受荫；脾气虚弱，则百病丛生”。《黄帝内经》云：“正气存内，邪不可干，邪之所凑，其气必虚”。脾胃和则运化顺畅，胃肠道机能良好，食欲旺盛，消化机能强大，能够大吃大喝是快速生长的基础，也是具有较强抗病力和抗逆性的基础。反之，则食欲低下，采食减少，消化不良，逐渐进入代谢负平衡状态，生长发育自然缓慢，体质逐渐下降，对环境条件的适应能力和抗病力也就全面下降。所以要健脾，健脾补气是现阶段猪群提高抗逆性、抗病力的需要，也是提高饲养效率的关键措施。抓住了健脾就抓住了要害，就抓住了牛鼻子。所以，运用中兽医理论，在饲料中添加一定量的补气健脾中药，达到健脾益气、增强猪的非特异性免疫力之目的，是现阶段环境、饲料、饲养管理等许多不良因子存在，且短期内又难以改变条件下，提高猪群群体体质水平的一条捷径。

二、处方选择

临床选择了《中华人民共和国兽药药典》（2005 年版）的补中益气散，原组方是：炙黄芪，党参，白术（炒），炙甘草，当归，升麻，柴胡，陈皮。

选择此方的目的在于升阳举陷，补中益气，调和脾胃。原方中重用黄芪，意在升阳举陷，补中益气，提高其生命力，为君药。党参和白术健脾益气，用以和胃，并助君药补中益气；柴胡为少阳经之主药，能引大气下陷者自左上升，升麻为阳明经药，能引大气下陷者自右上升，两者共举正气上升为臣药；当归补血活血，防升麻之性燥烈伤阴；陈皮和胃，理顺气血，补而不滞，辅佐君药之功，是为佐药；炙甘草补中益气，调和诸药为使。原方用量：30~50 克/（头·日）。

三、改进设计

从考虑适口性和补气健脾、改善心脏的功能角度出发，对原方进行了修改，在原方的基础上形成了人参强心散：人参、黄芪、白术、当归、柴胡等（试用期间仍称补中益气散）。

与原方相比，一是突出提气补阳，突出对心脏的保护，变党参为人参。人参味甘微温，具有抗休克、抗疲劳、抗过敏、抗炎、抗老化、活化细胞等“大补元气、拯危救脱”之功能，素有“祛虚邪于俄顷，回阳气之垂危”之美誉，实乃“补五脏阳气之君药，开胃气之神品”。人参的运用，可直接活化心肌细胞，增强心脏功能，在强化心血管系统运送功能的同时，强化肺脏的交换和修复功能，减轻心脏“代偿性搏动”的压力，使补阳提气功效大增。二是去升麻。升麻虽为“能引大气下陷者自右上升”的“阳明经药”，但性燥，对于缺少汗腺的猪，还是慎用、不用为上策。本组方中其他药物已有升气功能，故弃之。三是加大当归、黄芪用量。首先在于疏通末梢、开启瘀滞，打通和理顺微循环，疏正气上行之路，缓解心脏“代偿性加大脉搏输出”之压力。其次“黄芪甘温，补气升阳固表，升阳举陷”。《医学衷中参西录》言黄芪“能补气，兼能升气，善治胸中大气（宗气）下陷”，《本草汇言》谓黄芪乃“补肺健脾。实为敛汗驱风运毒之药也”，确立了其在没有汗腺的猪病治疗中不可或缺之地位。“一变”“一去”“二加大”，健脾补气之功大增，改善和增强了心血管系统机能，缓解了心脏压力，增强了抗逆性和抗病力。

推荐的用量为：

保育或育肥猪 1 000~2 000 克/吨拌料（视猪的年龄大小而定）一生只用 1 次，连用 7 天。

繁殖母猪、后备母猪和种公猪 1 000~2 000 克/吨拌料，每个月饲喂1次，每次连用5~7天。本品不得与含有黎芦的中成药同时使用。

四、临床实验效果

2010年设计本方后，先后在郑州市的新郑市、惠济区、金水区，以及开封市的南关区和安阳市的林州等地的20多个猪场，试用于预防和临床病例的控制，均取得了满意效果。举例如下：

开封市仙人庄乡新仓崔某：2011年8月份从焦作购买仔猪1 000头育肥，1周后接种猪瘟发病，先后使用土霉素、氟苯尼考、青霉素、磺胺类药物无效，2周内死亡近200头，先后损失2万余元。9月初从主诉的喘气，消瘦，流白色黏性鼻涕，臀部和后档下鲜红、暗红色等临床表征，结合解剖检查见肺胸黏连、包心，肺脏见暗红色瘀血斑块等病理变化分析，初步认为是蓝耳病、圆环病毒、传染性胸膜肺炎、猪副嗜血杆菌等多重病原微生物的混合感染，建议全场停用已经拌西药饲料，改用本品3天，喘气严重猪肌内注射头孢喹肟3天（1次/日），饮水中添加电解多维。用药期间死亡7头，3天后停止死亡。7天后采食量从25%上升至90%。因内服中成药时间太短，加之管理因素，20天后该场又发生口蹄疫再次求医用药无效后求诊，给以紧急接种口蹄疫疫苗、同时大群使用"补中益气散"拌料7天，结合饮水中添加电解多维药、猪舍内外环境使用过氧乙酸、碘三氧消毒7天后，疫情得到有效控制。

新郑市龙湖镇高某：高某父子猪场是一个以宾馆、饭店下脚料为主要原料的猪场，存栏母猪38头。这种猪场的猪难养人人皆知，加上父子两人性格的原因，2009年10月份，一分为二，各自经营。2010年初冬本产品试制成功后，高某大胆试用，其父猪群未用，当年冬春高某经管的猪群平安无事。同一猪场内其父亲管理的猪只冬天受蓝耳病侵袭，多次到河南省兽医院求诊，最为难受的都是春节前发生了口蹄疫，大年初一高某打电话求助，初六到兽医院剖检诊治，在发病和治疗的过程中先后死亡育肥猪 14 头，成为鲜明对比。

郑州市莆田村王某：王某养猪不多，5 头母猪，存栏商品猪一直保持在 50 头左右，2010 年冬季到兽医院求诊时，知道了该试验品，出于信任和尊重，带回 2 桶拌料 1 吨，连喂 5 天，稀罕的是偶然概率事件果然发生，用药后 10 多天，该村发生了口蹄疫，邻居见他购买口蹄疫疫苗紧急免疫即纷纷效仿，结果是他家的猪用苗后平安度过发病季节，而邻居们的猪群许多猪在接种疫苗后立即死亡，或在免疫后 2 日内陆续死亡，纷纷卖猪，使他所在的村仅剩他一个“堡垒户”。

林州市临淇镇李某：2005 年开始养猪，一直受蓝耳病困扰，2010 年前存栏母猪在 30~50 头徘徊，多次求诊，猪群相对稳定，但也没有大的发展，2010 年初冬起对空怀母猪群试用本产品，猪群的繁殖性能明显上升，突出的表现是断奶仔猪存活率由 8 头/胎上升到 12.5 头/胎，保育猪也能够健康生长。当地猪群发生口蹄疫时该场生产平稳，也不受流行性腹泻危害，2011 年存栏母猪达到 60 头，生产非常稳定，全年出栏猪 1 100 头。

郑州市金水区大河村东许庄丁某：该农户猪群只有 20 头母猪，猪群生产性能一直不稳定，2011 年 8 月开始试用本产品后，至今一直处于非常稳定状态，冬季周围猪群受口蹄疫、蓝耳病、流行性腹泻危害时，该户猪群均不受危害地平稳生产。

延津县卜凤红：存栏母猪 80 头。2011 年冬季在我们的指导下对空怀母猪群按照每个月 1 次，每次 5~7 天的方法拌料用药（2 000 克/吨），不但母猪生产性能稳定提高，小猪也非常健康。春节后，当以“死狗”、哺乳仔猪拉稀为突出特征的疫情到达本地后，猪群表现出明显的抗病力，在相邻猪场相继发病、仔猪全部或 80%以上病死的情况下，该场当月的 200 头仔猪没有一头发病，仅因挤压、打斗、卡腿死亡 3 头。前来报喜后继续用药，目前生产非常稳定。

类似的例子很多，其共同体会是：

（1）当周围猪群有口蹄疫疫情时，可使用本品2桶/吨拌料5天（即2 000克/吨），用药的第4天即可接种口蹄疫疫苗，可避免心肌已经不同程度损伤病例在接种时或接种后的“猝死”。

（2）蓝耳病和圆环病毒病阳性猪群，不论危害是否严重。1次/2个月使用本品，有修复心脏损伤、改善心脏功能之效。

（3）猪瘟抗体不整齐猪群，使用本品后可明显提高抗体的整齐度。

（4）部分用户反映，使用本品后，支原体的危害明显减轻。

五、临床使用建议

临床使用：一是用于空怀和妊娠母猪群，提升正气，增强胎儿生命力，每个月一次。每次5~7天，拌料投喂2千克/吨。二是用于口蹄疫、蓝耳病、圆环病毒等能够导致心脏损伤的病毒病的支持性治疗。即在用药3~5日后紧急免疫口蹄疫疫苗或蓝耳病、圆环环病毒疫苗。三是作为口蹄疫、蓝耳病、圆环病毒发病季节到来前的预防性用药，以提高抗心脏损伤能力。四是传染性胸膜肺炎、猪副嗜血杆菌、肺炎型链球菌病、巴氏杆菌病、支原体等呼吸系统单一或混合感染疫病恢复期使用，可以改善心脏功能，健脾扶正，以正驱邪，加速痊愈。

附录十七　不同类型猪场量化指标管理体系

20多年的中国养猪业发展，已经使中国养猪的饲养方式发生根本性转变，规模大小不等的养猪场的饲养量已经占据中国养猪业的半壁江山。总结不同规模猪场经验教训，就不同规模养猪的量化指标管理体系提出个人看法，供养猪场户的决策者和准备从事养猪的人们参考。

一、农户饲养

尽管规模养猪是政府着力推行的方式，但中国社会经济发展的地域间、行业间的不均衡性，决定了农户散养这种方式仍将持续存在。如果继续坚持“春天买仔，过年杀猪”“养猪赚钱不赚钱，回头看看田”的老观念，势必出现“忙活一年，没有赚钱”的结局。笔者从创业型、致富型养猪户出发，分别介绍其量化指标管理。

(一) 创业型养猪户

此类型主要是指经济欠发达的农村新成家的夫妻养猪，收入在贫困线附近的农户追求“翻身”的挣扎养猪（简称“小两口”养猪，“翻身户”养猪)。这两种养猪户的共同特点是投入有限、挣起赔不起，规模小。成功与否的关键在于定位是否准确、规模是否合适。当然，由于规模太小，不存在指标体系，只要把握住几项主要指标即可。

1. “小两口”养猪：有知识又稍有积累的小两口建立猪场，应当定位于短期育肥。就近租赁、租借小型猪场，购买杜洛克、长白、大型约克夏三元仔猪（简称“三元杂”）专门育肥。

规模：20~100 头/（批·次)。

年出栏批次：2~3 批。

入舍仔猪日龄：≥45 日龄。

出栏体重：90~120 千克。

文化程度均未达到高中毕业的小两口养猪，应当定位于母猪专业户。就近选择大型猪场，购买长白、大型约克夏杂交生产的二元母猪（简称“二元母”），或者购买梅长（梅山猪、长白猪）二元母猪，专门生产仔猪。

规模：第一年 5 头，第二年 10 头，第三年以后 20 头。

年繁殖胎次：2 胎。

断奶日龄：30~35 日龄。

断奶存活数：8~10头/胎。

2.“翻身户”养猪：投入能力有限但可能有养猪经理，文化水平低但人脉关系已经形成。这些农户应当分析自己的实际情况，缺少人脉关系和养猪经验二者中任何一项时，都不要从事育肥，而应定位于母猪专业户，两个条件同时具备的，可以考虑建立专门的育肥猪场。具体指标参考“小两口猪场”。

（二）致富型养猪户

此类型主要是指已经解决温饱问题，手中稍有积累的农户。尽快发家、致富是其追求目标。还可细分为发家型、致富型。

1. 发家型养猪户：发家型养猪户类似于前述翻身型养猪户，不同之处在于其投资能力稍强，最容易出现的失误是盲目冲动，多为非理智型养猪户。同样，寻找自己的优势所在，扬长避短，准确定位和确定合适的规模是成功的关键。提请决策注意的是，家庭劳动力充裕与否决定养猪规模，文化程度、人脉资源决定猪场类型。

若定位于母猪饲养户的，同样要购买二元母猪，但不必拘泥于当地，可从有信誉、有名气的大型猪场选择纯度较好、价位较高“二元母”。饲养中可以提高母猪的选择强度。

规模：第一年10头，第二年10~15头，第三年以后20~30头。

母猪选择强度：15%~30%。

年繁殖胎次：2~2.2胎。

断奶日龄：28~35日龄。

断奶存活数：8~12头/胎。

若定位于育肥猪场，可同大型猪场、母猪专业户签订合同，确保仔猪质量和按时补栏。拥有一定饲养器械（如清粪机、高压水枪、风机、暖风炉等）时，可适当加大规模。

规模：60~200头/（批·次）。

年出栏批次：2~3 批。

入舍仔猪日龄：45~60 日龄。

出栏体重：90~120 千克。

2. 致富型养猪户：致富型养猪户在投资能力、文化积淀和知识积累、人脉关系诸方面都有明显优势的农户，此种投资多数是产业起步。喜欢养猪、有养猪经验、定位准确与否，成为是否成功的限制因素。建议前三年育肥，有一定积累后购买母猪直接建立小型猪场。

规模：120~200 头/（批·次）。

年出栏批次：2~3 批。

入舍仔猪日龄：45~60 日龄。

出栏体重：90~130 千克。

育成率：≥98%。

育肥合格率：≥99%。

二、专业户和小型猪场

专业户名词出现于规模养猪发展初期，是农业大国特定时期的特殊产物，最初以存栏量为指标（存栏 5~20 头母猪或 50~200 头育肥猪），之后随着专业户规模的增大和数量的增多，存栏规模不断提高，2000 年前后干脆用收入比重来界定（要求专业户的养猪收入要占到家庭收入的 70%以上）。按收入比重界定养猪专业户时，要求专业户为拥有母猪的自繁自养模式，因为许多农户是紧追市场行情的投机性经营，专门的育肥猪场很少，时有时无的育肥户很难纳入专业户行列。从这个角度出发，二者可以合二为一。但从目前养猪业面临的严峻形势和向专业化经营方面发展趋势看，自繁自养不见得是最佳模式，未来可能出现越来越多的专门的小型育肥猪场。不论是专门育肥猪猪场，或是自繁自养猪场，都需要通过恰当的规模和技术指标来规范提高。

（一）自繁自养猪场

存栏母猪50~200之间的猪场通称为小型猪场（含专业户猪场）。显然，此类猪场不仅猪群结构更为复杂，还要聘请养猪工人，存栏规模差异悬殊，经营管理中需要较多的指标，但仍难形成指标体系。推荐的主要指标如下：

1. 劳动定额：

（1）包干饲养时每个饲养工人负责20~30头母猪连同所繁殖仔猪、育肥猪的饲养管理；或夫妻二人负责40~60头母猪连同所繁殖仔猪、育肥猪的饲养管理。

（2）定岗定责时每个饲养工人负责500~700头育肥猪、或700~1 500头保育猪的饲养管理；或每个饲养工人负责400~600头空怀母猪、或妊娠前中期母猪、或后备猪的饲养；或每个饲养工人负责140~170头母猪的接生、哺乳仔猪护理和母猪的饲养管理。

2. 技术指标：

（1）繁殖猪群：

最佳规模：存栏繁殖母猪64头、128头、192头。

后备猪选择强度：≥25%。

母猪年度选择淘汰率：15%~25%。

母猪情期受胎率：≥85%。

总受胎率：≥98%（自然交配），或≥95%（人工授精）。

年繁殖胎次：≥2胎。

断奶日龄：28~35日龄。

断奶体重：7.5千克/头±1千克/头。

母猪年产断奶仔猪：18头。

（2）育肥猪群：

年出栏批次：2~3批。

入舍仔猪日龄：45~60日龄。

出栏体重：90~110 千克。

育成率：≥95%。

育肥合格率：≥98%。

料重比：1:(3.5~4.5)。

(二) 专门育肥场

年出栏 500~3 000 头育肥猪的农户猪场通称为小型育肥猪场。对于那些存栏育肥猪数百头、且不同批次间隔较长或无规律的育肥场，人们习惯于称作专业户猪场。只有那些存栏和育肥间隔期都相对稳定的育肥猪场，行政管理部门才称其为小型专门育肥猪场。

劳动定额：每个饲养工人负责 500~700 头育肥猪。

年出栏批次：3 批。

入舍仔猪日龄：≥60 日龄。

入舍体重：≥20 千克/头±2 千克/头。

出栏体重：85~110 千克。

育成率：≥97%。

育肥合格率：≥98%。

料重比：1:(3.5~4.5)。

三、规模猪场

存栏母猪超过 200 头、商品猪 2 000 头以上的猪场称作规模饲养猪场。集群大、集约化程度高、具有工业化生产特征是其突出特点。这类猪场不仅需要招聘饲养管理人员，猪群结构也更为复杂，除了繁殖、育肥猪群之外，还要有后备猪群，加之饲料原料收购、饲料加工、储存分发，商品猪或仔猪销售，财务管理，餐厅、宿舍管理，供电、供水、粪便废水的处理和排放等后勤服务，岗位更多，需要相应的管理制度和工作指标。这些繁杂众多的指标就构成了规模饲养猪场的量化管理指标体系。

建立量化指标管理体系的目的在于规范管理，使管理工作有章可循，有据可依，提高工作效率。越全面、细化、具体，似乎越好。但在具体操作中，由于猪场类型的不同和规模的差异、追求管理目标的差异，以及经营者自身的原因，过于具体详细时，反倒不利于管理者主动性的发挥。因而，择其主要项目予以推荐。

（一）经营指标

一个商品猪市场价格周期（4~5 年）赚回一个猪场。以存栏繁殖母猪衡量时，每头母猪在 4~5 年的饲养周期内应当实现 2 500元/年以上的纯收益。若以年度为考核期，即使猪粮比价处于较低的 1:6状态，也应当实现收支平衡，略有盈余。

（二）管理指标

料重比：1:(3.5~4.2)。

销售费用：≤5%。

饲料管理：饲料质量合格率：100%。收购环节标准差：≤1%；仓储损耗：≤1%；加工损耗：≤1%；饲养车间损耗：≤1%。

产品管理：

出栏二元母体重：≥60 千克，特级、一级的≥95%。

纯繁母猪体重：≥60 千克，特级、一级的≥98%。

种公猪体重：≥60 千克，质量特级、一级的 100%。

商品猪育成率：≥93%，育肥合格率：≥95%。出栏体重：90~110 千克，良种猪比例：≥95%，猪尿样随机抽查合格率：100%。

年度内涉及本场员工的刑事犯罪率≤0.1%。

超标准排放废水、固体废物等污染事件：0 次。

连续 3 年内重大动物疫情发生：0 次。

（三）劳动定额

规模饲养猪场多采用定岗定责的管理办法，饲养工人的劳动定额同场内机械化程度密切相关。

1. 在多数猪场商品猪舍采用自动料仓、人工添料和自动饮水装置、自动清粪机的条件下，商品猪舍饲养工每人负责500~600头育肥猪的饲养管理。

2. 根据保育舍类型（小保育舍、大保育舍）和保育期的长短，保育舍饲养工每个人500~1 000头保育猪的饲养管理。

3. 后备猪舍饲养工每人负责500头后备猪的饲养管理，以及为选种选配提供观察记录数据。

4. 空怀和妊娠中前期母猪舍饲养工依照圈舍结构的差异（单圈饲养、一圈多头、固定钢栏），每人负责400~600头母猪的饲养管理。

5. 产房饲养工依照产房类型（小产房、大产房），每人负责120~170头繁殖母猪的接生、哺乳仔猪护理和母猪的饲养管理。

（四）技术管理

后备猪存栏：≥存栏繁殖母猪的40%，选择差≥25%。

繁殖母猪：≥200头（繁殖母猪最佳规模：260头，或330头，或400头，或470头，或550头）。

母猪年度选择淘汰强度：18%~23%。

母猪初配体重：≥130千克（按年龄≥8月龄）；膘情：中上等。

母猪情期受胎率：≥75%，自然交配总受胎率≥95%，或人工授精≥93%。

年繁殖胎次：≥2胎。

断奶日龄：28~35日龄。

母猪年产断奶仔猪：≥16头；断奶重：6千克（标准差1千克）。

育肥猪年出栏批次：12~26批。每批次出栏数量：≥2车（每车120头，标准差2头）。

保育猪入舍日龄：23~45日龄，同批次日龄误差：≤7日（或体重标准差≤1千克），转栏日龄：≥60日，体重20千克（标准差：≤2千克）。

育肥猪入舍体重：≥20千克。育肥期：90~105日，出栏体重：90~110千克。

育成率：后备猪≥60%，保育猪≥95%，商品猪≥98%，总育成率：≥93%。

合格率：特一级后备猪≥60%，保育猪≥95%，育肥≥98%；出场合格率：100%。

繁殖母猪使用寿命：全群平均≥7胎。

前三胎年度淘汰率：≥18%。

猪群巡视检查：添料、清扫之外，产房母猪≥4次/日，保育猪≥3次/日，妊娠2空怀母猪、后备猪、种公猪和育肥猪≥2次/日。

（五）饮水管理

饮水质量评价检查≥2次（至少半年1次）。

使用氯气或漂白粉药品等处理的饮水，非经静置不得让猪饮用，静置时间≥30分。

清理水箱、水罐和供水管道≥4次/年（至少每季度1次）。

每批次猪入舍前消毒、清洗车间内水箱、饮水器≥1次。

冬春季裸露供水管道包裹层检查3次/月。

猪群饮用冰渣水0次。

（六）饲料管理

成品库饲料存储时间≤40天。

饲养车间内存储成品饲料：夏秋季≤3天，冬春季≤5天。

颗粒料、粉料饲喂前过筛：80目（指每平方英寸上的孔数。通过的过细饲料再次制粒或采用湿料形式饲喂，未通过的投入自动给料料仓自由采食）。

粉碎机、搅拌机开机前、停机后各清理1次。

每日清理料槽≥1次。

饲料中添加预防、治疗药品时，现配现用，配制与饲喂的时间间隔≤3小时。

混有唾液、饮水的料槽残余饲料喂猪，其间隔时间≤1顿。

结块、酸败、霉变饲料，以及混有粪便的饲料喂猪0次。

（七）光照管理

所有猪舍均使用白炽灯照明，春分至秋分期间，非全封闭猪舍不采用人工光照，只在晚间增加2~3小时光照，照度15~20勒克斯。全封闭猪舍夏季每日光照12小时，冬季≥10小时。

护仔箱使用红外线灯时，按照“看猪施温”的原则，从高到低（35~24℃每天降低0.5℃）控制。

（八）通风管理

冬季全封闭状态，舍内风速0.07~0.14米/秒。夏季室外气温超过35℃时开启抽风机械，舍内风速1.4~2.8米/秒。

（九）成本管理

1. 饲料消耗：同本企业年度料重比目标比较，不同饲养车间的同类猪耗料总量误差≤3%。

2. 药品消耗：繁殖母猪群每头年均药品消费≤65元，出栏商品猪每头药品消费（含疫苗费用）≤35元。后备猪每头药品消耗≤45元。

3. 低值易耗品：保育猪1元/头，育肥猪1元/头，产房母猪1元/（头·次），后备猪1元/头，空怀母猪1元/（头·期），种公猪6元/（头·年）。

（十）疫病管理

1. 年度内重大动物疫病发生0次，报告及时率100%，报告符合率100%。

2. 猪传染病监测覆盖面：≥60%。

后备猪、种公猪和繁殖母猪的重大动物疫病检测符合率100%。

常发病病原检测覆盖面100%，猪瘟、口蹄疫抗体检测合格率≥80%。

3. 制订本场免疫程序。执行率100%，执行准确率≥98.0%。

4. 消毒制度执行率100%，年度内随机抽查各消毒池≥12次，合格率≥99.0%。

进入生产区人员、车辆和种猪消毒率100%，出栏猪消毒率100%，无效消毒次数≤1%。空栏、空舍装猪前消毒≥3次。

5. 隔离制度执行率100%，年度内随机抽查≥12次，合格率≥99.0%。

年度内猫狗及野生动物进入生产区≤3次。

年度内检测饲料收购、加工储藏区和生产区，发现老鼠、家雀、刺猬、獾、狸、黄鼠狼及其他野生动物≤1次。隔离舍同生产区距离≥200米。

6. 废弃物处理符合率100%。

附录十八　猪防疫常用疫苗

1. 活疫（菌）苗

编号	品名	规格（头份瓶）	性质	生产厂家	备注
1	猪瘟细胞苗	50	冻干	哈尔滨兽医研究所、广东永顺生物制药股份有限公司、成都中牧生物药业有限公司、中牧股份江西生物药厂、乾元浩生物股份有限公司南京生物药厂	

续表

编号	品名	规格（头份瓶）	性质	生产厂家	备注
2	猪瘟高效细胞苗	20	冻干	哈尔滨兽医研究所、辽宁益康生物股份有限公司	
3	猪瘟零免	20	冻干	广州永顺生物制药股份有限公司	
4	传代猪瘟细胞苗	20	冻干	天津瑞普生物技术股份有限公司、广东永顺生物制药股份有限公司	专用稀释液
5	猪瘟脾淋苗	20	冻干	成都中牧生物药业有限公司	
6	猪伪狂犬活疫苗	10	冻干	武汉科前动物生物制品有限责任公司、广东永顺生物制药股份有限公司、成都中牧生物药业有限公司、英特威	
		20	冻干	哈尔滨兽医研究所	
		50	冻干	哈尔滨兽医研究所、内蒙古金宇集团有限公司、英特威	
7	猪伪狂犬HB-98	10	冻干	武汉科前动物生物制品有限责任公司、成都中牧生物药业有限公司	
8	猪蓝耳病活疫苗	10	冻干	哈尔滨兽医研究所	CH-1R株
		25	冻干	哈尔滨兽医研究所	CH-1R株
		20	冻干	瑞普	R98株
9	猪乙型脑炎活疫苗	10	冻干	武汉科前动物生物制品有限责任公司、成都中牧生物药业有限公司、湖南中岸生物药业有限公司	
10	猪丹毒猪肺疫二联疫苗	20	冻干	九江博美莱生物制品有限公司	专用铝胶稀释液

续表

编号	品名	规格（头分/瓶）	性质	生产厂家	备注
11	仔猪副伤寒疫苗	20	冻干	中牧股份江西生物药厂	专用铝胶稀释液
12	猪链球菌活疫苗	50	冻干	广东永顺生物制药股份有限公司	
		10	冻干	山东绿都制药有限公司	专用蜂胶稀释液

2. 灭活疫（菌）苗

编号	品名	规格（毫升/瓶）	性质	生产厂家	备注
1	猪伪狂犬灭活苗	4	油佐剂	成都中牧生物药业有限公司、武汉科前动物生物制品有限责任公司	
2	猪细小病毒灭活疫苗	4	油佐剂	成都中牧生物药业有限公司、武汉科前动物生物制品有限责任公司	
		4	蜂胶佐剂	山东绿都制药有限公司	
		4	双相佐剂	山东华宏生物工程有限公司	
		20	油佐剂	武汉科前动物生物制品有限责任公司	
3	猪圆环病毒Ⅱ型灭活疫苗	20	水佐剂	哈维科	LG 株
			油佐剂	成都中牧生物药业有限公司	WH 株
4	猪传染性胃肠炎—流行性腹泻二联灭活疫苗	20	水佐剂	浙江诺倍威生物技术有限公司	

续表

编号	品名	规格（毫升/瓶）	性质	生产厂家	备注
5	猪链球菌多价灭活疫苗	20	油佐剂	武汉科前动物生物制品有限责任公司	
		20	蜂胶佐剂	山东华宏生物工程有限公司	
6	大肠杆菌三价灭活疫苗	4	油佐剂	成都中牧生物药业有限公司	
		5	蜂胶佐剂	山东绿都制药有限公司	
7	猪副嗜血杆菌灭活疫苗	20	油佐剂	武汉科前动物生物制品有限责任公司、成都中牧生物药业有限公司	
		100		武汉科前动物生物制品有限责任公司、成都中牧生物药业有限公司	
8	猪支原体灭活疫苗	50	油佐剂	美国普泰克	
9	传染性胸膜肺炎灭活疫苗	20	油佐剂	武汉科前动物生物制品有限责任公司	
10	猪萎缩性鼻炎灭活疫苗	20	油佐剂	武汉科前动物生物制品有限责任公司	

河南福瑞达动物药业有限公司（原河南省疫苗供应中心）提供

地址：郑州市杨金路与景泰路交叉口，郑州市长通饲料、兽药商贸物流园 3 号楼 26、27 号

电话：0371-65608893　　63390559

传真：0371-65608865

新地址：郑州市北四环八堡万佳养殖物流园八区 15 号

电话：0371-65608895　　86670022　　15238305257